Das Versuchswesen

auf dem

Gebiete der Pflanzenphysiologie

mit

Bezug auf die Landwirthschaft.

Das Versuchswesen

auf dem

Gebiete der Pflanzenphysiologie

mit

Bezug auf die Landwirthschaft.

Von

Dr. Heinrich Freiherrn von Bretfeld.

Mit 21 in den Text gedruckten Holzschnitten.

Springer-Verlag Berlin Heidelberg GmbH
1884

ISBN 978-3-642-89569-2 ISBN 978-3-642-91425-6 (eBook)
DOI 10.1007/978-3-642-91425-6
Softcover reprint of the hardcover 1st edition 1884

Inhaltsverzeichniss.

Druckfehler-Berichtigung.

p. 4 Z. 3 v. u. und p. 6 Z. 1 v. u. lies „R. Hoffmann“ statt „R. Hofmann“.
p. 11 Z. 2 v. u. lies „in conzentrirter Kochsalzlösung“ statt „in conzentrirter Lösung“.
p. 12 Z. 15 v. o. lies „hartschalige Samen“ statt „hartschälige Samen“.
p. 12 Z. 24 v. o. lies „Hartschaligkeit“ statt „Hartschäligkeit“.
p. 17 Z. 18 v. o. lies „H. Hoffmann“ statt „H. Hofmann“.
p. 30 Z. 5 v. o. lies „und Haloiden“ statt „in Haloiden“.
p. 31 Z. 7 v. u. lies „Hosaeus“ statt „Hasaeus“.
p. 32 Z. 5 v. u. lies „Haberlandt“ statt „Haberland“.
p. 36 Z. 17 v. o., p. 37 Z. 6 v. o. und p. 49 Z. 2 v. u. lies „Mayer“ statt „Meyer“.
p. 45 Z. 14 v. o. lies „Humboldt“ statt „Humbold“.
p. 52 Z. 1 v. u. lies „Rauwenhoff“ statt „Bauwenhoff“.
p. 76 Z. 16 v. o. lies „Pyrogallussäure“ statt „Pyrusgallussäure“.
p. 121 Z. 1 v. o. lies „Priestley“ statt „Prestley“.
p. 161 Z. 20 v. o. lies „Ermittelung des Ernteresultats“ statt „Entwicklung des Ernteresultats“.
p. 161 Z. 21 v. o. lies „Herstellung und Abgrenzung“ statt „Herstellungsabgrenzung“.
p. 176, 187, 192, 206, 231 lies „Schultz-L.“ statt „Schulz-L.“.
p. 206 Z. 2 v. o. lies „Schulz“ statt „Schultz“.
p. 207 Z. 4 v. u. lies „Schulze (Schulzendorf)“ statt „Schultze“.
p. 218 Z. 13 v. u. lies „Pasqualini“ statt „Pesqualini“.

Einleitung.

Die vorliegende, in rein referirendem Ton gehaltene Zusammenstellung ist nicht aus der Absicht hervorgegangen, eine Pflanzen-Physiologie zu schreiben.

Wir verfügen über zwei Lehrbücher, die nach verschiedenen Richtungen hin so Ausgezeichnetes leisten, dass, abgesehen davon, dass es nur ein weit mehr Berufener furchtlos wagen dürfte, sich dem Bunde als Dritter zuzugesellen[1]) — die Existenzberechtigung eines dritten Lehrbuchs nur auf Grund einer neuen durchgreifenden compilatorischen Idee anzuerkennen wäre.. Von Derartigem ist in folgender Zusammenstellung nichts zu finden. Sie ist nur ein Versuch, aus dem überreichen Material der Pflanzenphysiologie und Agriculturchemie in knapper, runder Form das herauszugreifen, was für diejenigen, die sich in einem bestimmten Kapitel des pflanzenphysiologischen Versuchswesens und ihrer Uebertragung in landwirthschaftlich praktische Fragen informiren wollen, momentan zur Hand sein soll.

Der Physiker beobachtet die Aeusserungen physikalischer Kräfte. Indem er sie künstlich in Erscheinung bringt, durch Eliminirung der Begleitkräfte, resp. Isolirung der zu prüfenden Kraft jede für sich zu studiren, zu systematisiren und endlich den äussern Zusammenhang untereinander zu untersuchen versucht, hat er verhältnissmässig eine leichtere Aufgabe als der Versuchsansteller auf dem Gebiete der Pflanzenphysiologie. Um die einzelnen Lebenserscheinungen für sich und in ihrer Gesammtheit: das Leben kennen zu lernen, muss dieser nicht allein die physikalischen Kräfte, die hier die Rolle der äussern Impulsatoren der Lebenserscheinungen übernehmen, beliebig verändern und eliminiren können, sondern er muss auch die Lebenserscheinungen auf ihre materiellen Ursachen zurückzuführen versuchen. Er spannt gleichsam in zwei Absätzen einen gemein-

[1]) Inzwischen hat sich dieser Dritte bereits eingestellt.

schaftlichen Brückenbogen zwischen Lebensanstoss und Lebenserscheinung, zwischen Lebenserscheinung und ihren materiellen Ursachen, — um es kurz zu sagen, er muss Physiker und Chemiker sein.

Eine Zusammenstellung des pflanzenphysiologischen Versuchswesens, müsste demnach, wie dies in Sachs's Experimental-Physiologie principiell durchgeführt ist, — Pfeffer geht einen andern Weg, der schon durch den, ich möchte sagen, reinen Titel: Pflanzenphysiologie gekennzeichnet ist, — bis in die äusserste Consequenz derart systematisirt sein, dass die physikalischen Lebensimpulsatoren, die accessorischen Einflüsse in den Vordergrund treten und denselben die Lebenserscheinungen, wie Athmung, Assimilation, Verdunstung u. s. w. subordinirt werden. Wenn nun in dem Vorliegenden dennoch von einer derartigen Systematisirung des Stoffes Abstand genommen wurde, so hat sich der Verfasser von dem beabsichtigten praktischen Zwecke, in gedrungener Form jede Lebenserscheinung und deren Beeinflussung durch accessorische Kräfte separat zu behandeln, leiten lassen. Der Stoff wäre demnach in folgende Kapitel getheilt:

1. Quellungs- und Keimungsversuche,
2. Athmungsversuche,
3. Assimilationsversuche,
4. Verdunstungsversuche,
5. Ernährungsversuche:
   A) Culturversuche,
   B) Düngungsversuche.

Es ist dann eine Folge obigen Gesichtspunktes, dass auf eine ausführlichere Beschreibung der prinzipiellen Methode wie der technischen Methode der Versuchsführung Acht gegeben wird, und die physiologisch- wie agricultur-chemischen und botanischen Fragen soweit in den Hintergrund gedrängt werden, als sie nicht allzutief in die materiellen Vorgänge der Lebenserscheinungen einschneiden.

1. Quellungs- und Keimungsversuche.

Eine scharfe Grenze zwischen Keimung und Wachsthum zu ziehen, d. i. zwischen der Entfaltung des Embryos, dem Gestaltungsprozess, dessen lebendige Kraft lediglich den von keinen äusseren Einflüssen berührten Metamorphosen im ruhenden Samen entspringt und dem eigentlichen Wachsthum, jenem Stadium der allgemeinen Pflanzenentwickelung, in welchem alle Vorgänge im wesentlichen dem von accessorischen Einflüssen tangirten Assimilationsprozess entsprungen ist, schon aus dem Grunde nicht möglich, weil der einzig denkbare Grenzstein, das völlige Verzehrtwerden des Reservematerials im keimenden Korn nicht mit dem Beginn der Assimilation zusammenfällt.

Im Allgemeinen lassen sich, ohne auch hier strenge Grenzen ziehen zu können, im Keimungsprozess drei verschiedenartige Vorgänge constatiren: 1. der Quellungsprozess, 2. Reservestoffmetamorphose, 3. Keimentfaltung. Ein Vorgang ist in absteigender Ordnung durch den andern bedingt. Die Reservestoffmetamorphose, d. h. die Fragen über die Lösung und Umbildung der stickstofffreien und stickstoffhaltigen Reservestoffe werden hier nur gestreift, und sofern sie mit der Assimilation und der Athmung im Zusammenhange stehen, in den diese beiden Prozesse separat behandelnden Kapiteln erörtert. Aus obigem Grunde wird die botanisch-morphologische Betrachtung der Keimentfaltung ganz unterbleiben. In Betreff dieses Punktes wird ja der Leser in den beiden Handbüchern: J. Sachs's Botanik und Nobbe's Samenkunde stets die nöthige Orientirung finden. Dagegen wird hier den Quellungsversuchen die Betrachtung der accessorischen Einflüsse auf den Keimungsprozess, soweit sie nicht ebenfalls schon in den Assimilations- und Athmungsprozessen zur Sprache kamen, schon aus dem Grunde angereiht werden müssen, weil die praktischen Untersuchungen der Keimung einer

Saatwaare, d. i. die Untersuchungsmethoden der Samencontrolstationen, auf den diesbezüglichen Arbeiten und Versuchen basiren.

Quellung.

Unter Quellung versteht man das Durchtränken der lufttrockenen Samen mit einer bestimmten, von der Grösse der Imbibitionsfähigkeit der organischen Gebilde des Samens abhängenden Wasserquantität. Der Prozess selbst wird durch osmotische Vorgänge, Capillarwirkungen vermittelt. Nach der Nägeli-Pfefferschen Vorstellung über die Molekularstruktur organisirter Zellbestandtheile (dieselbe ist durch Detmer auch auf Samenbestandtheile übertragen worden), wäre zwischen einer Auflösung und Quellung der Unterschied, dass bei der ersten sofort eine, wenn auch auf gleiche Weise einpulsirte Desorganisation, damit eine absolute und relative Lageveränderung der Tagmen, eine Auflösung aller Anziehungskräfte eintritt, im andern Falle dagegen das relative Lagerungsverhältniss erhalten bleibt.

Diese Unterscheidungsvorstellung deckt aber gleichfalls die Begriffe: begrenzte und unbegrenzte Quellung, so dass es auch nach der Detmerschen rein abstrakten Erörterung nicht möglich ist, einen mikrophysikalischen Unterschied zwischen unbegrenzter Quellung und Auflösung zu constatiren, denn offenbar gehört z. B. die Auflösung von Zellhäuten und Stärkekörnern durch concentrirte Säuren und Alkalien ebenfalls in die Kategorie der unbegrenzten Quellung. Es sei denn, man stelle die Temperatur der Lösungsflüssigkeit oder ihre chemische Energie in den Vordergrund. Die Verschleimung schleimgebender Samen (Plantago, Linum Capsella bursa pastoris e. etc.) soll durch den von Detmer als Permixtionsvorgang bezeichneten Prozess, der stets eine unbegrenzte Quellung zur Folge hat, verursacht sein, und es wären nur solche Gebilde imbibitionsfähig, die begrenzte Quellung zulassen.

Menge des Quellwassers.

Ueber die Grösse des Wasserquantums, das die Samen im Quellprozess bei gleicher Temperatur und Zeitdauer aufnehmen, haben Nobbe[1]) und Rob. Hofmann[2]), sowie Detmer[3]) mit verschiedenen Samen experimentirt.

Nach Ersterem hat die grosse Saubohne 157% ihres lufttrockenen Gewichts an Wasser aufgenommen, nach Nobbe und Robert Hofmann zeigte sich für die meisten Cultursamen ein weit geringeres Wasser-Bedürfniss.

---

[1]) Vgl. Handbuch d. Samenkunde p. 119.

[2]) Jahresbericht für Agriculturchemie 1864, 168.

[3]) Vergleichende Physiologie des Keimungsprozesses. Jena 1880. Verl. G. Fischer.

Es nahmen von tropfbar flüssigem Wasser auf:

	I.	II.
Weizen	45,5	60,0
Gerste	48,2	—
Roggen	57,7	—
Hafer	59,8	—
Buchweizen . . .	46,9	—
Mais	44,0	39,8
Hirse	25,0	—
Linsen	93,4	—
Erbsen	106,8	a. 96,0 b. 71,0
Weisse Bohnen . .	92,1	—
Krupbohnen . . .	—	117,5
Schminkbohnen . .	—	100,7
Saubohnen	104,0	157,0
Wicken	75,4	—
Luzerne	56,0	87,0
Weissklee	126,7	89,0
Rothklee	117,5	105,3
Mohn	91,0	—
Raps	51,0	48,3
Oelrettig . : . .	8,0	59,5
Leindotter	60,0	—
Hanf	43,0	—
Sonnenblume . . .	56,5	—
Weisse Rübe . . .	62,5	51,8
Zuckerrübe . . .	120,5	—
Pinus austriaca . .	—	35,8

Nobbe spricht sich demnach dahin aus: „Im Allgemeinen scheinen die harz- und ölhaltigen Samen, resp. Früchte, sowie die Cerealien der geringsten, die Leguminosensamen der höchsten Capacität für tropfbar flüssiges Wasser fähig zu sein“ [4]).

Detmer fand, dass die aufgenommene Wassermenge in dem Zeitraum von 24 Stunden bei einer Gewichtsdifferenz des trockenen Samens von 0,211 bis 0,461 um fast 10 pCt. schwankte. Derselbe sowohl wie Tschaplowitz fanden, dass grosse und schwere Samenindividuen relativ weniger Wasser bei der Quellung verbrauchen, als kleine und leichtere.

---

[4]) Samenkunde p. 120.

Endlich ist die Wasseraufnahme der bereits erwähnten Samen mit schleimgebender Epidermis von Detmer[5]) geprüft worden.

Gewicht der trocknen Samen. gr	Gewicht des gequoll. Samen. gr	Zeitdauer der Versuche. Stunden.	Temperatur. ⁰ C.
0,143	0,288	1	15,0
0,078	0,414	20	15,0
0,081	0,403	20	15,0
0,096	0,473	20	20,0

Dauer der Quellung.

Wichtig war es ferner, sich über die Dauer der Quellung Klarheit zu verschaffen, umsomehr, als man in der Praxis der Samencontrolstation bei den Keimprüfungen eine gewisse mittlere Zeit haben musste, nach welcher die Quellung der verschiedenen Cultursamen vorgenommen werden. In dieser Hinsicht giebt die Untersuchung Nobbe's[6]) mit grossen weissen Puffbohnen eine treffliche Basis.

Methode: Fünf unversehrte Samen genannter Bohnenart von annähernd gleicher Grösse und Gestalt wurden einzeln gewägt und jeder für sich in ca. 100 cbcm. destillirten Wassers gelegt, nach Verfluss eines bestimmten Zeitraums herausgehoben, über der Quellflüssigkeit im Becherglase abgespritzt, äusserlich zwischen Fliesspapier abgetrocknet und gewägt. Temperatur des Wassers 16⁰ bis 18⁰ C. Diese Operation wurde periodisch so lange wiederholt, bis die Testa aufplatzte und das Keimwürzelchen hervorzubrechen im Begriff stand. Das gesammte Quell- und Waschwasser wurde schliesslich zur Bestimmung der von dem Samen ausgeschiedenen Substanz eingedampft und der Rückstand bei 100⁰ C. getrocknet.

Ergebniss: Die Tabelle S. 7 zeigt neben der constatirten bedeutenden Gleichmässigkeit der 5 Bohnen, dass der gesammte Quellungsprozess 209 bis 357 Stunden umfasst, und dass die Periode grösster Saugkraft zwischen der 6ten und 24sten Stunde liegt. Die quellende Puffbohne nimmt bis zum Hervortreten der Radicula durchschnittlich die 1,57fache Menge ihres lufttrockenen Gewichts an Wasser. Aehnlich verhielten sich einige Phaseolusarten, Erbsen, Leindotter, Kresse. Inwieweit die individuelle Resistenzfähigkeit durch die mehr oder minder grosse Widerstandskraft der Samenhülle die Quellungsdauer beeinflusst, soll alsbald erörtert werden.

Aufnahme von Wassergas.

Vorher noch ist die Frage zu erörtern, ob die Samen auch im Stande sind, Wasser in Gasform aufzunehmen. Dieselbe ist durch Nobbe und Rob. Hofmann[7]) durch eine Anzahl Experimente beantwortet worden.

---

[5]) Vergl. Physiologie des Keimungsprozesses 63 und Journal f. Landwirthschaft 27, 370. Daselbst p. 62.

[6]) Samenkunde p. 109.

[7]) Samenkunde p. 105, Landw. V.-St. VII, p. 47.

	I.	II.	III.	IV.	V.	Mittel der Zunahme überhaupt	pro Stunde.
nach 2 Stunden	1,07	0,40	0,93	0,78	0,93	0,82	0,41
„ 5 „	4,07	1,50	2,14	2,62	1,97	2,46	0,82
„ 17 „	71,97	83,65	72,49	68,48	25,00	64,41	5,37
„ 24 „	26,15	15,16	22,70	37,91	23,31	25,05	3,58
„ 42 „	17,20	31,05	24,78	13,66	69,03	31,44	1,73
„ 48 „	3,09	1,74	2,91	2,16	3,97	2,77	0,46
„ 53 „	1,44	2,40	1,62	2,15	2,48	2,02	0,40
„ 65 „	4,54	3,39	1,36	3,23	3,31	3,17	0,26
„ 89 „	3,16	0,41	2,03	4,76	3,49	2,77	0,12
„ 113 „	3,52	5,22	3,68	7,54	2,11	4,41	0,12
„ 120 „	0,63	1,70	0,70	0,51	0,69	0,85	0,12
„ 137 „	2,81	—1,94	2,79	5,02	2,55	2,25	0,13
„ 144 „	1,06	—2,15	0,96	1,04	0,73	1,19	0,17
„ 161 „	2,64	—0,37	2,90	3,97	3,10	2,25	0,13
„ 168 „	0,52	0,99	—0,03	1,94	0,13	0,71	0,10
„ 185 „	2,39	1,24	2,36	1,22	2,36	1,91	0,11
„ 192 „	0,60	—0,57	0,77	5,87	2,83	1,90	0,27
„ 209 „	1,97	2,48	1,35	—	—	1,18	0,07
„ 216 „	0,39	1,79	0,59	—	—	0,55	0,08
„ 257 „	3,13	4,50	3,36	—	—	2,20	0,05
„ 266 „	0,21	—	0,13	—	—	0,07	0,01
„ 305 „	1,41	—	1,16	—	—	0,51	0,01
„ 357 „	0,57	—	0,58	—	—	0,23	0,00
Sa. d. Zunahme:	154,54	156,89	152,26	162,86	147,99	154,82	—
Quell-Rückstand:	2,12	3,39	2,21	1,50	2,08	2,29	—
Sa. Sa.	156,66	160,28	154,47	164,36	150,07	157,11	—

Methode (Nobbe): Eine Partie Samen wird auf Glanzpapier flach ausgebreitet und zum Schutz gegen Staub mit einer nicht luftdicht schliessenden Glasplatte bedeckt, eine andere Partie in einem offenen Opodeldokglas aufgestellt und endlich eine dritte in einer Porzellanschale unter eine mit Wasser abgeschlossene Glasglocke gebracht.

Ergebniss: Die Zunahme der Samen im feucht gesättigten Raum betrug in 9 Tagen 16½ pCt., ungerechnet die Kohlensäureausscheidung; die Gewichtsabnahme je nach der Höhe der Schichte, in der die Samen ausgebreitet waren, in gewöhnlicher Luft 1½, resp. ½ pCt. Aus diesem Resultat ist ersichtlich, dass die mit Wassergas geschwängerte Luft bei constanter Temperatur keineswegs ausreichen kann, was sich schon im Versuche dadurch documentirte, dass dann selbst nach 24 Tagen keine Keimung erfolgte.

Eine noch geringere Menge Wasserdampf nahmen verschiedene Samen und Schliessfrüchte, mit denen R. Hofmann experimentirte, auf. Doch macht Nobbe auf die geringere Brauchbarkeit dieser Resultate aufmerksam, weil zu wenig Material und eine zu geringe Expositionszeit gewählt ward. Es ist ferner hier darauf aufmerksam zu machen, dass eine Saatwaare, die ihr Quellungswasser in dieser Form aufnehmen soll, leicht der Verschimmlung, dem sogenannten „Dumpfigwerden“ ausgesetzt ist, was nur ein Beweis ist, dass die Samen eben im gasfeuchten Raum gelagert haben.

Detmer weist nach, dass die Gewichtszunahme der Samen in den Nobbe'schen Versuchen die Folge eingetretener Wasserverdichtung seitens des Versuchsmaterials ist.

Methode: Abgewogene Mengen lufttrockener Erbsen in wassergasreichen, nicht wassergasgesättigten Raum gebracht.

Während der Versuche wurden Psychrometerbeobachtungen angestellt, um sich zu überzeugen, dass die Atmosphäre nicht wassergasgesättigt ist Das Gewicht der Untersuchungsobjecte wurde nach bestimmter Zeit abermals festgestellt.

		Temperatur in ° C.	
		feucht	trocken
Gewicht der Samen		erhaltenes Thermometer	des Psychrometers
14. Februar	4,285	12,7	13,8
15. Februar	4,324	12,3	13,5
16. Februar	4,339	12,7	13,7

Ergebniss: Diese Gewichtszunahme der Samen kann nach Detmer nur durch Condensation des Wassergases seitens der Samen und nicht durch Thaubildung erfolgt sein.

Darüber, ob die durch Temperaturschwankungen im Boden eintretenden Thaubildungen so viel normales Quellwasser bieten können, dass eine normale Keimung eintrete, theilen sich die Ansichten. Nobbe's[8]) Versuch mit drei Leinsaatproben, von denen die eine warm, die andere kalt, die letzte unter wechselnder Temperatur in Porzellanschalen unter Glasglocken aufgestellt wurden, ergab ein negatives Resultat zum Gegensatz Detmers[9]), der sich auf einen dahin einschlagenden Versuch F. Haberland's[10]) stützt und sich von der durch die Temperaturschwankung bedingten Thaubildung für die Samen Vortheil verspricht. Der betreffende Versuch wurde nach folgender Methode ausgeführt: Unter grosse Glasglocken wurden aus Messingdraht von Drahtnetz gefertigte Gestelle in 6 Abtheilungen (Etagen) aufgestellt. Die Glasglocken standen in weiten Gefässen und waren durch Wasser abgeschlossen und wasserdurchsättigt. Die eine derselben stand in einem Raum, in dem die Temperaturschwankungen noch nicht 1° C. betrugen, der Raum der andern war auf 20° C. gebracht, und sank die Temperatur daselbst auf 14—16° C. Die Keimung soll in letzterer günstiger verlaufen sein; d. h. ungünstig wird der Verlauf in beiden Glocken gewesen sein, wie denn überhaupt die alsbald ein-

[8]) Samenkunde p. 108.

[9]) Physiologie d. Keimungsprozesses p. 54.

[10]) Vgl. Haberlandt: Wissensch. prakt. Untersuchungen Bd. 1, p. 70.

tretende Verschimmelung bei allen derartigen Versuchen jede Comparation fraglich macht.

Beziehung der Wassermenge zum Vol. der Samen.

Von hohem physiologischen Interesse ist offenbar die Frage nach dem Verhältnisse der Volumzunahme der gequollenen Samen zum Quantum des aufgenommenen Wassers, umsomehr, als dieselbe von namhaften Forschern verschiedene Beantwortung fand. Wiesner[11]), der eine Anzahl interessanter Versuche ausführte zur Erklärung der von ihm constatirten Thatsache einer bedeutenden Wärmeentwicklung beim Keimungsprozess noch vor der Entbindung der Kohlensäure, schliesst aus dem Freiwerden der Wärme in Folge des Quellaktes auf eine nothwendige Wasserverdichtung, somit Herabminderung des Volumens der gequollenen Samen gegenüber dem Volumen des Samens aus dem aufgenommenen Wasservolumen. (Gleiche Versuche führte Detmer[12]) aus.) Diese Anschauung contrastirt aber in lebhafter Weise mit der durch einen Versuch gewonnenen Anschauung Payens[13]). Derselbe fand, dass Cerealiensamen, die in drei Zeitintervallen von je 24 Stunden mit je 5 Gewichtsprozenten Wasser begossen wurden, bei einer Gewichtszunahme von 5 bis 15 pCt. eine Volumenzunahme von 10 bis 25,5 pCt. erfuhren. Nobbe[14]) beweist, dass diese Volumzunahme das Ergebniss ist des nicht statthaften Procentcalcüls zwischen zwei im spezifischen Gewicht so verschiedenartigen Körpern, als Wasser- und Samensubstanz, indem ein Körper ein relativ höheres Volumen einnehmen muss, wenn in denselben ein Körper von geringerem spezifischen Gewicht eintritt, abgesehen von der durch die erhöhte Temperatur des Quellungswassers (denn ein solches übersteigt 4⁰ C.) bedingten Volumzunahme.

Nobbe stellte nun eine Reihe von Versuchen mit Erbsen und über das Verhältniss der Wasseraufnahme zur Volumenvermehrung quellender Samen an, aus welchen er nun direkte Ziffern gewann. Den unter Berücksichtigung des durch die Stoffaustheilung verursachten Rückstand des Quellwassers angestellten Versuch mit Phasaeolus vulgaris will ich hier reproduziren.

Methode: „300 Stück unverletzte Samen von 150,613 g Gewicht und 116,0 ccm Volumen wurden mit reichlichen Mengen destillirten Wassers übergossen. Nach jeder von 12 zu 12 Stunden ausgeführten Wägung und Messung wurde das Wasser erneut, die Bohnen von der Wägung sorgfältig abgespritzt und dieses Waschwasser mit dem Quellwasser vereinigt zum Trocknen verdampft.

---

11) Landw. V.-St. p. 15, 135.

12) Wollnys Forschungen auf d. Geb. d. Agriculturphysik 2, p. 1.

13) Vgl. Nobbe, Handb. d. Samenkunde p. 120.

14) Handb. d. Samenkunde p. 12.

Die Zunahmen der Bohnen betrugen in absoluten Ziffern.			In Prozenten der Anfangsziffern.	
nach Stunden	Gewicht g	Volumen ccm	Gewicht	Volumen
12	147,081	142,0	97,650	122,41
24	17,650	16,0	11,720	13,79
36	4,050	3,5	2,690	3,02
48	1,200	0,5	0,798	0,43
60	2,170	1,5	1,440	1,30
72	0,330	—	0,220	—
Sa.	172,481	163,5	114,518	140,95
+ Quell-Rückstand:	4,581		3,040	
	177,062	163,5	117,558	140,95

Ergebniss: Wir sehen, dass, in absoluten Ziffern ausgedrückt, bei der Bohne die Gewichtszunahme grösser ist, als die Volumenzunahme. Schon aus dem Grunde kann die Gewichtszunahme kein Mass sein für das aufgenommene Wasserquantum, weil die osmotisch aus dem Samen heraustretende Substanzlösung von höherem spezifischen Gewicht ist, als das Wasser. Hierzu kommt die beginnende Kohlensäureentwicklung. Es kommt demnach ein Theil des absorbirten Wassers in der empirisch gefundenen Ziffer nicht zum Ausdruck. „Das Gewicht der Bohnen wird stärker vergrössert, als deren Umfang zunimmt.“

Ferner ist es wahrscheinlich, dass die Samen in den durch den Eintrocknungsprozess entstandenen inneren Hohlräumen, soweit diese nicht in der Frucht und Samenschale entstehen — Wasser einsaugen, ohne das Volumen entsprechend zu vergrössern. Dass das faktisch eintritt, beweist Nobbe an Früchten von Pinus austriaca (einer sehr hartschaligen Frucht), die in der That nach Aufnahme von 100 Gewichtstheilen Wasser blos eine Volumzunahme von 22,2 ccm zeigten.

Die Versuche bestätigen also die Nothwendigkeit einer Wasserverdichtung.

Nobbe führte aber den Beweis noch nach einer andern Methode, die auf folgendem Calcül basirt. Ist die Volumzunahme des Samens gleich dem Volumen des aufgenommenen Wassers, so muss der Stand desselben in dem Wassergefässe, in welchem die Samen quellen, stets auf gleichem Niveau bleiben.

Methode: „Ein Glaskolben mit aufgesetztem engen Steigrohr und Thermometer wird mit einer bekannten Gewichtsmenge der zu prüfenden Samen beschickt. Nachdem die letzteren mit einer gemessenen Quantität Wassers, welches längere Zeit in demselben Raume mit den Erbsen gestanden und deren Temperatur angenommen, übergossen und die den Samen sich anheftenden Luftblasen durch leises Rütteln des Apparats möglichst rasch entfernt worden, wird der Stand der Flüssigkeit im Steigrohr (der Nullpunkt) und dessen Veränderungen notirt[15]).

Gleichzeitig mit der Beobachtung des Niveaustandes des Wassers wurden Temperaturbeobachtungen des Wassers wie der Luft gemacht und alle Beobachtungen mit denen eines Controlgefässes, in welchem die Samen fehlten, verglichen.

Vergleicht man nun den Verlauf der Niveaucurven der Erbsen und Bohnen untereinander und mit dem des Controlgefässes, so unterscheiden sich die Quellungserscheinungen beider darin, dass der Wasserstand der Erbsen stets höher ist als zu Anfang, während der der Bohnen unter den Nullpunkt herabsinkt und sich erst in Folge der Gasentwicklung wieder über denselben erheben kann.

Ein Vergleich der Temperaturcurven mit den Niveaucurven zeigt ferner, dass die in denselben ausgedrückte Wärmeerhöhung ebenfalls die Folge des Quellprozesses ist. Wie erklärt sich der bedeutende Unterschied der Niveauveränderungen bei diesen beiden Samen? Derselbe liegt nach Nobbe in dem anatomischen Bau des Samens, und zwar darin, dass die in der Bohne im reicheren Masse vorkommenden inneren Höhlungen in den Cotyledonen und die grössere Luftlücke zwischen denselben eine sogenannte „verlorene Quellung“, d. i. eine Quellung verursacht, die eine Volumzunahme ausschliesst. Dass namentlich letzteres eintritt, hat Nobbe experimentell constatirt, indem er den gleichen Versuch mit halbirten Bohnen vornahm, der zum Resultat hatte, dass die Mindercontraction des Wassers über den durchschnittenen Bohnen 2 Prozent der angewandten Samenmenge betrug[16]).

Detmer[17]), der die Versuche mit verschiedenen Erbsenvarietäten nachmachte, zeigte, dass die durch die genannten Beziehungen hervorgerufenen Qellungserscheinungen je nach Varietät des Samen verschieden sind. Im Ganzen sind überall zwei Quellungsstadien zu constatiren, eine allgemeine Volumzunahme des Samen (Steigen des Steigrohrwassers) und durch eine Volumabnahme getrennte zweite Steigung, die nach Nobbe[18]) in der Kohlensäureentwicklung, nach Detmer[19]) auch in der anatomischen Samenstructur bedingt ist.

Art und Ter ratur des Q mediums.

In Betreff des Einflusses der Art des Quellungsmediums auf die Quellung ist auf den Versuch von Reinke aufmerksam zu machen, der Erbsen in concentrirter Lösung quellen liess und fand, dass diese nach Verlauf einiger Zeit mehr Wasser entzogen haben als Salz, weil dieselben

[15]) Nobbe, Samenkunde p. 126.

[16]) Nobbe, Samenkunde 132.

[17]) Journal für Landwirthschaft p. 27, 364.

[18]) Nobbe, Samenkunde p. 130.

[19]) Detmer, Vgl. Phys. d. Keimungsprozesses p. 74.

bei unverändert gebliebener Temperatur grosse Glaubersalzkrystalle abgeschieden haben.

Was endlich die Beziehung der Temperatur des Quellmediums anbelangt, so constatirte Dimitrievicz, dass das Quellungsvermögen der Samen von der Temperatur des Wassers im Ganzen unabhängig ist, dass das Quellungsmaximum überall erreicht wird und nur die höhere Temperatur auf das zeitliche Erreichen desselben von Einfluss ist[20]).

Quellung und Samenindividualität.

In allen bisherigen Versuchen, welche Fragen und Beziehungen sie berühren mögen, ist zum Ausdruck gekommen, dass die Individualität der Samen eine bedeutende Rolle spielt. Am schärfsten kommt die Samenindividualität zu Tage in der Frage nach der Quellungsdauer, eine Frage, die für die Praxis der Samencontrole von eminenter Wichtigkeit ist. Die diese Frage berührenden Versuche Nobbe's zeigten, dass jedem Pflanzenindividuum eine individuelle Resistenzfähigkeit gegen die Quellung innewohnt, die in den sogenannten „hartschäligen Samen" ihr Maximum erreicht. Wenn sich einerseits bei dem bereits besprochenen Nobbe'schen Versuch mit den 5 Puffbohnen die Quellungsdauer als nahezu identisch gezeigt, so dass man für diese in der Samencontrolpraxis für die Quellkraft einen Näherungswerth geben kann, so zeigten dagegen Versuche mit Coniferen, Rüben, Gräsern, Doldengewächsen wiederum eine oft erstaunliche Differenz in der Quelldauer.

Nobbe beschäftigte sich, eine grosse Reihe von Versuchen mit einer grossen Zahl von Cultur- und Unkrautsamen ausführend[21]), mit der Erforschung der Natur der „Hartschäligkeit" der Samen, dieser interessanten Erscheinung.

Aus der Reihe derselben will ich den Versuch (10) mit Anthyllis vulneraria reproduziren.

Versuch 10. Anthyllis vulneraria L.

Zwei Muster von Wundkleesamen, deren eines (A) zu 8 Prozent, das andere (B) zu 86 Prozent keimfähig erwiesen war, wurden (je 1000) a) in Wasser, b) in sehr verdünntem Glycerin, wie oben, aufgestellt. Der Versuch dauerte vom 12. November 1870 bis 3. August 1871 (262 Tage).

Die Zahl der gequollenen Samen betrug:

---

[20]) Haberlandts wissenschaftl. prakt. Untersuchungen auf dem Gebiete des Pflanzenbaues 1, p. 75.

[21]) Dieselben dauern schon 8? Jahre und werden noch immer weiter geführt.

Nach Tagen	A. a (Wasser)	A. b (Glycerin)	B. a (Wasser)	B. b (Glycerin)	Nach Tagen	A. a (Wasser)	A. b (Glycerin)	B. a (Wasser)	B. b (Glycerin)
3	842	672	962	950	33	4	—	4	2
5	30	84	8	24	38	6	3	—	2
6	4	20	—	4	42	—	10	—	—
8	8	—	2	—	45	4	25	—	6
9	2	6	—	2	46	4	2	2	—
11	2	2	—	—	59	4	—	—	—
14	6	8	2	2	82	4	12	4	4
16	4	6	4	—	138	2	10	—	—
21	6	6	6	—	262	10	16	2	—
23	4	2	2	—	Sa.	968	884	998	996
26	4	—	—	—					
29	8	—	—	—					

also ein Bruchtheil der Samen ist selbst nach $^3/_4$ Jahren in reinem Wasser, ein noch bedeutenderer in verdünntem Glycerin ungequollen geblieben. Der Versuch ist aus 2 ferneren Gründen gewählt, erstens, weil er zeigt, dass das als Keimungserreger empfohlene Glycerin auch von noch so geringer Concentration die Quellung geradezu behindert, zweitens weil er zur Evidenz beweist, und dieses ist für die Samencontrolpraxis von hoher Wichtigkeit, dass Keimungs- und Quellungsfähigkeit in keinem bedingenden Verhältniss steht, dass aus dem Quellungsvermögen kein Schluss erlaubt ist auf das Keimungsvermögen.

Sitz der Hartschaligkeit.

Nach den umfassenden Versuchen Nobbe's, die über Jahre hinaus geführt wurden, hat es sich gezeigt, dass die Papillonaceen vornehmlich einen hohen Prozentsatz hartschaliger Samen besitzen. Woher rührt diese enorme Resistenzfähigkeit gegen die Imbibitionseingriffe des Quellwassers?

Es lag auf der Hand, die Ursache in dem Bau der Testa zu suchen. Die von Sempolowski ausgesprochene Vermuthung, dass die Resistenzursache in dem etwaigen Wachsüberguss der Samenhüllen (wie das bei vielen Blättern der Fall) zu suchen wäre, ist nach den Untersuchungen von Höhnel[22]), Nobbe, Hähnlein[23]) als unrichtig erwiesen. Die beiden letzteren fanden als den Ort der Resistenz die Aussenseite der Stäbchen und Pallisadenzellen. Es ist hier nicht der Ort den Bau der Samenschale zu berücksichtigen. Darin sind zum Theil durch die Anregung Nobbe's zahl-

[22]) Wissensch. prakt. Untersuchungen auf dem Gebiete des Pflanzenbaus, herausgegeben v. Haberlandt I 1875, p. 50.

[23]) Vgl. Nobbe und Hähnlein. 'Mittheilungen über die pflanzenphysiol. Versuchsstation Tharand: Ueber die Resistenzfähigkeit der Samen gegen die äusseren Factoren der Keimung.

reiche Arbeiten geliefert worden[24]), ohne jedoch den Gegenstand erschöpft zu haben. Als die eigentliche Quellgeschichte bezeichnet Nobbe im Gegensatz zu v. Höhnel die fünfte.

Es würde demnach die Quellungsunfähigkeit hartschaliger Samen nur dann zu besiegen sein, wenn es gelingen könnte, die betreffenden Schichten für das Lösungswasser permeabel zu machen. Dies ist F. Galter wie Ed. Klose[25]) durch chemische Mittel nicht gelungen. Wurden dagegen die Samen von Luzerne, Weissklee, Hornklee und Bastardklee mit feinem Quarzsand vermischt und in einem Säckchen 10 Minuten lang unter den Füssen gerieben, so wurden

von Luzerne	13,4%	von Bastardklee	11,2%
„ Weissklee	10,2 „	„ Hornklee	37,8 „

quellungsfähig gemacht.

Nobbe[26]) giebt ein gleiches Mittel an, die Quellungsfähigkeit zu erzwingen. Er empfiehlt eine Mischung von 1 l Samen, 4—5 l Sand. Auf den Sack, in den die Mischung gelangt, dürfe man mit dem Dreschflegel einige Minuten lang derb zuschlagen, auf die Gefahr hin einen Prozentsatz Druschbruch zu erhalten (!).

---

24) Bischof: Handbuch der botanischen Terminologie und Systemkunde Bd. 1. Nürnberg 1833.

Schleiden: Beiträge zur Entwickelungsgeschichte der Blüthentheile bei den Leguminosen 1838 und „Ueber das Albumen insbesondere der Leguminosen 1838“.

Cramer: Pflanzenphysiologische Untersuchungen, Botanische Beiträge Heft 3. Zürich 1855.

Hofmeister: Ueber die zu Gallerte aufquellenden Zellen der Aussenfläche von Samen und Pericarpien, Berichte der königl. sächs. Gesellsch. d. Wissensch. Leipzig 1858, Heft 1.

Schröder: Untersuchungen der Samen der Brassicaarten und Varietäten Landw. Vers.-Stat. Bd. 14. 1871.

Sorauer: Ueber den Samen der Saradella. Landw. Jahrb. Bd. 1. Heft 4. Berlin 1872.

Wittmack: Gras- und Kleesamen. Berlin 1872.

Nobbe: Handbuch der Samenkunde.

Sempotowski: „Ueber den Bau der Schalen landw. wichtiger Samen. Landw. Jahrbücher Bd. III Heft 4. 1874.

v. Höhnel: Samenschale der Cruciferen, Bericht der Wiener Boden-Hochschule.

v. Bretfeld: „Aufstellung einiger Verfälschungsdiagnosen bei den gebräuchlichsten Kraftfuttermitteln“, Landw. Vers.-Stat. Bd. 26.

25) Wiener landw. Zeitung 1877 p. 17.

26) Deutsche landw. Presse 8. Jahrg. 1881. No. 4 p. 19—20.

Aus den genannten Operationen geht jedoch hervor, dass selbst die feinsten Corrosionen in der Samenschale dem Quellungswasser einen Weg geben und die Gesammt-Hartschicht zur Quellung bringen können.

Einfluss der Vorquellung auf die Keimung.

Bevor zur eigentlichen „Keimung" übergegangen wird, möge es gestattet sein, noch einiger wichtiger Versuche über den Einfluss des Quellens auf die Keimung zu gedenken.

Von den Arbeiten C. Kraus[27]) über das Vorquellen des Saatgutes ist die Angabe interessant, dass vorgequellte und wieder getrocknete Samen bei Wiederbefeuchtung eine beschleunigte Keimung zeigen, wobei der Einfluss des Vorquellens noch weit über das Stadium der Keimung sichtbar bleibt. Der vorgequellte Hafer ging früher auf, entwickelte frühzeitiger die Rispe, als der nicht vorgequellte. Ebenso fanden sich in der ersten Vegetationszeit bei der Gerste ähnliche Unterschiede. Weil aber vorgequellte Samen sehr ungleichmässig aufgehen, empfiehlt Kraus eine praktische Verwerthung nur in dem Falle, wenn es durch die Vorquellung und nachheriges Austrocknen gelingen sollte, neue Abarten von kürzerer Vegetationszeit zu ziehen.

Auch bei Versuchen mit der langhülsigen Puffbohne bestätigte sich die Keimungsbeschleunigung; die Ungleichheit des Wachsthums[28]) war aber wegen der Trockniss der Saatzeit bei den nicht vorgequellten Samen bedeutend grösser als bei den präparirten Samen, wornach denn allerdings die Vorquellung für grössere tief unterzubringende Samen gerade in trocknen Lagen zu empfehlen wäre.

„Ausgewa ne" Sa

Eine Frage von hervorragender landwirthschaftlich-praktischer Bedeutung ist die über den Einfluss des Quellens und wieder Austrocknens auf die Keimung und nachherige Entwicklung des Keimlings, wenn eine Keimung bereits begonnen hat (Auswachsen). Nach einzelnen Beobachtungen hat zuerst Marek[29]) in eingehenderer Weise die Frage experimentell behandelt. Die Methode ergiebt sich von selbst. Derselbe fand, dass Keimpflanzen, die in ihrem Wachsthum unterbrochen werden und nachher theilweise austrocknen, sich dann noch weiter entwickeln können. Die bereits entwickelten Wurzeln sterben ab; neue Wurzeln entwickeln sich dann aus den Wurzelanlagen des hypocotylen Gliedes nur des ersten Internodiums. Die Plumula soll eine grössere Lebensfähigkeit als die Wurzel besitzen, wenn erstere abstirbt entwickeln sich Axillarknospen. Monocotyle Pflanzen sind gegen Keimungsunterbrechungen widerstandsfähiger als dicotyle. Am

---

[27]) Zeitschr. des landw. Vereins in Baiern 1877 p. 67 u. 1878 p. 10.

[28]) Forschungen auf dem Gebiete der Agrikulturphysik. 4. Bd. 5. Heft p. 370 bis 394.

[29]) Das Saatgut und dessen Einfluss auf Menge und Güte der Ernte. Wien 1875 p. 159.

widerstandsfähigsten hat sich der Weizen erwiesen, dann Erbsen, Pferdebohnen. Rüben und Lein vertrugen keine Keimungsunterbrechung.

Bestätigt wurden die Versuche durch Nowoczek[30]). Nach ihm sind die Cerealien äusserst widerstandsfähig, in geringerem Masse sind es die Oelgewächse und Hülsenfrüchte.

Im Gegensatz zu diesen Resultaten stehen die Beobachtungen von Tautphöus[31]), nach welchem ausgekeimte und wieder getrocknete Samen von Hafer, Pferdezahn und Körner-Mais, Erbsen, Bohnen und Lupinen nicht wieder zum Auskeimen gelangten, die Cerealien nur dann keimten, wenn nur die Radicula entwickelt war. Sobald die Plumulen die Länge von 15 mm überschritten, hatten sie die Keimfähigkeit verloren. Raps soll das Austrocknen nur vertragen haben, wenn die Radicula nicht weiter als 2 mm hervorgetreten war.

Nach H. Wills[32]) Untersuchungen des Einflusses der genannten Operation in 4 Stadien: 1. ungekeimt (12stündige Einquellung), 2. 24 stündige Einquellung (ungekeimt), 3. Würzelchen eben sichtbar, 4. Radicula ca. 12 mm lang, vertragen nur einzelne Pflanzen eine Keimungsunterbrechung in den Anfangsstadien[33]). Je weiter die Keimung vorgeschritten war, um so leichter erlagen die Samen bei der Nachkeimung der Fäulniss. Die Beobachtung Marek's und Nowoczek's, dass die monocotylen Pflanzen widerstandsfähiger sind, als die dicotylen, wurden bestätigt. Von ersteren sind Mais, Hafer und Gerste, von letzteren Buchweizen und Erbsen.

Aus all' den genannten Versuchen ist wohl der Schluss erlaubt, dass eine Verwendung ausgewachsenen Saatgutes besser zu unterbleiben hat.

Keimung. Unter Keimung versteht man das durch den Quellakt impulsirte Bestreben des Embryo's, seine individuelle Selbständigkeit zu erhalten. Theoretisch wäre der Keimungsakt zu Ende, sobald im Chlorophyllapparat des ergrünten Blattes die Assimilationsthätigkeit beginnt und an Stelle der Reserve-Nährstoffaufnahme durch die Cotyledonen die Bodennährstoffaufnahme durch die Wurzeln tritt. Es ist morphologisch, wie schon erwähnt, dieser Uebergang nicht zu constatiren. Der Keimungsakt ist von accessorischen Wirkungen wesentlich beeinflusst, von physikalischen Bedingungen abhängig.

---

[30]) Wissensch. prakt. Unters. auf d. Gebiete d. Pflanzenbaus von Haberlandt I. 1875 p. 122.

[31]) Nach d. Centralblatt für Agr.-Chemie 1876 II, p. 105.

[32]) Landw. Vers.-Stat. 28. Bd. 1882 p. 51—89.

[33]) Vgl. meine Untersuchungen über die Art der Entstehung der Reproduktionsorgane und deren Beeinflussungen: „Ueber die formale Ausgestaltung der Weizenpflanze. Landw. Vers.-Stat. 27. Bd. 1882 p. 417—446.

Lufttemperat und Keimun

Was zunächst die Wirkung der Lufttemperatur auf den Keimungsprozess betrifft, so ist zu erwähnen, dass letzterer von dem Einfluss auf den ruhenden Samen berührt wird. Die Wirkung der hohen Temperatur ist aus den Versuchen von Wiesner[34]), Edwards und Colin[35]), Pouchet[36]), G. Hofmann[37]) zu ersehen und ist wesentlich davon tangirt, ob die Luft, in welcher die Samen keimen, trocken oder feucht ist, oder ob letztere in tropfbar flüssigem Wasser erwärmt werden. So fand Wiesner, dass die harzreichen Früchte einiger Coniferen kurze Zeit eine Temperatur von 70° C., ohne dass die Keimung geschädigt wird, vertragen.

In feuchter Luft sind dagegen schon geringere Wärmegrade von Nachtheil. Nobbe bestätigte die Angabe Pouchet's, dass eine brasilianische Medicago-Art im Wasser eine 4stündige Siedehitze ertrug, wenn sie vorher nicht zur Quellung gelangte, in einem Versuch mit Polygonum orientale, deren Samen nach halbstündigem ununterbrochenen Sieden ungequollen und keimfähig blieben. Die Samen und Früchte, deren Hüllen schwer durchlässig sind, wie die der Papillonaceen, Rosifloren, Labiaten, Caryophyllaceen, verhielten sich ähnlich, während Compositen, Cruciferen und Gramineen sich äusserst empfindlich zeigten[38]). Nach H. Hofmann[39]) verlieren die Schliessfrüchte der Brombeeren und Himbeeren nach zweistündigem Kochen, nach Edwards und Colin die meisten Getreidesamen in Wasser von 35° C., im feuchten Sand von 45—56° C. ihre Keimkraft.

Nobbe constatirte ferner, dass Erbsen bei der Temperatur des Eispunktes noch quellen können, dann aber ihre Keimkraft verloren haben[40]).

Temperatur Keimung.

Was den Einfluss der Temperatur auf die Keimung selbst betrifft, so lässt sich aus den Versuchen von Sachs[41]) und Haberlandt[42]), von denen der erstere das Temperatur-Maximum, -Optimum und -Minimum für eine Anzahl Pflanzen aufstellte, für die Praxis der Keimprüfungen aller Cultur- und gebräuchlichen Unkrautsamen eine Normaltemperatur von 18 bis 20° ablesen. Diese Temperatur liegt für die meisten Samen über dem Temperaturminimum und bei anspruchsvollen Samen gewiss niemals unter demselben. Die Erfahrungen an der Tharander physiologischen

---

34) Landw. Vers.-Stat. XV, p. 297.

35) Vgl. Fleischer: Beiträge zur Lehre vom Keimen d. Samen. Stuttg. 1851.

36) Compt. rend. LXIII, p. 939.

37) Allgem. Forst- und Jagdzeitung XLIV, p. 36.

38) Samenkunde p. 229.

39) Diese wie die früheren Angaben in den eben cit. Abhandlungen.

40) Samenkunde p. 229.

41) Ueber die Abhängigkeit der Keimung von der Temperatur. Zeitschr. f. wiss. Botanik II, 1860 p. 365. Handb. d. Experimentalphysiologie 1865 p. 54.

42) Landw. Vers.-Stat. XVII, p. 104.

Station lehren, dass in der That Samen, die wegen Alter, Unreife und anderen Umständen bei dieser Normaltemperatur nicht keimten, auch bei höherer Temperatur nicht zur Keimung gelangten.

Im Allgemeinen lässt sich sagen, dass innerhalb des Minimum und Maximum, jener Grenzen, über welche hinaus die Samen nicht mehr keimen, der Same um so rascher keimt, je näher die Luftwärme dem Optimum, um so langsamer, je näher sie dem Minimum und Maximum liegt[43]). Vergl. die Arbeiten von Just (Beiträge zur Biologie der Pflanzen Bd. II. 3. Heft p. 37); C. de Candolle und Raoul Pictet (Jahrb. d. Agr.-Ch. 1879 p. 19); Wollny: „Ueber das Dörren der Samen (Centralbl. für Agr.-Ch. 1880 p. 36 aus Oestr. Wochenblatt 1879 p. 479). Letzteren veranlassten die günstigen Erfahrungen, die bei dem Dörren des Säeleins gemachten Versuche mit Cerealien, Buchweizen, Bohnen und Erbsen, die einer Temperatur von 32 bis 35° C. 21 resp. 44 Tage lang ausgesetzt waren, anzustellen. Ueberall trat ein langsameres Wachsen der Pflanzen ein und vor allem soll trotz aller Vorsicht eine Herabminderung der Keimkraft herbeigeführt worden sein. Unerklärbar sind die Beobachtungen Haberlandts, dass ausgefrorene Samen von Senf und Lein, abgesehen von der rascheren Entwicklung, eine Stengelverlängerung von 39 pCt. bewirkt haben[44]). W. Veltens[45]) Untersuchungen der Einwirkung hoher Temperaturen auf Fichtsamen zeigten bald einen günstigen, bald ungünstigen Einfluss auf die Keimkraft. Längeres Erwärmen bei niederer Temperatur hatte gleichen Effekt als längeres Erwärmen bei höheren Temperaturgraden.

Nach den Beobachtungen von Uloth[46]), Kerner[47]), Schübeler[48]), Haberlandt[49]) scheint es, dass das Wärmebedürfniss von der ursprünglichen Heimath der betreffenden Pflanzenspezies abhängt. Auf die näheren pflanzengeographischen Beobachtungen kann hier nicht eingegangen werden. Erwähnt soll hier nur noch werden, dass die Methode der Untersuchungen obiger Forscher lediglich auf der Construction eines Apparates beruht, der gestattet, eine bestimmte Temperatur auf constanter Höhe zu erhalten. Hierzu dienen die Thermostaten. Ein solcher Apparat ist in den Athmungsversuchen (S. 54) beschrieben.

---

[43]) Vgl. Nobbe, Samenkunde p. 231.

[44]) Landw. Vers.-Stat. XXI, p. 357.

[45]) Wiss. prakt. Unters. auf dem Gebiete des Pflanzenbaus v. Haberlandt I, 1875, p. 117.

[46]) Flora 1871 No. 12.

[47]) Sitzungsber. d. naturw. medic. Vereins zu Insbruck 15. Mai 1873. Botan. Zeitschr. XXI 1873, p. 437. Vgl. Nobbe Samenkunde p. 237.

[48]) Culturpflanzen Norwegens 1862.

[49]) Landw. Vers.-Stat. XVII, p. 104.

Thermostat für Controlstationen

Als praktisch hat sich der lediglich für Samencontrolstationen bestimmte einfache Eidamsche Thermostat erwiesen[50]). Derselbe ist aber auch für die genannten Untersuchungen geeignet. Es ist ein schwarz lackirter mit zwei Handhaben versehener, oben offener Kasten von starkem Eisenblech, der auf vier eisernen Füssen ruht. Derselbe besitzt allseitig doppelte Wandung. Der Hohlraum wird mit Wasser gefüllt. Dies geschieht durch ein weites linksseitig vorhandenes Rohr, welches auch zur event. Einführung eines Bunsenschen Gasregulators benutzt werden kann. An der Seite ist ein Wasserstands- und ein zweites Rohr zur Aufnahme des Thermometers. Um die constante Temperatur von 18 bis 20 Grad hervorzubringen, ist eine hohe Gas- oder Petroleumlampe unter dem Apparat zu erhalten. Im Innern sind drei den Kastenumfang nicht berührende eiserne Einsätze, mit 4 cm hohen Rand; jede derselben wird mittelst 2 befestigter Handhaben herausgehoben. Sie sitzen auf ihren Rändern, doch so, dass die Luft cirkuliren kann. Für prozentige Keimprüfungen werden in jeden Einsatz 8 mild gebrannte Blumentopfuntersätze gelegt. Der ganze Apparat wird mit einem lose schliessenden Glasdeckel versehen. Dieser Thermostat hat also die Vortheile eines kleinen Raums (60 cm lang, 33 cm breit und 16 cm tief) und einer constanten Temperatur.

Keimapparat

Dort aber, wo bei den Bestimmungen der Keimungsprozente die beiden Bedingungen so strikte nicht eingehalten werden müssen, da eignet sich der einfache Nobbe'sche Keimapparat[51]).

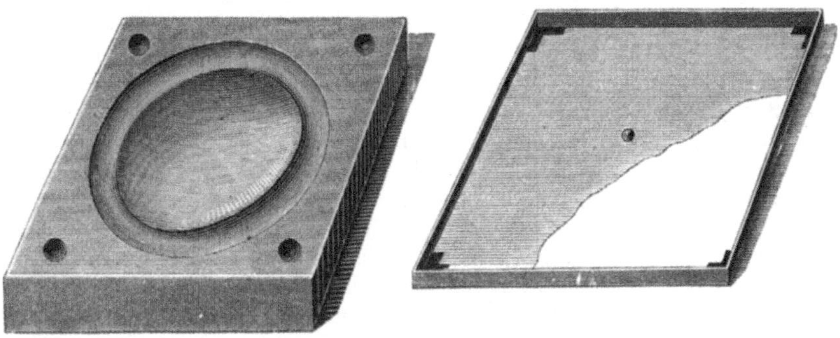

Er ist aus mild gebranntem und unglasirtem Thon hergestellt. Die Grundfläche wie die untere Hälfte der Seitenwände sind, um dem Schwitzen auf die Unterlage zu begegnen, glasirt. Das Keimungsgefäss ist 5 cm hoch, die Seite des Quadrates 20 cm. In der Mitte ist die sanft ansteigende

[50]) Landw. Vers.-Stat. XIX, p. 463.

[51]) Vom Verlage P. Parey, Berlin, zu beziehen.

Mulde (2 cm tief und 10 cm Durchmesser) zur Aufnahme der Samen — es können bequem 200 Stück der Mehrzahl der Culturgewächse verwendet werden — bestimmt. Die Mulde ist durch einen 0,5 cm breiten Wall von dem 2,5 cm breiten und 3 cm tiefen kreisrunden Canal mit senkrechten Wänden getrennt, der das Wasser zum Durchtränken des Thons aufnimmt. Ausserdem sind in den vier Ecken cylindrische, je 2,5 cm breite und tiefe Löcher, in die kleine Gefässe mit Aetzkali hineingestellt werden können, um zur Beschleunigung des Keimungsprozesses die Kohlensäure zu absorbiren. Doch hat sich letztere Einrichtung als nicht nothwendig erwiesen, weil die Luftcirculation genügt, um die Kohlensäure zu vertreiben. Der Deckel (siehe Abbildung) aus dem nämlichen Material, greift mit dem Rande über und hat an den vier Innenwinkeln flache Vorsprünge, die das feste Aufliegen, der Luftcirculation wegen, verhindern. In der Mitte ist eine Oeffnung zur Aufnahme des Thermometers. Der leicht transportable kleine Apparat hat gegenüber den anderen üblichen Keimbetten, wie Fliesspapier, Sägespähne, Sand oder Erde, den Vortheil, dass das Bett unkrautfrei (was bei letzteren nicht immer der Fall) eine reinliche exakte Manipulation erlaubt und die Samen in ihrer ursprünglichen Lage verbleiben können, ferner, dass die Keimungsvorgänge sich in vollständiger Dunkelheit vollziehen, die Feuchtigkeit im Keimungsraum constant erhalten und endlich die Temperatur geregelt werden kann [52]).

[52]) Ein praktischer Nachtheil des Nobbe'schen Keimungsapparates kann nicht unerwähnt bleiben. Für reich beschäftigte Samencontrolstationen nimmt der Apparat in grösseren Massen zu viel Raum ein. Das Herausnehmen desselben aus dem Keimkasten ist in Folge seiner Schwere viel zu häufig mit einem Ueberschütten verbunden. In den so häufig gemachten Vorwurf, dass in demselben der Same leicht schimmelt, kann ich nicht einstimmen. Für Rübenknäuelprüfungen hat sich der Apparat nicht als praktisch erwiesen, wie ich vermuthe, weil der Same nur zu leicht zu feucht gehalten wird und eine Regulirung der Feuchtigkeit in diesem Apparat zu umständlich wird. Eine mässige Feuchtigkeit, ja ein zeitweises Austrocknen scheint auf die Keimung günstig zu wirken und scheint mir ein gleichmässig feucht gehaltenes Keimbett, wie es für Samen unbedingt nothwendig, hier eher von Schaden. Die Erklärung der Erscheinung ist einfach. Die Deckel der Theilfrüchte des Fruchtknäuels sind mittelst der Dehiscensschichten um so fester mit dem Pericarpien verbunden — je weniger der Knäuel ausgereift. Ein starker Feuchtigkeitswechsel wird auf die Lockerung, die Dehiscenz der Trennungsschichten, nur von Vortheil sein. — Derartige Verhältnisse treten auch sicherlich im Boden des Ackers auf das Aufspringen der Fruchtknäuel fördernd ein. Es wird übrigens in der Tharander Samencontrolstation fast vorherrschend mit Fliesspapierkeimbetten operirt.

Von den zahlreichen anderen Apparaten, die ja fast alle auf demselben Prinzip beruhen, ist derjenige von v. Liebenberg zu erwähnen: Er besteht aus einem Kasten aus Weissblech, 420 mm lang, 260 mm breit und 50 mm hoch. Der

Hier mögen aus praktischen Gründen einige Angaben in Betreff der Dauer der Exposition, der Adjustirung der Samen und anderer für die Methodik der Samencontrolstationen wichtigen Manipulationen folgen, bevor ich noch auf die weiteren Keimungsbeeinflussungen zu sprechen komme. Dieselben sind aus Nobbe's Handbuch der Samenkunde kurz zusammengefasst. **Methodik der Samenkontrole.**

1. Die Dauer der Exposition der Samen hat sich nach Art der Samen verschieden zu gestalten. Die Tharander Versuchsstation hat folgende der Erfahrung entspringende Normen festgesetzt:

a) 10 Tage bei Cerealien, Kleearten, Raps, Kohlarten, Lein;
b) 14 „ „ Runkelrüben, Phleum, Lolium, Arrhena therum;
c) 21 „ „ Gräser (ausser den unter b) und d) genannten);
d) 28 „ „ Poa, Nadelhölzer, Birken, Erlen u. s. w.[53]).

2. Die Samen sind so zu belassen, wie sie als Handelsobjekt erworben und benutzt zu werden pflegen, obgleich sich eine Adjustirung (Entfernung von Hülsen etc.) bei manchen Samen wie Früchten für den Keimprozess als vortheilhaft erwies.

3. Es werden zu jeder Keimkraftprüfung 2—3 mal 200 Körner verwendet. Wenn die Differenz der drei Posten mehr als 10% beträgt, ist

---

Deckel des Kastens greift nur lose über; in ihm befinden sich an den langen Seiten je 2, an den schmalen je 1 halbmondförmige Löcher knapp unter dem Rande; ausserdem in der Mitte eine runde Oeffnung zur Ventilation und zum Einlassen eines Thermometers. Im Innern des Apparates ist an jeder schmalen Seite 25 mm hoch über dem Boden eine schmale Brücke eingenietet, auf welche 10 mm breite Glasstreifen gelegt werden. Auf dieselben bringt man Streifen von Filtrirpapier derartig, dass das Papier der Oberfläche des Glasstreifens fest anliegt und an den beiden Seiten herab bis auf den Boden des Kastens reicht, wo sich eine grössere oder geringere Schicht Wasser befindet, die von dem Filtrirpapier capillar in die Höhe gehoben wird. Auf die mit Filtrirpapier überdeckten Glasstreifen kommen die zu prüfenden Samen.

Diesem Apparat spricht v. Liebenberg die Vortheile zu, dass eine grössere Zahl Körner unter gleichen Feuchtigkeitsverhältnissen besser in Vergleich gezogen wird, als im Nobbe'schen Keimapparat; sie sind ferner für die Untersuchung übersichtlicher, als bei der gewöhnlichen Lappenprobe.

Eidam arbeitet mit seinem Thermostaten auch ohne Benutzung der höheren Temperaturen. In demselben werden die Samen in einfachen, mit durchlöcherten Thondeckeln lose gedeckten Blumenuntersätzen gelegt, welche letztere auf einer dünnen Wasserschicht der Einsätze (vgl. früher) ruhen. Namentlich für Rübenknäuel habe ich diese Methode wegen der leicht veränderbaren Wasseraufnahme (durch Verstellen der Teller in bald trockne, bald feuchte Einsätze) als praktisch gefunden.

[53]) Dem Referatbogen der Tharander pflanzenphysiol. Versuch- und Samencontrolstation entnommen.

der Versuch zu verwerfen. Die Latitüde beträgt 5%. Bei den Papillonaceen ist wegen der hartschaligen Samen die Latitüde um 1—2% zu erhöhen.

4. Reinheitsbestimmung der käuflichen Saatwaaren.

Methode. Das Untersuchungsmuster der Saatwaare muss den Durchschnittscharakter der Gesammtwaare tragen. Zu diesem Zwecke ist auf die weitere und engere Probeziehung eine Hauptaufmerksamkeit zu legen.

a) Probeziehung. Dem auf eine reine Tenne ausgebreiteten gleichmässig durchschaufelten Samenposten sind mindestens aus drei local verschiedenen Punkten kleine Proben zu entnehmen, die zusammen das Untersuchungsmaterial lieferten und zwar soll letzteres betragen bei kleineren Samenarten als:

Rispen- u. a. Gräsern, Weissklee	50 g
Linsen, Buchweizen, Rothklee .	100 „
Grössere Samen	250 „

Eine zweite viel einfachere Probeziehung wird mit dem „Kleeprobenstecher“[54]) bewerkstelligt. Derselbe besteht aus einer 30 cm langen Blechröhre von 6 mm Durchmesser, die sich nach dem geschlossenen Ende hin verjüngt, und 2 cm von der Spitze einen ovalen, 15 mm langen, 4 mm breiten Einschnitt zeigt. Man sticht den Stecher in einer Neigung in den Sack, lässt den Samen abfliessen und sammelt den letzteren in drei verschiedenen Höhenschichten des Sackes. Für grössere Samen ist der „Fruchthändlerstock“[55]) zu empfehlen. Es ist ein 90 cm langer und 1,5 cm diametral unten geschlossener Doppelcylinder. Der innere Cylinder ist mittelst des Stockgriffs drehbar, wodurch 2 Kammern von je 13 cm Länge und 1 cm Durchmesser sichtbar werden. Diese nehmen den Samen aus zwei Höhenlagen des Sackes. Nachdem die Wand wieder nach Innen gedreht, zieht man den Stock aus dem Sacke. Die Operation muss ebenfalls öfters wiederholt werden.

b) Die engere Probeziehung geht darauf aus, aus dem so erhaltenen Material eine kleinere noch genauere Mittelprobe zu erhalten. Hierzu dient in der Tharander Controlstation ein mit schwarzem Papier beklebter Pappkasten (35 cm lang, 25 cm breit und 4 cm hoch), auf welchen das Material ausgeschüttet und durch andauerndes Schütteln flach und gleichmässig ausgebreitet wird. Aus den Samenschichten werden nun mittelst Hornspateln Inseln oder eine Kreuzfigur herausisolirt. In der Hallenser Versuchsstation ist die Einrichtung, dass eine solche Figur gleich in den Boden eingeschnitten, so dass durch Heben des Kastens diese Figur mit dem Samen darauf auf dem Tische verbleibt.

---

[54]) Ersterer kann von jedem Klempner hergestellt werden.

[55]) Bei Schubert und Gesser in Dresden für 9 Mark zu beziehen.

c) Die Probe wird alsdann, je nach der Grösse des Samens 2—50 g, nun in einem Kleesiebsatz von Blech mit verschiedenen Lochweiten (2,1, 0,5 mm) in vier Grössen-Sortimente zerlegt, von denen jede nun zur Auslese gelangt.

Proben, die aus Elementen von verschiedenem spec. Gewicht bestehen, werden mit der Nobbe'schen Spreufege bearbeitet, deren Prinzip darin besteht, dass in ein Gläschen, das ein geringes Quantum Material enthält und in einem grössern Becher befestigt ist, ein zarter Luftstrom (vermittelst eines jetzt überall üblichen Kautschukblasebalgs) eingeblasen wird, so dass die Spreu und die übrigen spec. leichten Samen aus dem Gläschen in den Becher fliegen. Die Operation muss sehr oft wiederholt werden. Die Spreufege ist eine bedeutende Erleichterung für die nun folgende Arbeit der Auslese.

Die Auslese geschieht mittelst feiner Hornspateln am besten auf grünem Glanzpapier. In zweifelhaften Fällen wird die Lupe zu Hülfe genommen. Ein Theil wird zur Keimung entnommen (400 Körner), der übrige Theil dient zur Prozent-Bestimmung der Verunreinigung. Die Verunreinigungen, fremde Bestandtheile und Samen werden in Gewichtsprozenten der Gesammtprobe ausgedrückt. Ein Substanzverlust von 1—5 % ist namentlich bei stark stäubenden kleinen Grassämereien (Poa, Phleum, Holcus, Arrhenatherum l. f.) oft unvermeidlich.

a = ursprüngliche Mittelprobe,
b = reine Probe,
c = Verunreinigung,
m = Zahl der zur Keimung entnommenen 100 Körner,

$\frac{md}{10}$ = G = Gewicht der zur Keimung verwendeten Körner (d = Gewicht von 1000 Körner)[56]),

$$\frac{100 - [a - (b + c + G)]}{a} = \text{Gewichtsverlust in } \%.$$

Der Gebrauchswerth ist nach dem Satz: 100 : 100 — c (in %) = Keimkraft (in %): x = die aus Reinheit und Keimkraft berechnete Prozentzahl.

Diese Angaben mögen genügen, um den angehenden Samencontroleur in das Bereich seiner Thätigkeit einzuführen. In Betreff der näheren Details und namentlich der Erkennung der Samen verweise ich auf das den praktischen Samencontrol-Anforderungen entsprechende Handbuch der Samenkunde. Zur Feststellung der Samenart gehört eine längere praktische Uebung, die nur durch eigenes Sammeln der Samen gefördert wird.

---

56) Die Gewichte von 1000 Körnern der meisten Prüfungssamen sind in Nobbes Handbuch der Samenkunde tabellarisch zusammengestellt.

Das Licht und die Keimung.

Wir kehren zu der Erläuterung der Versuche über die Wirkungen accessorischer Einflüsse auf das Keimungsleben zurück und gelangen auf die Frage, in wie weit dasselbe von der Wirkung des Lichtes tangirt wird.

Wenn man an die Keimungsbedingungen denkt, wie sie die Natur dem Keim auf freiem Felde bietet, so ist man a priori geneigt, von einer Wirkung, ob im günstigen oder schädlichen Sinne, absehen zu müssen.

Ingenhouss[57]) ist der Ansicht, dass das Licht nicht allein entbehrlich, sondern für den Keimungsprozess positiv schädlich sei. Er stellte folgenden Versuch an:

Methode: Je 60 Senfkörner wurden auf einen mit Fliesspapier überzogenen Kork gelegt, der in einem mit Wasser voll angefüllten Glas schwamm. Auf diese Weise wurden 6 verschiedene Gläser hergestellt: das eine Glas unter freiem Lichtzutritt, das zweite mit schwarzem, das dritte mit aschgrauem Papier bedeckt, ein viertes Glas hinter dem geschlossenen Fenster, ein fünftes an der Hinterwand des Zimmers, ein sechstes endlich an einem dunklen Ort placirt.

Ergebniss: Die Keimung retardirte im ersten und vierten Glas.

Ein gleiches zeigten die Versuche Senebiers[57a]), der auf feuchte Schwämme gelegte Erbsen und Bohnen, die in Glasrezipienten eingeschlossen waren, unter verschiedenem Lichteinfluss keimen liess.

Diese beiden Versuche sind allerdings nicht ganz vorwurfsfrei, weil hier die Nebenwirkung der Wärme nicht ausgeschlossen gewesen, wie es überhaupt bei derartigen Versuchen darauf ankommt, die übrigen accessorischen Einflüsse zu eliminiren. Nobbe constatirte gleichfalls in neueren Versuchen, an denen sich der Verfasser betheiligte, dass ein nachtheiliger Einfluss des Lichtes auf die Keimung nicht zu constatiren sei. Das Licht sei insofern von Einfluss, als es den Keimungsvorgang verzögert und bei langsam keimenden Samenarten die Keimpflänzchen den sich entwickelnden Pilzen überliefert[58]).

Bei den Cerealien ist das Licht, wie ich selbst fand[59]), von Nachtheil, indem das Wachsthum der Plumulascheide eines echten Niederblattes, das niemals einen Farbstoff erzeugt und zum normalen Wachsthum entschieden Lichtabschluss fordert, um ein bedeutendes retardirt wird und in Folge dessen die spätern Keimungsvorgänge benachtheiligt werden, während anderseits der über ein gewisses Tempomaass andauernde Lichtabschluss das Reservematerial auf Kosten der abnorm lang werdenden Plumulascheide vorzeitig erschöpft und die eigentlichen Blätter etiolirt.

---

[57]) Versuche mit Pflanzen, Wien 1788, II, p. 25.

[57a]) Physiologie vegetale (1797), Bd. IV, p. 396.

[58]) Landw. Vers.-Stat. 17. Bd., 1882, Heft 5 p. 347—355.

[59]) Landw. Vers.-Stat. 27. Bd., 1882, Heft 6 p. 417—448.

Nach Angaben von Stebler[60]) soll das Licht bei Gräsern geradezu nothwendig sein, Lichtabschluss den Keimungsprozess erheblich benachtheiligen. Diese „Thatsache“ (Stebler führt nur Keimungszahlen von je zwei Versuchen an Poa nemoralis und Poa pratensis auf) soll bei einer ganzen Reihe von Samen (Festucaarten, Cynosurus, Alopecurus, Holcus, Dactylis, Agrostis, Aïra, Hirsen, Anthoxantum etc.) constatirt worden sein. Stebler bringt seine Resultate mit denen von Pauchon in erklärende Verbindung[61]). Pauchon suchte die Frage, die auf Grund empirischen Materials widersprechende Antworten ergab, nach einer andern Methode zu lösen. Pauchon nahm die Absorption des Sauerstoffs als Kriterium. Nach seinen Versuchen beschleunigt das Licht die Absorption des Sauerstoffs durch die keimenden Samen in der Weise, dass im Sonnenlicht $^1/_4$—$^1/_3$ mehr Sauerstoff absorbirt wird, als in der Dunkelheit. Diese erhöhte Sauerstoffaufnahme dauert noch mehrere Stunden in die Dunkelheit der Nacht herein. Diese Differenz im Dunkel und Licht war im Winter beträchtlicher als im Sommer. Ferner zeigte es sich, dass innerhalb der Versuchspflanzen Phaseolus und Ricinus im Einfluss des Lichtes Verschiedenheiten eintraten und zwar ist bei Ricinus die Sauerstoffaufnahme gesteigert die Kohlensäureausscheidung durch das Licht verringert worden, während bei der Bohne das Gegentheil eintrat. Das Verhältniss von $CO_2 : O$ war in der Dunkelheit bei der Bohne $^1/_3$ höher als beim Ricinus, Differenzen, die übrigens durch die Versuchsdauer — anfänglich zeigen sich die grössten Differenzen — auch beeinflusst wurden.

Diese Ergebnisse bringt der Verfasser mit dem von Pfeffer constatirten chemischen Einfluss des Lichtes auf das Umwandlungsproduct des Albumin: das Asparagin, in Uebereinstimmung. Wir werden aber sofort berichten, in welcher Weise dieser Einfluss stattfindet.

Bei der Metamorphose der stickstoffhaltigen Samenbestandtheile, die nach den Untersuchungen von E. Schulze[62]) an der Lupine und seinen mit Barbieri[63]) gemeinschaftlichen Prüfungen der Wicken- und Kürbiskeimlinge und endlich den Untersuchungen von O. Kellner[64]) bei der Keimung von Pisum sativum, stets mit der Bildung von Schwefelsäure auf Kosten der schwefelhaltigen organischen Substanz verbunden ist (anfangs ist nach Schulze die Eiweisszersetzung rascher als die Oxydation der abgespaltenen schwefelhaltigen Atomgruppe, später ist es umgekehrt, wesshalb bei längererer Keimdauer die Menge der Schwefelsäure der Menge

Zersetzung d. stickstoffhaltig. Bestandtheil.

[60]) Referat d. Botan. Zeitung.

[61]) Compt. rend. XCI, 1881 II, p. 692.

[62]) Landw. Jahrbb. Bd. VII, 1878, p. 438.

[63]) Ebendaselbst.

[64]) Phytochemische Untersuchungen, herausgeg. v. R. Sachsse I, p. 53.

des Schwefels aus dem Eiweisszerfall entspricht), kommt es lediglich auf die Löslichmachung, Erzeugung der Wanderungsfähigkeit der Proteinstoffe und wiederum Rückwandlung in festes[65]) Eiweiss an. Ein solches Zwischenproduct ist das Asparagin, dessen Auftreten in den Keimlingen von zahlreichen Forschern nachgewiesen worden. Beyer[66]) wies an der Lupine nach, dass in demselben Maasse, als die wasserunlöslichen Proteinstoffe abnehmen, die löslichen zunehmen, der Asparagingehalt erst mit der Entfaltung des Keimpflänzchens auftritt (der ruhende Same enthielt kein Asparagin).

Pfeffer's exackte mikrochemische[67]) Beobachtungen führten zu dem Resultate, dass der grösste Theil der eiweissartigen Körper in der Form des Asparagin zu den Neubildungsstellen der wachsenden Keimpflanze geleitet wird. Das Asparagin hat Pfeffer an Lupinus, Medicago mikrochemisch nachgewiesen (es schlägt sich durch absoluten Alkohol in mikroskopischen Krystallen nieder) und ihm eine ähnliche Rolle zugeschrieben als der von Holle entdeckten Glycose in Beziehung zur Stärke. Eine allgemeine Verbreitung des Asparagin ist schon von Th. Hartig[68]) nachgewiesen worden. Diese, von Pfeffer bestritten, ist aber durch J. Borodin[69]) bestätigt worden. Asparaginbildung fand nach letzteren schliesslich bei allen Pflanzen statt, zu jeder Zeit und auch bei der Kartoffel, in welcher nach Pfeffer das Solanin die Rolle des Asparagins spielt. Nach Pfeffer's Theorie wird das aus den Proteinstoffen gebildete Asparagin wieder auf Kosten der Kohlehydrate zu Eiweissstoffen regenerirt. Es kann also darum eine Anhäufung von Asparagin ohne Anwesenheit der Kohlehydrate nicht stattfinden. Daraufhin hatte Borodin versucht, eine Anhäufung von Asparagin künstlich herbeizuführen oder zu verhüten, Versuche, die auch in der That gelungen waren. Zweige von Lonicera und Populus tremula, die im Finstern bereits Triebe entwickelt haben, enthielten zur Zeit, als noch Kohlehydrate vorhanden waren, kein Asparagin, bei weiterem Wachsen im Dunkeln jedoch eine reiche Anhäufung davon. Damit wäre allerdings das abweichende Ergebniss Pfeffer's in Betreff der Asparagin enthaltenden Pflanzen erklärt.

E. Schulze[70]) hatte im Gegensatz zur Pfeffer'schen Theorie gefunden, dass die Asparaginanhäufung in den Lupinenkeimlingen nicht eine Folge des Mangels von stickstofffreien Stoffen ist, weil im Licht erzogene Keimlinge, nachdem sie ihre Trockensubstanz reichlich vermehrt (von 100 auf

---

65) Nicht als Aggregatform anzusehen.

66) Landw. Vers.-Stat. IX, p. 168.

67) Landw. Vers.-Stat. XV, p. 119.

68) Entwicklungsgeschichte des Pflanzenkeims 1858, p. 127.

69) Botanische Zeitung 1876, No. 51 u. 52.

70) Landw. Jahrbb. VII (1878), p. 411.

165), somit auch ihren Kohlehydratgehalt vermehrt haben mussten, Asparaginanhäufung gezeigt haben. Eine Regeneration des Asparagin kann ferner auch bei reichlichem Vorhandensein von stickstofffreien Baustoffen bei fortschreitender Keimung in den ersten Wachsthumsstadien nicht eintreten. Es wird als ein Reservestoff für die spätere Ausnutzung deponirt, während andere primäre Spaltungsproducte rasch zu Eiweiss regenerirt werden.

Diese die schöne Theorie Pfeffer's schwer berührenden Einwürfe des um die Eiweissfrage so verdienten Forschers, sucht Borodin[71]) zu zerstreuen. Ebenso wie in einem kalireichen Boden die Pflanzen in Folge von Kalihunger zu Grunde gehen können, weil das Kali in nicht assimilirbarer Form geboten wird, ebenso findet nach Borodin eine Anhäufung von Asparagin statt, weil die Kohlehydrate (Stärke) und fette Oele nicht die geeigneten Formen sind, um die Regeneration zu vermitteln. Als eine geeignete Form vermuthet Borodin: die Glycose. Die von Schulze beobachtete regelmässige Zunahme von Asparagin, auch bei Anwesenheit reichlicher Mengen von Kohlehydraten, ist darum sehr erklärlich, und dort, wo lösliche Glycose in unlösliche Stärke verwandelt wird, ist die Bedingung zur Asparaginhäufung gegeben.

E. Schulze motivirt seine Einwendungen gegen die Pfeffer'sche Theorie in einem weiteren Aufsatz[72]) und theilt in diesem weitere interessante Gesichtspunkte mit. Ein Haupteinwand gegen die Verwendbarkeit der Glycose als Eiweissregenerator ist der Umstand, dass die Eiweissstoffe schwefelhaltig sind; es muss also auch eine Schwefelverbindung mit in Wirkung treten. Da das Molekül der Eiweisskörper aus vielen stickstoffhaltigen Atomgruppen (Amidosäuren) zusammengesetzt, so muss auch die Eiweissbildung auf Kosten von Asparagin oder einem andern Zersetzungsproduct ein complicirter Prozess sein.

Wie bei der künstlichen (von 100 Theilen Conglutin erhielt Schulze 4—5 Theile Glutamin und neben Leucin und Tyrosin nur 2 Theile Asparagin), so auch bei der natürlichen Zersetzung kann nur eine relativ geringe Menge von Asparagin entstehen, dessen Umwandlung in Eiweiss die meisten Schwierigkeiten zu machen scheint. Die Pflanzen verhalten sich darin verschieden, in den Kürbiskeimlingen z. B. häuft sich Glutamin an; während hier Asparagin rasch verbraucht wird, wird in anderen wiederum Asparagin angehäuft.

Nach Mercadante[73]) kann sich Asparagin im pflanzlichen Organismus in ähnlicher Weise umwandeln, wie im Laboratorium durch Gährungs- und

---

[71]) Botanische Zeitung 1876, No. 51 u. 52.

[72]) Botanische Zeitung 1879, No. 14.

[73]) Nach einem Refer. d. Jahrb. f. Agr.-Chem. 1875, 76, p. 219.

andere Mittel; aber nicht das Asparagin selbst wandelt sich um, sondern dient in Folge des durch die Desamidirung entstandenen Ammoniak zur Bildung der stickstoffhaltigen Bestandtheile.

A. Cossa[74]) untersuchte $1/2$ m lange im Licht gewachsene Wicken, in welchen sich kein Asparagin, sondern, Mercadante's Ansicht bestätigend, Bernsteinsäure und Apfelsäure vorgefunden hat.

Licht und Asparagin.

Pfeffer fand nun, dass Beleuchtung die Umbildung der Reserveproteinstoffe in Asparagin nicht beeinflusst, dass dagegen die Rückbildung des letztern zu Eiweissstoffen in den Neubildungsstellen der Pflanze durch das Licht beeinflusst wird. Die Bildung des Asparagin aus dem Protein geht wegen ihres geringeren Gehalts an Kohlenstoff nnd Wasserstoff und etwas grösseren Gehalts an Sauerstoff mit Entbindung von Kohlensäure und Aufnahme von Sauerstoff vor sich. Die Rückbildung bedingt aber alsdann noch einen gewissen Vorrath an Reservestoffen im Samen oder eintretende Assimilation; darum wird bei Samen (Mais, Tropaeolum) deren Reservematerial vorhält, nur vorübergehend Asparagin entwickelt; dessen Rückbildung ist alsdann ohne Licht möglich, während bei Samen, in deren Keimlingen alles Protein in Asparagin umgewandelt wird, die Rückbildung ohne Licht nicht eintreten kann.

Im Gegensatz zu dieser Auffassung steht die Pasteur'sche[75]). Letzterer fand, dass das Licht die Bildung von Asparagin benachtheiligt. Cossa[76]) der mit Sachsse[77]) den anregenden Einfluss des Lichtes auf die Entwicklung des Asparagin constatirte, nimmt an, dass das im Lichte gebildete Asparagin im Gegensatz zu dem des etiolirten Keimlings wandelbarer sei, und dass Pasteur dasselbe wegen der rascheren Umwandlung in bernsteinsaures Ammoniak nicht aufgefunden habe.

Ueber den Einfluss des Lichtes auf die Stärkebildung werde ich in dem Kapitel Assimilationsversuche zu sprechen kommen.

Licht und Keimausgestaltung.

Was endlich den Einfluss des Lichtes auf die morphologische Gestaltung der Keimung anbelangt, so verweise ich auf die methodisch höchst einfachen Versuche von Dreisch[78]), Nobbe[79]), Detmer[80]), Famintzin[81]) und hebe hier nur hervor, dass die durch das Licht beeinflussten formalen

---

[74]) Ebenfalls p. 220.

[75]) Ann. d. Chim. et d. Physique 1857.

[76]) Landw. Vers.-Stat. XV, p. 182.

[77]) Landw. Vers.-Stat. XVII, p. 88.

[78]) Untersuchungen über die Einwirkung verdünnter Kupferlösungen auf den Keimprozess des Weizen.

[79]) Ueber die Wirkung des Lichtes auf die Pflanzenwurzel. Landw. Vers.-Stat. XI, p. 71.

[80]) Landw. Vers.-Stat. XV, p. 107.

[81]) Vgl. Assimilationsversuche.

Veränderungen des Keimlings auf den Beziehungen des Lichtes zur Gewebespannung, mithin zum Längenzuwachs und zu der Wachsthumsrichtung der grünen Organe beruhen. So ist von Kraus[82]) die energischere Streckung des hypocotylen Gliedes durch das Licht erwiesen. G. Kraus führt die Ursache der Verkümmerung der Cotyledonen und Ueberverlängerung der Stengel auf die verhinderte Assimilation zurück. Godlewski[83]) fand allerdings, dass im Licht mit Ausschluss der Kohlensäure erzogene und etiolirte Pflanzen in Betreff ihrer Formveränderung mit einander keine Aehnlichkeit haben, erstere von ganz normalem Habitus sind, dass die Verlängerung bei den etiolirten Pflanzen darum eintritt, weil mehr plastisches Material aus den Cotyledonen verwendet und mehr Organisationswasser aufgenommen wird als im Licht. Die Cotyledonen verkümmern alsdann wegen grösserer Erschöpfung an Reservestoffen. Methode: Züchtung der Keimpflänzchen unter Glasglocken in kohlensäurefreier Luft. Versuchspflanzen: Phaseolus und Zea Mays. Sachs[84]) hat gezeigt, dass die Gewebespannung vollständig etiolirter Keimlinge auf ein Minimum herabsinkt. Famintzin[85]) fand die eigenthümliche Thatsache, dass die Summen der Längen der Wurzel und des hypocotylen Theiles der im Licht und im Dunkel getrennten Pflanzen sich ziemlich gleich kommen, obgleich das Wachsthum entgegengesetzte Dimensionen innehält.

Es erübrigt noch hier einiger Versuche in Betreff der Wirkung chemischer Substanzen auf den Keimungsprozess zu gedenken.

Wirkung d[er] Chemikalien [auf] die Keimun[g]

Was zunächst die Wirkungen des Stickoxyduls, des Chlors betrifft, so ist hier auf die diesbezüglichen Erörterungen in den Athmungsversuchen p. 46 zu verweisen.

Jod und Brom scheint eine gleiche negative Wirkung zu zeigen wie Chlor. Wenigstens unterblieb nach Vogel[86]), den Beobachtungen Göppert's[87]), Blenginis[88]) und E. Weckel[89]) entgegengesetzt in gepulvertem Jod jede Keimung (die letzteren experimentirten freilich in wässriger verdünnter Lösung). Die Säuren in stärkerer Concentration wirken schädlich. Bei verdünnten Lösungen der meisten Säuren wurde nach einigen eine Erregung, nach anderen eine Benachtheiligung constatirt. Eine gewissenhafte und

---

[82]) G. Kraus, Ueber die Ursachen der Formveränderungen etiolirender Pflanzen. Jahrb. für wissensch. Botanik Bd. VII, p. 209.

[83]) Botan. Zeitung XXXI, 1873, p. 366.

[84]) Experimentalphysiologie p. 38.

[85]) Botan. Zeitung 1879, p. 81.

[86]) Vogel sen., Verhandlungen der 8. Versammlung deutscher Naturf. und Aerzte zu Heidelberg 1829.

[87]) Froriebs Notizen 1834 No. 861.

[88]) Journal f. Pharm. XXV (1839).

[89]) Comptes rendus LXXX 1875, I p. 1170.

ausführliche Arbeit Fleischer's [90]), über diese Frage constatirte, dass Klee, Raps, Lein, Hanf durch eine in 16 Theilen Wasser verdünnte Salzsäure getödtet wurden, während andere Gattungen, namentlich auch die Cerealien, geringer benachtheiligt wurden. Was die Wirkung von Salzen in Haloiden anbelangt, so fand Fleischer, dass die benachtheiligende Wirkung lediglich von der Concentration der Lösung und von der individuellen Resistenzfähigkeit der Samen abhängt.

Nach J. Nessler [91]) beginnt bei Kochsalz die Benachtheiligung bei einer Concentration von 0,5% bei Raps, Klee, Hanf, bei Weizen erst bei 1%; bei 1% schwefelsauren Ammoniak keimen noch fast alle Weizenkörner. Selbst in 10% Zuckerlösung keimen noch fast alle Samen. Eisenvitriol benachtheiligt schon bei einer Concentration von 0,05% die Keimung.

Die von J. Kühn empfohlene Beizung der Samen mit Kupfervitriol als Mittel gegen die Verbreitung des Brandes, hat sich in praxi bewährt. Untersuchungen von Sorauer [92]), Nobbe [93]), Haberlandt zeigen allerdings eine mehr oder minder grosse Benachtheiligung der Keimkraft, nach Nobbe der Keimungsenergie, wobei sich herausstellte, dass der Maschinendrusch diese Benachtheiligung unterstützt.

Das Oelen des Getreides, wie solches häufig ausgeführt wird, um den Samenkörnern ein höheres Volumgewicht und einen gewissen Glanz zu geben, beeinflusst nach Haberlandt [94]) das Keimen, indem es wohl in Folge erschwerter Wasseraufnahme das Keimen hemmt und verlangsamt, am meisten leidet der Rothklee durch das Oelen. Schwefelkohlenstoffdämpfe haben nach Prillieux [95]) von Getreidesamen nach 14 Tagen 60% nach 21 Tagen 70% keimungsunfähig gemacht, wogegen Rübsamen nach 3 Wochen in ihrer Keimfähigkeit nicht gelitten haben sollen.

Heckel [96]) bestätigte die Angabe Vogels [97]), dass ein Tropfen Phenylsäure in 50 ccm Wasser genügt, um jede Keimfähigkeit zu tödten. Nach Heckel genügten schon 0,025 g krystallisirte Phenylsäure, um die Keimung von Brassica, Lepidium, Sinapis, Triticum, Hordeum zu verhindern. Ebenso hindernd ist die Salicylsäure (0,005 %) und endlich in gleicher Weise schädlich die krystallisirte Thymolsäure (bereits 0,025 %). Dämpfe von

---

90) Beiträge zur Lehre vom Keimen des Samens. 1851.
91) Biedermanns Centralblatt f. Agriculturchemie Bd. 12 (1877 II) p. 125.
92) Annalen d. Landw. 1871.
93) Landw. Vers.-Stat. XV, p. 252.
94) Wiener landw. Zeitung 1878, No. 47.
95) Jahresbericht f. Agr.-Chemie 1879, p. 182.
96) Comptes rendus LXXXVII. 1878, II, p. 613.
97) Sitzungsber. d. kgl. bair. Akad. d. Wiss. zu München 1870. Bd. II. Heft. II.

Methylalkohol, Aethylalkohol, Chloroform, Essigsäure und Benzin verhinderten nach Fausto Sestini den Keimungsprozess[98]).

Farbe des Samens und die Keimung

Was die Beziehung der Färbungen des Samens zu seinen physiologischen Eigenschaften anbelangt, so hat Haberlandt[99]) eine Sortirung der Rothkleesamen angenommen und Samen von verschiedenen Farben (gelb, graugrün, violett, braun) zweier Proben, einer frischen und 6jährigen Probe auf ihre Keimkraft geprüft; er unterscheidet zwei Hauptgruppen, 1. die der beiden Farbenextreme gelb und violett und 2. die der Farben braun und graugrün (die braune Färbung beruht auf einer Verfärbung der graugrünen Samen). Erstere Gruppe ist nach Haberlandt in allen physiologischen Eigenschaften (Keimkraft, Schwere, Substanz) die bessere. Die Untersuchungen Nobbe's[100]) dagegen zeigen, dass die natürliche Farbe der Cultursamen niemals ein sicheres Kriterium des Gebrauchswerthes geben könne. In seinen Versuchen ist die Keimkraft der verschiedenfarbigen Samen eine gleiche. Das gilt auch für verschieden gefärbte Samen von Pinus silvestris, Picea vulgaris. Die Bräunung der Körner soll nur durch Beregnung der Ernte verursacht sein. (!) Gleiche Resultate erhielt schon früher R. Heinrich[101]).

G. Wilhelm[102]), gestützt auf Versuche, hält daran fest, dass die Färbung des Kleesamens zu der Güte desselben in Beziehung stehe. Nach seinen Zahlen zeichnen sich die rothen und rein gelben Samen durch ihr relativ hohes Gewicht aus; die Hygroscopicität ist bei den rothen Körnern am beträchlichsten, bei den grünen am schlechtesten; — dass letztere quellungsunfähig sind oder besser gesagt, die grösste Resistenz zeigen, dürfte zweifelsohne richtig sein, wenn man annimmt, dass die Quellungsfähigkeit von dem Reifegrade der Samen abhängig ist. Worin und wie weit diese Abhängigkeit besteht, ist zur Zeit noch nicht genau ermittelt.

Dass aber der Reifezustand des Saatgutes auf Entwicklung und Sterblichkeit von Einfluss ist, hat zuerst A. Hasaeus[103]) durch Versuche genauer gezeigt. Derselbe zählte die aus 4 verschieden reifen Roggen- und Weizenkörnern erhaltenen Pflanzen in verschiedenen Zeitintervallen. Die Mitte August vorgenommene Ernte ergab an Körnern:

	Roggen	Weizen
I. aus todt reifen Körnern	575	486 g
II. aus reifen Körnern	576	405 g

[98]) Stationi sperimentali a gracia italiane 1879, p. 35 und Jahresb. f. Agr.-Chem. 1880, p. 272.

[99]) Nach d. Jahrb. f. Agr.-Chem. 1879, p. 177.

[100]) Landw. Vers.-Stat. Bd. XXIV, p. 457.

[101]) Siehe Jahrb. f. Agr.-Chem. 1878, p. 226 aus landw. Annalen d. Meckl. Vereins 1878, No. 24.

[102]) Fühlings landw. Zeitung 1880, p. 20.

[103]) Deutsche landw. Presse II. Jahrg. 1875 No. 4.

	Roggen	Weizen
III. gelbreifen	560	408 g
IV. unreifen	460	465 g

Hasaeus schliesst hieraus und aus der Zählung der Pflanzen, dass die Sterblichkeit der aus unreifen Samen erzogenen Pflanzen ungleich grösser sei, als bei reifen, dass aber die Qualität der geernteten Pflanzen und der geernteten Körner von dem Reifezustand des Saatgutes unabhängig sei.

Paul Sagot[104]) verglich reife und unreife Samen in ihren Gewichten und fand, dass Polygonum orientale nicht keimen konnte, wenn das Gewicht $^1/_4$ des normalen Kornes betrug, Pisum sativum dagegen bereits keimfähig wurde, wenn die unreifen Samen $^1/_{10}$ bis $^1/_{12}$ des normalen Gewichts erreicht hatten. Grün geerntete Getreidekörner von noch milchigem Perisperm, waren keimfähig. Die unreifen Körner keimten langsam, entwickelten sich schliesslich aber doch kräftig.

Grösse des Saatgutes.

Eine für die Landwirthschaft wichtige, aber auch physiologisch interessante Frage ist die Beziehung der Grösse des Saatgutes zu der Entwicklung der Pflanzen, dem Ernteertrag.

In Betreff der Kartoffelknollen haben die Untersuchungen von Rimpau[105]), Drechsler[106]) und Anderen gezeigt, dass der Ernteertrag durchaus abhängig ist von der Grösse der Knolle. Nach Rimpau giebt die grösste Knolle die grösste Sicherheit und wird durch den Mehraufwand selbst bei günstigen Witterungsverhältnissen gedeckt. Drechsler bestätigte die Versuche von Franz, dass die Exstirpation der seitlichen Triebe bei grossen Knollen höhere Erträge gab[107]).

Marek[108]) zeigte in hübschen Versuchen an den Erbsen, von denen er verschieden grosse Theile der Cotyledonen abtrennte, dass die Stärke der Pflanzen im Verhältniss steht zu den Reservestoffen, somit zur Grösse des Saatgutes. Haberland[109]) fand, dass eine Verstümmelung der Saat nur bei Weizen von merklich schädlichem Einfluss gewesen. Blocischewski bestätigt die Versuche Marek's und prüfte die Entwicklung nackter Embryonen, die noch annehmbare Pflanzen erzeugt haben sollen. Dies steht im Gegensatz zu den Versuchen von Sachs[110]), der immer nur Krüppelpflanzen

---

[104]) Nach Centralbl. f. Agr.-Chem. 1876, I, p. 429, aus Archives des sciences physiques et naturelles. LV. Janv. 1876.

[105]) Landw. Jahrb. Bd. IV. 1875, p. 103.

[106]) Journal f. Landw. 1876, p. 96.

[107]) Vgl. die Versuche von Bretschneider und Lichtenstädt: Landwirth 1876 No. 55, 56, 63, 64.

[108]) Habilit.-Schrift, Halle 1877, p. 32 u. Jahrb. f. Agr.-Chem. 1877, p. 176.

[109]) Wissensch. prakt. Unters. auf d. Geb. des Pflanzenbaus v. Haberlandt I, 1875, p. 234.

[110])

erhielt, die alsbald zu Grunde gingen. Blocischewski's Versuche über die Züchtung von Embryonen in einem Brei von Reservestoffen (geriebene Cotyledonen-Stärke) und die aus diesem gezogenen Schlüsse können wohl übergangen werden.

Bei Zuckerrübensamen (Rübenknäueln) fand Ladureau[111]), dass die Grösse des Knäuels keinen Einfluss auf die Entwickelung und den Zuckergehalt der Rüben ausübe, welchem Resultate Pellet[112]), der in Versuchen mit zwei in der Grösse verschiedenen Rübenknäulproben bei der Rübe eine durchschnittliche Gewichtsdifferenz von 29 g zu Gunsten der grossen Knäule erhielt, widerspricht.

Briems[113]) Untersuchungen ergaben, dass wenn auch die Grösse der Keimkraft, die Menge und Stärke der erzielten Pflanzen von der Grösse der Knäuel abhängt, aus ökonomischen Rücksichten der mittelgrossen Knäulgattung der Vorzug zu geben sei.

Haberlandt[114]) macht darauf aufmerkam, dass das Prinzip, immer nur die grössten Samen und Früchte als Saatgut zu verwenden, mit der Zeit zur Folge haben dürfte, dass in Folge des grösseren Vegetationsapparates (Blätter, Stengel und Wurzeln) Varietäten von längerer Vegetationsdauer erzogen würden, die dem Boden mehr Wasser entziehen und langsamer reifen, den Schmarotzern mehr ausgesetzt sind, als Pflanzen aus kleinen Samen.

Diesen Ausführungen widerspricht Wollny[115]), der in dieser Beziehung sehr verdienstvolle Versuche ausführte.

Wollny bestimmte zunächst das spezifische Gewicht (nach Balling), resp. den Stärkegehalt grosser, mittlerer und kleiner Knollen. Der Stärkegehalt steigt im grossen Durchschnitt mit der Grösse der Knollen. Beim Vergleich der Augenzahl, — die mit der Grösse der Knolle wächst, — mit der Masse der Knollensubstanz, enthält das gleiche Gewicht kleiner Knollen mehr Augen, als das der grossen. Bei der Keimprüfung der Augen waren die Triebe um so kräftiger, je grösser die Knollen.

Culturversuche ergaben, dass bei gleicher Standweite der Knollen und sonst gleichen Verhältnissen die Quantität des Ertrages mit der Grösse der Knolle wächst, die Grösse der geernteten Knollen von der Grösse der Saatknolle derart abhängig ist, dass grosse hauptsächlich wieder grosse und kleine wieder kleine Knollen liefern, Unterschiede die im

---

[111]) Aus Jahrb. f. Agr.-Chem. 1877, p. 184.

[112]) Ebenfalls p. 184.

[113]) Organ d. Centr.-Vereins f. Rübenzucker-Industrie in d. Oestr.-Ungar. Mon. 1878, p. 712.

[114]) Fühlings landw. Zeitung 1880, p. 193.

[115]) Jahrb. f. Agr.-Chem. 1877, p. 186.

Gegensatz zu den Resultaten Lehmann's durch die Düngung nicht mehr ausgeglichen werden können. Was den Ertrag der Gipfel im Nabeltriebe betrifft, so lieferten die Gipfelhälften die grössten, die längs getheilten geringere und die Nabelhälften die geringsten Erträge; beim Vergleich mit ganzen Knollen, ergab die Gipfelhälfte grosser Knollen sogar grössere Erträge als die Gipfelaugen ganzer Knollen mittlerer Grösse, weil die Gipfelanlage bei grossen eine reichere ist als bei minder grossen. Interessante Versuche über den Einfluss der Standweite ergaben, dass die Pflanzen im Allgemeinen um so früher reifen, je enger sie stehen, und bringt Wollny zur Erklärung dieser Thatsache folgende Gründe:

1. Zu dicht stehende Pflanzen entziehen sich gegenseitig die Nahrung.
2. Herabminderung der Beleuchtung und Temperatur der umgebenden Luft und des Bodens, bei dichtem Stand der Pflanzen.
3. Bei dichtem Stande der Pflanzen tritt eine Erschöpfung des Bodens an Wasser ein, wodurch die Pflanzen leichter zur Nothreife gelangen oder dem Verbrennen ausgesetzt sind.

Das Argument, welches demnach Haberlandt gegen die Anwendung der grossen Saatwaaren gebraucht, spricht nur gegen den sicherlich im Ganzen zu übertriebenen Aufwand des Saatquantums, nicht allein der Knollen, sondern überhaupt aller Früchte. Dass diese Unsitte namentlich in den nördlicheren Provinzen an der Tagesordnung, davon konnte sich der Verfasser nur zu häufig überzeugen. Die gegenwärtigen Forschungen auf dem Gebiete der Agriculturphysik sind in der That derart, dass aus denselben eine segensreiche Abstellung so vieler praktischer Missgriffe zu erhoffen alle Berechtigung geschöpft werden kann.

---

[116]) Zeitschr. des landw. Vereins in Baiern 1875, p. 2.

2. Athmungsversuche.*

Nach den Fundamentalversuchen von Ingenhouz, Sennebier, Saussure, von welchen letzterer die Thatsache der Nothwendigkeit des Sauerstoffs sowie die Sauerstoffaufnahme und Kohlensäureabgabe bei der Keimung experimentell nachwies, hatte sich die berühmte Humustheorie, die allen Fundamentalsätzen der früheren Forscher ins Gesicht schlug, ausgebreitet, bis Dutrochet an die Athmungsfrage heranging und die Nothwendigkeit der Trennung zwischen Athmung und Assimilation betonte. Den Impuls aber zu den neuen vielen Arbeiten gab J. v. Liebig durch seine nunmehr als irrthümlich erkannte Anschauung, nach welcher die Aufnahme der Kohlensäure durch die verarbeitende Thätigkeit der Wurzeln stattfindet. Garreau ebnete alsdann den Weg für alle späteren Arbeiten. Der Begriff Athmung ist alsdann durch Sachs auf die Kohlensäure-Entbindung beschränkt worden.

Als Versuchsobjekt beim Studium der Athmungsvorgänge wird wohl immer der keimende Same stets am vortheilhaftesten sein, einmal weil dann die aus den Relationen zwischen Athmung und Assimilation hervorgehenden Versuchsstörungen so lange eliminirt sind als mit dem Ergrünen der Keimpflanzen die Assimilationsvorgänge beginnen, dann aber, weil das genannte Versuchsobjekt eine zweifache Versuchsmethode erlaubt, ganz abgesehen von den selbstverständlichen Vortheilen, die der Same gegenüber andern Pflanzentheilen bietet.

Beim Studium der Athmungsvorgänge haben sich im Allgemeinen 3 Versuchsmethoden allmälig entwickelt. Es ist selbstverständlich, dass für die zahlreichen Fragen, die beim Studium der Athmungsvorgänge auftauchen nicht die eine oder die andere Methode ausreicht, sondern dass in vielen Fällen eine Combination der Methoden erforderlich sein wird, wie denn überhaupt die dem Versuchsgedanken, den Versuchsbedingungen entsprechende Methode — niemals etwas ganz feststehendes, nicht auf den Leib aller Versuche auf dem Gebiete der Athmung erfunden ist. Die drei Methoden wären, kurz charakterisirt, folgende: Method

1. Man kennt die Zusammensetzung des geringen Luftraums, in welcher der Versuchssame der Keimung überlassen wird und prüft alsdann die Veränderungen desselben.

2. Man macht die Elementaranalyse der Samen einerseits und der aus diesen entwickelten Keimpflanzen andrerseits und calculirt aus dem Vergleiche der beiden Elementaranalysen. Ein wesentliches Moment ist hierbei die Möglichkeit der genauen Constatirung der Trockensubstanzzu- oder Abnahme, überdies das Verhalten des Kohlenstoffs und Wasserstoffs.

3. Man prüft die während der Keimung ausgehauchten Mengen der Kohlensäure und des Wassers direkt.

Die Aenderung der Zusammensetzung der Atmosphäre während der Athmung besteht in der Hauptsache in der Abnahme von Sauerstoff und in der Zunahme der Kohlensäure. Die Abänderung des Feuchtigkeitsgrades ist bei der Frage der Athmung wenig bedeutungsvoll und ist nur in Bezug auf die Methodik, Versuchsführung, zu berücksichtigen.

Methode Meyer-Wolkoff.

Die Meyer-Wolkoff'sche Methode[1]) stützt sich auf die zum Theil von Anderen gefundene Erfahrung, dass die Pflanzen sowohl von absoluten Druckdifferenzen, wie auch innerhalb gewisser doch immer weit auseinander gehender Grenzen, vom partiellen Druck des umgebenden Sauerstoffs in ihrer Entwicklung unberührt bleiben, ein Umstand, der den Ausbau der Methode im Gegensatz zur Methode der Respirationsversuche (thierische Athmung) nicht unwesentlich unterstützt. Die genannte Methode besiegt drei wesentliche die Versuche erschwerende Punkte. Die Schwierigkeit, die in der Absorptionsröhre gasometrisch zu prüfende Luft und die in demselben befindlichen Versuchspflänzchen in der Temperatur zu reguliren, ohne die Ablesungen zu unterbrechen, wurde dadurch gehoben, dass der Apparat unter Wasser gesetzt wurde, das beliebig temperirt werden konnte. Dadurch ist aber auch der Uebelstand, dass die Pflanzen bisher im wassergasgesättigten Raume von einer Berührung mit tropfbarem Wasser nicht ausgeschlossen werden konnten, beseitigt und endlich wird dafür gesorgt, dass die Keimpflänzchen dadurch unter natürlicheren Bedingungen wachsen können, indem in die Röhren kleine, mit wenigen Cubikcentimeter Wasser gefüllte Glasgefässe, welche mit einer Schleifvorrichtung aus eingeschmolzenen Platindrähten versehen waren, eingepasst wurden; in das Wasser wurden die Wurzeln oder abgeschnittenen frischen Schnittflächen eingetaucht. Diese Gefässe nennen die beiden Forscher Vegetationsbecherchen.

---

[1]) Beiträge zur Lehre über die Athmung der Pflanzen von A. v. Wolkoff und Adolf Mayer. Landw. Jahrb. Bd. III 1874 Heft 4 p. 481.

Was die Empfindlichkeit des Apparats betrifft, so war dieser wesentlich dadurch verbessert worden, dass statt eines gewöhnlichen weiten Absorptionsrohr eine Combination von Steigrohr und Vegetationsrohr derart gemacht wurde, dass die beiden einen gemeinschaftlichen Hohlraum bildeten und in der Form ein kleines lateinisches *n* darstellten. Ich gebe im Nachfolgenden die genaue Beschreibung des Meyer-Wolkoff'schen Apparats[2]):

„Auf einem Sandbade *B* (Fig. 1), das von unten durch eine Lampe heizbar ist, steht ein grosser, oben offener Gascylinder *A*. In diesen ist auf einem eisernen Untersatz, welcher der Wassercirkulation einigen Raum

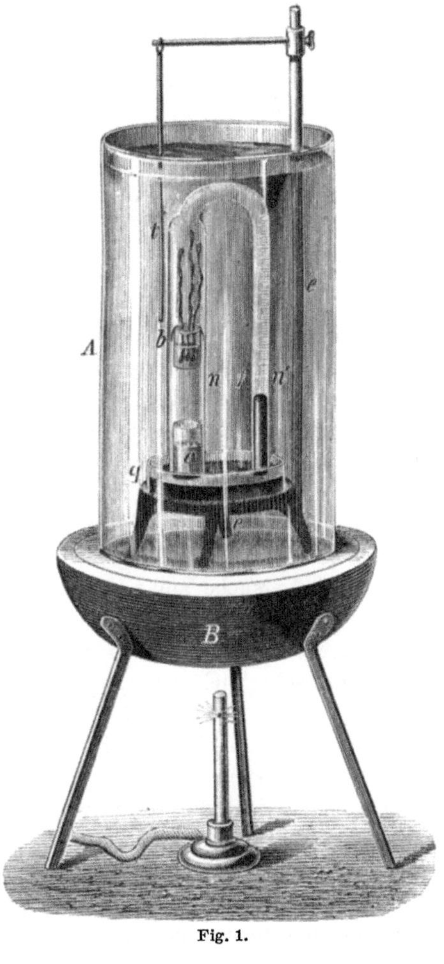

Fig. 1.

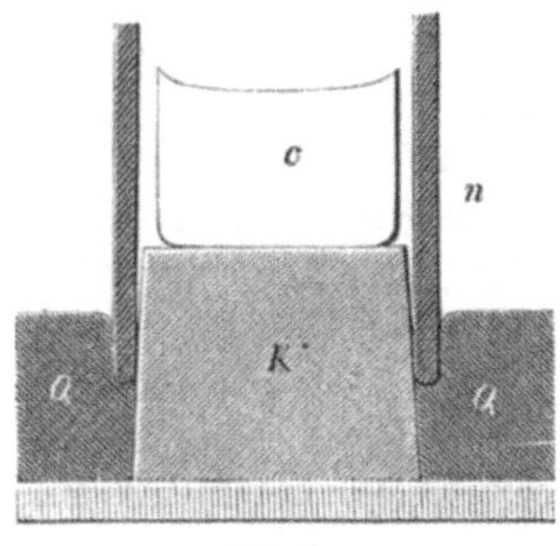

Fig. 2.

[2]) Landw. Jahrb. III 1874 p. 488—491.

verstattet, eine starke cylindrische Glasschale *q*, zur Aufnahme von Quecksilber bestimmt, eingesetzt. Auf den Boden derselben ist ein starker Kautschukstöpsel fest und durchaus anschliessend angekittet. Auf diesen Stöpsel passt genau das weitere Ende der *n*-Röhre, so zwar, dass das auf diese Weise abgeschlossene Gasvolumen keine sehr merkliche Aenderung durch Verschiebung dieses Verschlusses erleidet. Vgl. auch den Durchschnitt Fig. 2.

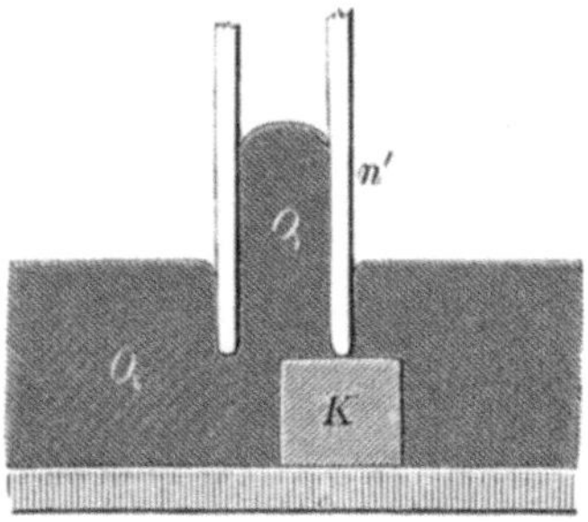

Fig. 3.

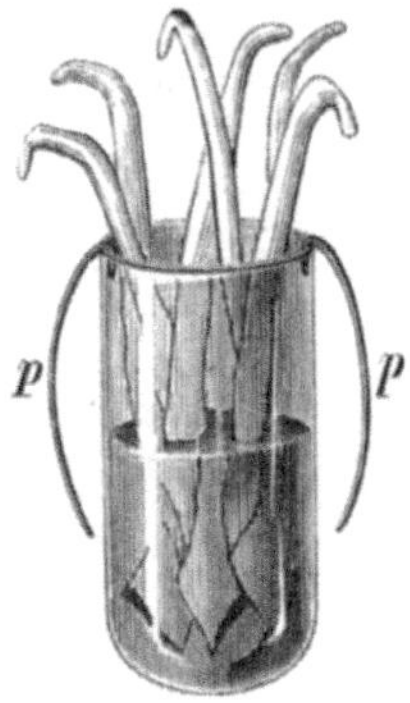

Fig. 4.

Die Beschickung der *n*-Röhre geschieht ausserhalb des Glascylinders *A*, der schon vorher mit Wasser von der gewünschten Temperatur erfüllt sein kann. Zuerst füllt man das Vegetationsbecherchen *b* Fig. 1 (ungefähr in natürlicher Grösse Fig. 4) mit Wasser bis an eine bestimmte Marke an, setzt die gereinigten Pflanzen ein und schiebt das Becherchen mit Hülfe eines Stabes in die Vegetationsröhre bis zu einem beliebigen Punkte aufwärts, allwo dasselbe durch die federnden Platindrähte *pp* Fig. 4 festgehalten wird. Das Volumen des Becherchens sammt Inhalt ist bekannt; das der Pflanzen wird besser erst nach dem Versuche auf eine einfache Weise bestimmt, um dieselben nicht zu gefährden. Alsdann schiebt man ein kleines Gefäss mit Natronlauge *c*, die man, um die Tension nicht zu beeinträchtigen, zweckmässiger Weise nicht sehr viel concentrirter als Normalnatronlösung wählt, über den Stöpsel und setzt die Röhre *n* fest auf. Man giesst nun Quecksilber in die Glasschale, bis beide Röhrenenden mindestens 1 cm davon bedeckt sind und sorgt für ein geringes Aufsteigen einer Quecksilbersäule in der Steigröhre *n*. Man kann dies durch vorübergehendes Erwärmen der *n*-Röhre mit den Händen, leichter noch durch Saugung mittelst eines dünnen Kautschukschlauches, der rechtzeitig in die Steigröhre eingeführt wurde, bewirken. Eine Verunreinigung der eingeschlossenen Luft durch die von den Saugenden ausgeathmeten Gase, die ja nicht immer zu vermeiden ist, hat keine Nachtheile im Gefolge, da es sich nicht um einen bestimmten Gehalt an Sauerstoff handelt und die

Kohlensäure sogleich absorbirt wird. Ueber das Quecksilber führt man in die Steigröhre *n* zweckmässig noch etwas verdünnte Natronlösung *f* mit der Pipette ein, um auch nach dieser Seite des Apparats diffundirte Kohlensäure rasch zur Absorption gelangen zu lassen. Auch bietet die Einschaltung einer Säule wässriger Flüssigkeit einige Vortheile bei der Ablesung. Dann wird die Steigröhre in der innegehaltenen Lage noch durch Unterschieben eines kleinen, dieselbe nicht abschliessenden starren Körpers *k* (s. Durchschnitt Fig. 3) gestützt, um eine Verbindung oder Verrückung der durch die später aufsteigende Quecksilbersäule belasteten *n*-Röhre zu verhüten. So beschickt wird der Apparat mittelst eines eisernen lackirten Trägers *e* in den grossen Glascylinder eingesetzt, es wird eine Stellung gewählt, die ein Ablesen der Quecksilbersäule und des äussern Quecksilberniveau's an der Scala der Steigröhre bequem gestattet, und ein feines Thermometer *t*, auf welchem $^1/_{10}$ Grade zu schätzen sein müssen, in der Höhe der Pflanzen und in der Nähe der Röhre eingehängt. Man überlässt den Apparat nach der nöthigen Temperaturregulirung einige Zeit sich selber, hauptsächlich um die Pflanzen erst an die neuen Bedingungen zu gewöhnen, was erfahrungsgemäss sich als nothwendig oder doch in den meisten Fällen als zweckmässig gezeigt hat.

Ehe man zur Ablesung der beiden Quecksilberstände und der Temperatur schreitet, mischt man mittelst eines Rührers die ganze äussere Wassermenge mehrmals gründlich. Dies ist durchaus nothwendig, auch wenn man nicht heizt und der Apparat beinahe die Zimmertemperatur besitzt, da häufig nur durch eine kleine einseitige Abkühlung (Zug vom Fenster) Wasserschichten von etwas verschiedenen Temperaturen entstehen. Und wenn es auch nicht sehr viel zu sagen haben würde, Pflanzen unter einer Temperatur auf ihre Athmung zu beobachten, die um 2 oder 4 Zehntel Grade von der angenommenen verschieden ist, so ist doch entscheidend für das Gewinnen brauchbarer Zahlen, die Temperatur des erheblich grossen Gasvolums, das sich ja schon bei der Differenz von einem halben Grade um beinahe 2 Tausendtheile ausdehnt oder zusammenzieht, genau zu kennen[3]). Zu einem Theil der Versuche mit Heizung von unten haben sich die beiden Forscher einer mechanischen Rührvorrichtung bedient, die, ohne an dem Apparat selber zu rütteln, das Wasser constant in schwache Bewegung versetzt.

Was die Ablesungsfehler anbelangt, so werden diejenigen, die das Gesammtvolumen der abgeschlossenen Luft betreffen, constant sind und entweder durch höhere Temperaturdifferenzen und Druckunterschiede, die im *n*-Apparate eintreten mussten, verursacht sind, dadurch paralysirt, dass für die massgebenden Berechnungen und Ablesungen diejenigen zu Grunde gelegt

---

3) p. 491.

werden, welche bei nahe derselben Temperatur vorgenommen waren, dass ferner die Druckdifferenzfehler continuirlich auf die Einzelbestimmungen einwirken. Auf die Fehler bei den Einzelvolumbestimmungen sind von Einfluss: „die richtige Berechnung der Kaliberdifferenzen in der getheilten Steigröhre, die Korrektur, welche zur Rückführung der so gemessenen Volumdifferenzen auf absolute Grössen angebracht wurde.“ Was den ersten Punkt betrifft, so ist der wahre Werth der Theilung an der Steigröhre durch eine Kalibrirung mit Wasser ermittelt worden. Die Ablesung an der Steigröhre ging bis auf $^1/_{10}$ mm und kann bis auf $^2/_{10}$ mm als genau angenommen werden. Waren die Temperaturdifferenzen bei der Beobachtung erheblich, so wurden die bei den extremsten Temperaturen ermittelten Werthe auf die anderen mittelst der Bunsen'schen Correctionstabelle zurückgeführt. Eine Reduktion der Quecksilberdrucke auf 0^0 war unnöthig, weil davon nur die absoluten Volumengrössen und nicht die Relation derselben tangirt war. Was endlich die durch die Quecksilbersäule und die auf dieselbe geschichtete Natronlösung verursachten Fehler betrifft und ebenso betreffs der durch ungleichmässige Temperaturen und andere mögliche Fehler nothwendig werdenden Volumcorrektionen muss ich hier des Raumes halber übergehen und verweise auf die diesbezüglichen Stellen der Fehlerkalkulation in der betreffenden Abhandlung[4]). Vorversuche, die ergaben, dass die Absorption des ganzen ccm Kohlensäure 27 Minuten in Anspruch nahmen, „mahnen zu einiger Vorsicht, sind aber im Uebrigen recht beruhigend. Ob dann ein kleiner nahezu constanter Rest von Kohlensäure in allen Fällen noch vorhanden ist, bleibt für die Bedeutung unserer Resultate ganz gleichgültig[5]).“

Wenn sich der Mayer-Wolkoff'sche Apparat nach dem unter 1. genannten Prinzip für die Lösung der Fragen über den Einfluss der Beleuchtung und Temperatur als ausgezeichnet erwies, vor Allem den Vortheil hatte, dass man mit kleinen Pflanzen arbeitete und die Versuchsdauer auf ein Minimum beschränkt werden konnte, so haben sich andrerseits Schwierigkeiten eingestellt, wenn es sich um Feststellung der Relationen zwischen Wachsthum und Athmung handelte. In dem Apparat konnten nur Pflanzen untergebracht werden, deren Plumula nicht über 150 mm lang war. Mayer, der in einer zweiten Athmungsarbeit[6]) die Frage des Parallelismus zwischen Wachsthum und Athmung bearbeitete, musste dort, wo die Fortgeschrittenheit der Pflanzen wegen des geringen Apparatumfangs keine direkte Athmungsbestimmung aus dem Sauerstoffverlust erlaubte, aus den

---

[4]) p. 493—496.

[5]) p. 497.

[6]) Abhängigkeit der Pflanzenathmung von der Temperatur. Landw. Vers.-Stat. Bd. 19 p. 340.

Trockensubstanzverlusten die Athmungscurve construiren und war überdies gezwungen, die Pflanzen in der Experimentenfolge regelmässig zu wechseln.

Rischavi[7]) unternahm es nun nach dem unter 3. genannten Prinzip der direkten Kohlensäurebestimmung vermittelst Aetzbarytlösung eine einzelne Pflanze in ihrer ganzen Entwickelungsperiode bei gleichen äusseren Bedingungen bis zur gänzlichen in Folge von Nahrungsmangel eingetretenen Erschöpfung auf die Athmungsintensität zu prüfen und dieselbe mit dem Wachsthumsfortschritt zu vergleichen. Zu diesem Endzwecke construirte Rischavi folgenden näher zu beschreibenden Apparat: MethodeRischa

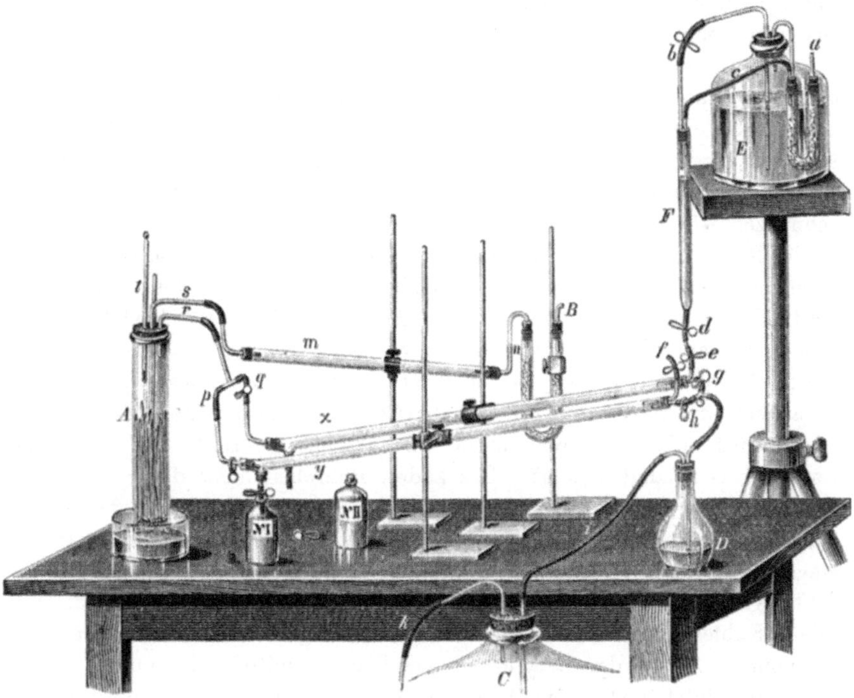

Derselbe ist im Prinzip demjenigen gleich, den Wolkoff schon früher angewendet und construirt. In den die Versuchspflanze bergenden Recipienten wird die Luft vermittelst eines Aspirators durch eine stumpfwinklige, lange, mit Aetzkali gefüllte Röhre geleitet. An der Krümmungsstelle ist ein Röhrchen angeschmolzen, mittelst dessen die Kohlensäure

---

[7]) Einige Versuche über die Athmung. Landw. Vers.-Stat. Bd. 19 p. 321.

getränkte Aetzbarytlösung herausgenommen und titrirt werden kann. Nach erneuerter Füllung der Röhre kann der Versuch weiter geführt werden.

Das untere Ende des Recipienten (eine Glasröhre von $3^1/_2$ cm Durchmesser und 25 cm Länge) ist mit Quecksilher abgesperrt. Auf das Quecksilber wird eine Schicht Wasser aufgegossen, in welches die Wurzeln der auf einem Drahtnetze keimenden Samen eintauchen können. Am oberen Ende ist ein dreifach gebohrter Kautschukpfropfen angebracht, durch dessen mittlere Oeffnung ein Glåsstab gesteckt, an welchem das Drahtnetz mit den Pflanzen befestigt wird; durch die beiden andern Bohrungen gehen zwei Röhrchen, von denen das eine mit dem u-förmigen Kaliröhrchen (mit Kalistücken gefüllt), durch welches die einströmende Luft ihrer Kohlensäure beraubt wird, verbunden ist. Das andere Röhrchen leitet die Luft aus dem Recipienten in die Barytröhre (eigentlich zwei Röhren *x* und *y*).

Da die weiteren Röhrchenverbindungen mit dem Aspirator u. s. w. complicirt sind, lasse ich den Constructeur selbst reden: „dieses Röhrchen geht durch den Kautschukpfropfen, welcher das Ende der Barytröhre schliesst bis an die Krümmungsstelle der letzteren und endigt über der Stelle, wo das zum Aufgiessen der Flüssigkeit dienende Röhrchen angeschmolzen ist. Diese Einrichtung macht es möglich, die Luft durch die in der Röhre befindliche Barytlösung in Form von kleinen Blasen hindurchzuleiten, in Folge dessen eine vollständige Absorption der Kohlensäure stattfinden muss. Das andere Ende der Barytröhre ist ebenfalls durch einen Kautschukpfropfen geschlossen, welcher mit zwei Oeffnungen, durch die zwei Röhrchen führen, versehen ist. Die eine von diesen zwei Röhrchen verbindet die Barytröhre mit der Controlflasche *D*, die gleichfalls mit Barytlösung gefüllt ist, und durch welche somit die Luft, ehe sie in den Aspirator *C* gelangt, strömt. Das andere Röhrchen dient dazu, die Barytröhre mit einer Vorrathsflasche *E* zu verbinden, von wo aus eine bestimmte Quantität titrirter Barytlösung vermittelst der Bürette *F* in die Barytröhre eingegossen wird. Durch die mit Kali gefüllte Röhre *a* wird die äussere Luft, welche in die Bürette und in das Gefäss mit Barytlösung strömt, seiner Kohlensäure beraubt. Das Anfüllen der gebogenen Röhre mit einer bestimmten Menge der Barytlösung geschieht vermittelst der auf der Zeichnung abgebildeten Quetschhähne *b*, *d*, *e*, *t*, *g*, *h*, sehr leicht und bequem. Die Länge der gebogenen Röhre hat 90 cm, ihr Durchmesser $1^1/_2$ cm. Sie wurde jedesmal mit 75 cm Barytlösung bestimmter Concentration gefüllt. Der ganze Apparat wird vermittelst des Aspirators *C* ln Gang erhalten. Derselbe ist nach dem Prinzip des Mariotté'schen Gefässes construirt, wodurch es möglich ist, die Luft im Laufe mehrerer Stunden mit beliebiger und gleichmässiger Schnelligkeit durchzuleiten."

Wir sehen, dass bei diesem Rischavi'schen Apparat alle Vorsichtsmassregeln zur Vermeidung analytischer wie gewöhnlicher Arbeitsfehler des

Apparates getroffen wurden. Hauptsächlich sind die Raumverhältnisse derart, dass die Fehler, die durch den todten Raum des Apparates entstehen konnten, eliminirt worden. Da in 24 Stunden 45 l Luft den 380 ccm grossen Recipienten durchströmten, so war das Volumverhältniss des Recipienten und der Luft 1 : 118. Dass alle Kohlensäure absorbirt wurde, ist trotz der raschen Luftleitung unzweifelhaft. Die rasche Luftleitung ist im Gegentheil vortheilhaft. In dieser Hinsicht bewährt sich denn auch die Anwendung der Barytröhre gegenüber der des Liebig'schen Kaliapparats, weil letzterer bei einer so raschen Luftleitung zu mehreren verbunden sein müsste, was die Analyse und den Versuch erschweren würde. Ausserdem ist bei Anwendung des Kali als Kohlensäure-Absorptionsmittel sorgfältig darauf zu sehen, dass die Luft vor ihrem Eintritt in die Aetzkalilösung vom Wasserdampf vollends gereinigt werde.

Eine Fehlerquelle des Apparates ist, dass das Wasser im Recipienten, in welches die Wurzeln der Pflanzen eingetaucht sind, von den Pflanzen ausgeschiedene Kohlensäure aufnehmen kann. Bei dem Apparat aber ist die Kohlensäureabsorption aus dem so geringen Quantum Wassers (5—6 ccm) in Folge der raschen Strömung hier so unbedeutend, dass dadurch das Resultat fast gar nicht getrübt werden kann. Die Controle über die Arbeitsleistung des Apparates wird endlich dadurch gegeben, dass beim Verschliessen der Kaliröhre die Luftleitung sofort unterbrochen wird. Rischavi operirte mit 40 Weizensamen. Nach je 24 Stunden Versuchsdauer wurde die Luftströmung vermittelst der Quetschhähne sistirt, die Barytlösung vermittelst des bereits erwähnten engen Röhrchens aus der gebogenen Röhre in ein trocknes Gefäss ausgegossen (No. I und II), die Röhre eventuell mit frischer Barytlösung ausgespült und dann mit einer gleichen Quantität derselben wieder angefüllt. Da nichts von dem ganzen Apparat auseinander genommen zu werden braucht, so erfordert die ganze Operation nicht mehr als 5 Minuten Zeit und gleich darnach kann, da nur klare Lösung zum Titriren verwendet wird, also der kohlensaure Baryt-Niederschlag nicht ausgespült zu werden braucht, der neue Versuch beginnen. Zum Titriren wurde Salpetersäure ($^1/_{10}$ Normallösung) angewendet. Die durch die Kohlensäure gebundene Barytmenge wird bekanntlich aus der Differenz der Baryts vor und nach der Kohlensäure-Absorption bestimmt. Daraus ergiebt sich die durch die Pflanzen ausgeschiedene Kohlensäuremenge.

Ueber die bei der Anwendung dieses Apparates erhaltenen Resultate, namentlich die Relationsresultate zwischen Athmung und Wachsthum (die Pflanzen wurden beständig begossen) auf einer andern Stelle; hier handelt es sich vor der Hand um die Ausbildung der Methoden.

Sachsse.

Sachsse[8]) arbeitete nach gleichem Prinzip und verband mit dieser Methode die Bestimmung des Trockensubstanzverlustes keimender Erbsen. Der Apparat selbst ist ähnlich dem Rischavi'schen. Die durch mit festem Aetzkali angefüllte Röhren entkohlensäuerte Luft kam in eine Glasglocke, in welcher das Object sich befand. Die producirte Kohlensäure wurde wie früher durch Barytwasser geleitet. Auch bestimmte Sachsse die Kohlensäurequantität, welche die Keimungsprodukte im trocknenden Zustand (Trockenapparat) von sich gaben.

Detmer.

Sehr sorgsam arbeitete Detmer mit einem nach gleichem Prinzip construirten Apparat. Detmer konnte noch Kohlensäuremengen von 0,1 bis 0,2 mg bestimmen (titriren). Eine tabulirte Glasglocke ($3^1/_2$ l) mit zweifach durchbohrtem Kautschukkork war nach unten durch eine Quecksilberschicht, auf welcher das Samengefäss schwamm, abgeschlossen. In den Korkbohrungen waren zwei am Ende rechtwinklig gebogene Röhren, von denen die eine den keimenden Samen durch Barytwasser entkohlensäuerte Luft zuführte, die andere die kohlensäurehaltige Luft der Glocke entnahm; die Kohlensäure wurde ebenfalls durch Barytwasser bestimmt. Das Barytwasser befand sich in sogenannten Barytröhren, „jenen langen, mit einer Kugel an dem einen Ende und mit einer passenden Mündung an dem andern Ende versehenen Glasapparaten, wie sie bei der Benutzung des Pettenkofer'schen Respirationsapparates zur Anwendung kommen. Die aus der Glocke austretende Luft passirte zwei Barytröhren; die erste wurde alle 24 Stunden durch eine neue ersetzt, die zweite dagegen nur dann, wenn das Barytwasser in derselben sich zu trüben begann.“ Der Luftstrom wurde vermittelst des sogenannten Stammer'schen Tropfrespirators erzeugt[9]).

Beim Titriren benutzte Detmer Oxalsäure oder vielfach oxalsaures Kali unter Zuhülfenahme von Rosolsäure. Die Samen brachte er in ein Glas mit wenig Wasser und stellte dasselbe unter die Glasglocke. Der Respirationsapparat wurde sofort in Gang gesetzt; nachdem der Samen aufgequellt, wurde das Untersuchungsmaterial herausgenommen, schnell auf eine Bimsteinplatte gelegt (die wieder in einer etwas Wasser enthaltenden flachen Schale lag) und die Luft wieder durch den Apparat geleitet.

Diese Methode ermöglichte ferner auf bequeme Weise die Bestimmung der Kohlensäure, die die Keimpflanzen beim Trocknen verlieren.

Ich schliesse hier die Detmer'sche Manipulation der Trockensubstanzbestimmung nach des Autors Wortlaut an: „Die ziemlich trocknen Unter-

---

[8]) Ueber einige chemische Vorgänge bei der Keimung von Pisum sativum. Habilitationsschrift. Leipzig 1872.

[9]) Vgl. Stammer, Neues Handwörterbuch 1873 I, p. 831 und Detmer: „Vergleichende Physiologie d. Keimungsprozesses d. Samen“ p. 250 und dessen früher citirte Arbeit.

suchungsobjekte kann man, wenn die Kohlensäureentwicklung beendet ist, zerreiben und auf dem Wasserbade und in einem Trockenschrank bei niederer Temperatur von der noch vorhandenen Feuchtigkeit möglichst befreien. Das Keimpflanzenpulver bleibt, bis dasselbe den lufttrockenen Zustand angenommen hat, in einem lose bedeckten Gefässe stehen; man stellt das Gewicht der Keimungsprodukte fest und nimmt Proben zu den Trockensubstanzbestimmungen."

Was die Aufnahmeform des durch Saussure bei der Keimung als unentbehrlich erkannten Sauerstoffs anbelangt, so ist von Schönbein[10]) die Ansicht geltend gemacht worden, dass derselbe als Ozon thätig ist. Doch sicherlich haben die an der Artischocke und Schwarzwurzel gelungenen Experimente der Bläuung des Jodkaliumkleisters durch die Flüssigkeit, mit welcher die Samen behandelt wurden, nur für diese Pflanzen Gültigkeit. Dagegen ist die schon von Humbold[11]) beobachtete Erscheinung, dass die Keimungsenergie alter Samen gesteigert werde, wenn derselbe mit „oxygenirter Kochsalzsäure" in Berührung gebracht, also durch den naszirenden Sauerstoff wieder erregt wurde, durch die Experimente Nobbe's[12]), der Weizenkörner mit Chlorwasser verschiedener Concentration einquellen und keimen liess, mit negativem Resultat geprüft worden. Ja es zeigte sich sogar bei beträchtlicher Concentration der Lösung eine tödtliche Wirkung. In Betreff der von Sachs[13]) gemachten, durch Rischavi[14]) näher berücksichtigten Angabe, dass der Sauerstoff des Stickstoffoxyduls den freien Sauerstoff bei der Athmung zu ersetzen im Stande ist, ist es nothwendig, einiger Versuche zu gedenken. Aufnahmeform des Sauerstoffs.

Borchard[15]) fand durch einige vorläufige Versuche, dass das Stickoxydulgas bei der Athmung der Pflanze den Sauerstoff bis zu einer gewissen Grenze ergänzen könne. Dem entgegen konnte A. Cossa[16]) im Stickoxydul keine Spur von Keimung erreichen. Aufnahme von Stickoxydul.

Deherain und Landrin[17]) stellten die Behauptung auf, dass bei der Keimung in einem abgeschlossenen Raum von den Körnern eine Aufnahme Aufnahme vor Stickstoff.

---

[10]) Journal f. prakt. Chemie 1868, Bd. 105 p. 214.

[11]) Aphorismen, übers. v. Fischer. Leipzig 1794.

[12]) Handbuch der Samenkunde p. 256.

[13]) Handbuch S. 265.

[14]) Botan. Jahresber. 5. Jahrg. p. 722.

[15]) Bulletin de l'Academie impériale des Sciences de St. Pétersbourg 1867 p. 303.

[16]) Landw. Vers.-Stat. XVIII 1875, p. 60.

[17]) Comptes rendus I. LXXVIII 1874, p. 1488.

von Stickstoff stattfinden könne. In einer weitern Arbeit fand Deherain[18]), dass aber auch eine Stickstoffvermehrung der Luft eingetreten sei, welches alsdann von den Samen als Gas eingeschlossen gewesen sein müsse.

Diese Behauptungen widerlegt A. Leclerc[19]) in Versuchen nach zweifacher Methode: Nach der einen wurde ein bestimmtes Gewicht Gerstenkörner in einen abgeschlossenen Luftraum gebracht. Die Körner sowohl wie die Luft wurden vor und nach dem Keimen analysirt. Nach der zweiten Methode bestimmte Leclerc den Stickstoffgehalt der Körner und die Constanz desselben in verschiedenen Keimungsperioden (nach der Schlösing'schen Methode). Das Volumen des Stickstoffs blieb vor und nach dem Versuch dasselbe. Die Körner hatten keinen Stickstoff aufgenommen. Die Stickstoffvermehrung ist demnach in den vorgenannten Versuchen eine Folge der in Zersetzung übergegangenen Körner. Von Detmer[20]) ist die Erscheinung einer Volumzunahme dahin gedeutet, dass dieselbe eine Folge innerer Athmung sein könne. Ueber den Einfluss weiterer Chemikalien auf die Keimung siehe Keimungsversuche p. 29.

Normale und innere Athmung.

Die späteren Versuche Saussure's[21]), die ergaben, dass bei der Keimung stärkereicher Samen die Gasmenge des Versuchsraumes keine oder nur geringe, beim Keimungsprozess ölreicher Samen dagegen eine beträchtliche Verminderung erfährt, — die Bestätigung dieser Resultate durch Detmer[22]) in Versuchen mit Hanfsamen, durch Laskovsky[23]) in Versuchen mit Kürbissamen; ferner die von Deherain und Landrin[24]) gemachten Versuchsbeobachtungen, wonach stärkereiche Samen in den ersten Keimungstadien eine dem Volumen des aufgenommenen Sauerstoffs annähernd gleiche, in den späteren Keimenstadien eine viel grössere Kohlensäuremenge von sich geben und endlich die Bestätigung dieser Beobachtung durch Borodin[25]), der hervorhebt, dass bei Luftabschluss die allerdings abnormen Versuchspflanzen — sofern der Versuch nicht allzulange ausgedehnt wird — nicht zu Grunde gehen, — haben zu einer theoretischen Zweitheilung der Athmung in sogenannte normale und innere oder intramolekulare Athmung geführt, was wiederum zur Folge hatte, dass die bisher gesondert betrachtete Gährungsfrage mit der eben erörterten in innige Beziehung trat.

---

18) Desgleichen LXXXI (1875 II), p. 198.
19) Desgleichen LXXX (1875 I), p. 1488.
20) Physiologie d. Keimprozesses p. 220.
21) Journal f. praktische Chemie Bd. 3 p. 123.
22) Untersuchungen über die Keimung ölhaltiger Samen.
23) Vers.-Stat. 1874 Bd. XVII.
24) Comptes rendus I, 1878 p. 1488.
25) Vgl. Botan. Jahresber. 1875 p. 880.

Boussingault[26]), wie Sachsse[27]) und Detmer[28]) haben nämlich durch Trockensubstanzbestimmung und Elementaranalyse (siehe Methode) constatiren können, dass der prozentische Gehalt der Keimungsprodukte an Kohlenstoff, Wasserstoff und Sauerstoff nicht wesentlich abweicht von dem der Samen, wenn man die Keimung nicht allzu sehr über eine gewisse Grenze ausdehnte, dass dagegen in den vorgeschritteneren Stadien des Keimens die Differenz eine sehr erhebliche wird. Die von Sachse ausgeführten Analysen ergaben hierbei bei Pisum sativum folgende Zersetzungsgleichung für die Samenstärke: $C_6 \; H_{10} \; O_6 = C_5 + H_{10-x} + O_4 + CH_x \; O$ (für den Werth 2 eingesetzt, die elementaranalytische Bestimmung des Wasserstoffes ist mit erheblichen Schwierigkeiten verbunden); d. h. es resultirt gerade so viel Gasmenge, dass eine glatte Oxydation des Kohlenstoffs und Wasserstoffs durch den aufgenommenen Sauerstoff stattfindet, eine Thatsache, die die bei der Keimung stärkehaltiger Samen beibehaltene Volumenconstanz erklärt. Es werden also Sauerstoff und Wasserstoff in dem Verhältnisse abgeschieden, dass sie gerade Wasser bilden. Gleiche Resultate erhielt Detmer mit Mais. Wir haben es somit hier mit normaler Athmung zu thun. Die schon erwähnten Saussure'schen Beobachtungen, sowie die Prüfungen der Keimungsprodukte in fünf verschiedenen Stadien der Keimung und endlich die ausgedehnten Untersuchungen Detmer's mit directer Kohlensäurebestimmung und vergleichender Elementaranalyse an Hanffrüchten (die bei der Methodenbesprechung erwähnte Methode Detmer's wurde bei der vorliegenden Frage angewandt) haben weiterhin zum Resultat, dass der bei der Keimung fettreicher Samen aufgenommene Sauerstoff nicht nur zur Oxydation des Kohlenstoffs und Wasserstoffs, sondern in bedeutenden Mengen zur Bildung neuer organischer Körper verwendet wird, so dass der Sauerstoffgehalt der Keimpflanzen grösser ist, als der der Samen oder ruhenden Früchte, — welches Resultat überdies durch die Laskovsky'sche Untersuchung an Kürbissamen vollends bestätigt wurde. Es ist also bei fetthaltigen Samen eine wahrscheinlich durch die Oxydation des bekanntlich stark oxydationsfähigen Fettes bedingte Athmung, die Detmer zum Unterschied der inneren Athmung mit Vinculationsathmung bezeichnet. Pfeffer[29]) meint, bei aller Würdigung der eben genannten erforschten Verhältnisse zwischen consumirtem Sauerstoff und producirter Kohlensäure, dass das Fett möglicherweise überhaupt in Stärke und Glycose metamorphosirt, dass aber alsdann

[26]) Die Landwirthschaft in ihrer Beziehung zur Chemie, Physik und Meteorologie, deutsch von Graeger, 1844 Bd. 1 p. 530 und Comptes rendus 1864.

[27]) Siehe 8.

[28]) Siehe 20.

[29]) Pflanzenphysiol. p. 355.

der Mehrverbrauch des Sauerstoffs in Folge der Ueberführung des Oels in Kohlehydrate aus einem Stoffwechsel hervorgeht, der nicht der Athmung beigezählt werden darf, weil er Produkte liefert, die nicht verathmet zu werden brauchen und mit einer Entwicklung von Kohlensäure vielleicht gar nicht verbunden sind.

Godlewski's [30]) neueste Studien über die Athmung der Pflanzen haben in Betreff des Gaswechsels bei keimenden fett- und stärkehaltigen Samen, an Blüthenknospen von Papaver somniferum und an reifenden Früchten dieser Pflanze und von Ricinus communis drei Stadien constatirt:

in der ersten, der Quellungsperiode der Samen, sind die Mengen des eingeathmeten Sauerstoffs und der ausgeschiedenen Kohlensäure gleich;

in der zweiten, mit dem Hervorbrechen des Würzelchens beginnenden Periode, kommen auf 100 Theile eingeathmeten Sauerstoffs 60 Theile Kohlensäure sowohl in gewöhnlicher Luft, wie in reiner Sauerstoffathmosphäre;

in der dritten Periode wird immer mehr Kohlensäure ausgeschieden als Sauerstoff eingeathmet wird, bis sich wieder am Ende der Keimung (am 10. Tage von Beginn des Versuchs an) die Volumina beider Gase ausgleichen.

Aus diesen Verhältnissen schliesst Godlewski, dass nicht das Fett als solches, sondern ein kohlehydratartiger Körper (bei solchen ist, wie später in den Assimilationsversuchen gezeigt wird, Gaswechselconstanz erwiesen) oxydirt und erst wenn dieser verbraucht, das Fett verathmet wird. In der zweiten Periode wird das fette Oel direct zu Kohlensäure und Wasser verbrannt oder durch unvollständige Oxydation in Kohlehydrate, namentlich Stärke, umgewandelt. (Vgl. vorher Pfeffer's Anschauung.)

Dann, wenn alle fetten Oele in Stärke umgewandelt sind, tritt die Gaswechselconstanz ein.

Godlewski berechnet auf Grund des Bedarfs von 80 Vol. Sauerstoff zur vollkommenen Verbrennung des in den Pflanzen am meisten verbreiteten Trioleïns, dass zur Zeit des schnellsten Verbrauchs des Fettes (2. Periode) ein Verhältniss von 100 eingeathmeten Sauerstoff zu 84 ausgegebener Kohlensäure stattfindet, wobei dann die 16 restirenden Theile zur Umwandlung des Fettes in Kohlehydrate verwendet werden.

Mit Müntz [31]) nimmt Godlewski an, dass die Fette vor ihrer Umwandlung in Fettsäuren und Glycerin umgewandelt werden.

Bei stärkehaltigen Samen fand Godlewski, bis auf einen Versuch mit

---

[30]) Forschungen auf dem Gebiete der Agriculturphysik. 5. Bd. 1882, 3. und 4. Heft, p. 285—288.

[31]) Ann. de Chim. et de Phys. 1871.

Erbsen, in welchen das Verhältniss von $CO_2 : O$ nicht $= 1$, sondern am ersten Tage wie $2 : 1$, aber am zweiten Tage bereits $1{,}_3 : 1$ war, Gaswechselconstanz. In dem genannten Fall (24 Stunden lang eingequellte Samen wurden geprüft) erklärt sich die Mehrproduktion von Kohlensäure aus einem erschwerten Sauerstoffzutritt während der Quellungsperiode, wodurch eine intramolekulare Athmung, die noch später unter Einfluss der Luft andauerte, erregt wurde.

Wenn bei den reifenden Früchten von Papaver somniferum und Ricinus communis stets eine Mehrproduktion von Kohlensäure beobachtet wurde, so erklärt sich dies daraus, dass während des Reifeprozesses ein Reduktionsprozess der Stärke in Fett eingetreten ist.

Interessante Versuche Godlewski's mit partiärem Sauerstoffdruck, wonach bei fetthaltigen Samen die Athmungsenergie verändert werden kann, bei stärkehaltigen Samen dagegen die Athmung weniger beeinflusst wird, haben erwiesen, dass in allen Fällen einer Energiesteigerung der Athmung das Verhältniss der Sauerstoffeinnahme und Kohlensäureausfuhr ein gleiches bleibt; nur wenn der Sauerstoffdruck soweit vermindert wird, dass die Athmung erschwert ist, wird das Verhältniss in Folge intramolekularer Athmung (neben normaler) gestört. Aus diesen Beobachtungen schliesst Godlewski, dass intramolekulare und normale Athmung selbständige, je nach Bedingungen, bald gleichzeitig bald für sich verlaufende Prozesse sind, und niemals ist erstere eine Bedingung für die letztere, ebenso wie sie nicht ununterbrochen während des ganzen Lebens der Pflanze thätig ist. Nur in Reduktionsprozessen (Umwandlung der Stärke in Fett) wird auch bei normalem Sauerstoffzutritt die Kohlensäureproduktion überwiegen, wo alsdann ein gleichzeitiges Spielen beider Prozesse eintreten kann.

Die Frage nach der Beziehung zwischen intramolekularer und normaler Athmung wird, wie wir gleich sehen werden, von Seiten einzelner Forscher als mit der Gährungsfrage conform betrachtet. Wir werden aber freilich sofort zu constatiren haben, dass mit der Zahl der Forscher Liebig[32]), Pasteur[33]), Lechartier und Bellamy[34]), Pfeffer[35]), Brefeld[36]), Meyer[37]), Nägeli[38]), Wortmann[39]) die Meinungsverschiedenheit wächst.

---

[32]) Ueber Gährung, über Quelle der Muskelkraft und Ernährung, 1870.

[33]) Comptes rendus 1861, 1863.

[34]) Daselbst 1869 T. 69, 1872 T. 75, 1874 T. 79.

[35]) Landw. Jahrb. Bd. VII.

[36]) Daselbst 1876 Bd. V u. Bd. XIII.

[37]) Beiträge zur Lehre über den Sauerstoff und die gährungserregende Fähigkeit der Hefezellen, 1876.

[38]) Theorie der Gährung. München 1879.

[39]) Ueber die Beziehungen der intramolekularen zur normalen Athmung der Pflanzen. Inaugur. Dissert. Würzb. 1879.

Was die Methode anbelangt, so ist dieselbe von selbst gegeben; in allen Fällen handelt es sich um Luftabschluss. In den ersten grundlegenden Versuchen Saussure's[40]) werden die Samen bei Gegenwart möglichst geringer Wasserquantitäten in Glasglocken, die mit Luft gefüllt und durch Quecksilber abgesperrt werden, dem Keimen überlassen. In den späteren Versuchen wurden die Samen eingequellt, wobei ein weiteres Wasser in der Glasglocke nicht zur Disposition gestellt wurde. Wortmann macht ferner Versuche mit Samen, Stengeln, Wurzeln, Früchten und bestimmt die durch innere Athmung produzirte Kohlensäuremenge, indem er die Keimpflanzen in die Toricellische Leere eines barometrischen Apparats brachte. Bei den Gährungsversuchen dienten Hefezellen, Mucor mucedo, Penicillium und höhere Pflanzen als Versuchsobjekte. Bei den Athmungsversuchen mit höheren Pflanzen, namentlich betreffs intramolekularer Athmung, ist es eine Schwierigkeit, die Pflanzen im Versuchsraum pilzentwickelungsfrei zu erhalten, was natürlich in diesem Falle eine unerlässliche Bedingung ist[41]).

Die Wortmann'schen Untersuchungen haben neben der constatirten Thatsache der inneren Athmung (die sauerstofffreiathmenden Pflanzen gingen nicht zu Grunde), die nur der lebenden Pflanze zukommt (durch heisses Wasser getödtete Pflanzen produzirten keine Kohlensäure durch die Athmung), für Keimpflanzen von Vicia pro Stunde folgende auf 1 g Samensubstanz bezogene Zahlenrelationen zwischen normaler und innerer Athmung ergeben:

	Produz. Kohlensäure in ccm durch	
	a	b
Versuch No.	normale Athmung	innere Athmung
1.	0,130	0,110
2.	0,089	0,079
3.	0,092	0,100
4.	0,096	0,093

Die der inneren und äusseren Athmung entspringenden Kohlensäuremengen sind nahezu gleich. Es sollen aber nach Wortmann sowohl beim Sauerstoffabschluss wie beim Sauerstoffzutritt nicht die Kohlehydrate, sondern die Eiweissstoffe des Plasma als Athmungsmaterial fungiren, indem letztere Zucker abspalten, der erst verathmet wird, d. h. in Alkohol und Kohlen-

[40]) Chemische Untersuchungen. Deutsch v. Vogt. p. 581.

[41]) Betreffs der Frage in wie weit die Richtigkeit der gasometrischen Prüfung der Gasproduktion und des Gasverbrauchs bei der Athmung durch die verschiedene Absorptionsfähigkeit der Gase durch die intramolekulare Athmung beeinflusst werden kann, verweise ich auf die diesbesügliche Kritik in Pfeffers Physiologie.

säure zerfällt; der Alkohol soll alsdann durch den in den Pflanzentheilen enthaltenen Sauerstoff in statu nascendi oxydirt werden, aber nicht in dem Verhältnisse, dass Kohlensäure und Wasser entstehen, sondern die Sauerstoffatome addiren sich in dem Masse zu den Alkoholmolekülen, dass dadurch Isomere der Essigsäure entstehen, deren Atome sich jedoch umlagern und wieder ein Zuckermolekül bilden; die Anschauung versinnbildet sich chemisch folgendermassen:

1. $3\,(C_6\,H_{12}\,O_6) = 6\,(C_2\,H_5\,OH) + 6\,CO_2$

2. $6\,(C_2\,H_5\,OH) + 12\,O = 2\,(C_6\,H_{12}\,O_6) + 6\,H_2O$

Die von Lechartier und Bellamy und von Brefeld nach anderer Seite behauptete Thatsache, dass höhere Pflanzen bei Sauerstoffabschluss nicht nur Kohlensäure, sondern auch Alkohol produziren, also geradezu Gährungsprodukte erzeugen, hat nun nicht wenig beigetragen, die Erörterung der Athmungsfrage noch zu erschweren. Die erste auf der Hand liegende Idee, dass man es alsdann mit abgestorbenen Pflanzen zu thun hätte, wird zurückgewiesen durch die von Brefeld festgestellte Thatsache, dass die abgestorbene Pflanzenzelle niemals Alkohol produzirt; man könnte demnach Gährung und innere Athmung als analoge Prozesse betrachten, wenn man ausser Acht lassen würde, dass bei den höheren Pflanzen jedes Wachsthum sistirt wird, während die Hefezellen eben durch den Gährungsprozess wachsen. Die ausserdem Liebig's und Pasteur's Anschauungen richtig stellenden Untersuchungen Brefeld's haben ergeben, dass die Gährungsfähigkeit der Pflanzenzelle graduell eine sehr verschiedene ist und von Saccharomyces cerevisiae angefangen hinauf durch die Reihe der Schimmelpilze bis auf die höher organisirten Gewächse abnimmt, welche letztere aber zum Unterschiede der früheren nur bei Luftabschluss Gährung erzeugen können.

Welches sind nun die herrschenden Ansichten über die Beziehungen der drei Oxydationsprozesse normaler, innerer Athmung und Gährung?

Wortmann: Kohlensäureproduktion ist überhaupt das Ergebniss innerer Athmung. Es giebt überhaupt keine normale Athmung. Die stickstofffreien Spaltungsprodukte geben Kohlensäure und Alkohol in sauerstoffhaltendem, wie in sauerstofffreiem Versuchsraum, nur dass in letzterem Fall die erwähnte Restitution des Alkohols zu Zucker unterbleibt und der Alkohol sich in den höheren Pflanzen ansammelt.

Pfeffer: Die normale Athmung wird erst durch Sauerstoffzutritt möglich, es geht also derselben ein Spaltungsprozess voraus, der bei Luftabschluss bis zur Bildung von Alkohol und Kohlensäure gelangt (innere Athmung = Gährung); bei Luftzutritt werden jedoch die der endlichen Spaltung vorhergehenden Zwischenprodukte verbraucht, so dass es zu einer Entstehung von Kohlensäure und Alkohol gar nicht kommt. Also jeder normalen Athmung geht innere Athmung voraus.

Brefeld endlich nimmt eine der gewöhnlichen Athmung analoge Reduktion des Zuckers und zwar so an, dass in den Pflanzenzellen ein Stoff erzeugt wird, der in Folge seiner lebhaften Anziehungskraft zum Sauerstoff des Zuckers letzteren unter Alkoholbildung reduzirt, wobei der so entstandene Sauerstoff, wie bei der gewöhnlichen Athmung die atmosphärische Luft, weitere Mengen von Zucker oxydirt. Das Wachsthum der Pflanzenzellen bei Mangel des freien atmosphärischen Sauerstoff's ist also lediglich durch eine normale Athmung bedingt.

Das wären in wenigen Worten die gegenwärtig sich mehr oder minder gegenüberstehenden Anschauungen, die jedoch immerhin darin übereinstimmen, dass die Athmungsvorgänge sich wahrscheinlich im Plasma abspielen, und die Bestandtheile des letzteren unabhängig von Luft und Sauerstoff sich in stickstofffreie und stickstoffhaltige Verbindungen spalten, wobei die stickstofffreien Spaltungsprodukte durch äussere oder innere Athmung (resp. Gährung) verbraucht werden.

Athmung und Gährung von einander zu scheiden zwingen immerhin noch die Thatsachen, dass bei Luftabschluss die höheren Pflanzen weniger Alkohol und mehr Kohlensäure erzeugen, während in den Hefezellen bei gleicher Luftabschlussdauer der umgekehrte Fall eintritt, und dass die letzteren wachsen (bei längerer Verweilung von sauerstofffreiem Medium wird das Wachsthum auch sistirt, nicht aber die Gährung), während die ersteren ihr Wachsthum sistiren. Namentlich die erste Thatsache lässt sich mit den Wortmann'schen Anschauungen nicht in Einklang bringen[42].

Weitere Athmungsprodukte.

Ausser den bisher erwähnten Athmungsprodukten als Kohlensäure, Alkohol, erwähnt die Literatur noch weitere: Boussingault[43]) ist der Ansicht, dass verschiedene Samen in ihren ersten Keimungsstadien Kohlenoxydgas aushauchen. Dies hat der Forscher nicht direkt constatirt, sondern aus Elementaranalysen von Weizenkörnern einerseits und Weizenkeimlingen andrerseits abgelesen, indem er den bei der Oxydation des Wassers restirenden Sauerstoff mit dem Kohlenstoff merkwürdigerweise nicht Kohlensäure, sondern neben einem Ueberschuss von Sauerstoff Kohlenoxydgas entstehen lässt. Nach Schulz[44]) sollen keimende Kressensamen, mehr noch Keimlinge von Lupinus albus und Vicia faba bedeutende Mengen Wasserstoff's, nach Fleury[45]) keimende Ricinuskörner Sumpfgas entwickeln. Ergebnisse, denen die entgegengesetzten Versuche von Oudemann, Bauwenhoff[46]),

---

42) Vgl. Detmer, Keimungsprozess, p. 239.

43) Die Landwirthschaft in Bezug zur Chemie, Physik u. Meteorol. Bd. 1 p. 28.

44) Journal f. prakt. Chemie 1862, Bd. 87 p. 142.

45) Anal. de Chemie et de Phys. V. S. T. 4.

46) Jahresber. d. Chemie 1858, p. 493.

Deherain, Landrin[47]), Borodin[48]) an der Seite stehen, nach welchen Kohlensäure und Wasser die einzigen Athmungsprodukte sind. Dass das Sumpfgas der Ricinussamen seine Entstehung abnormen Keimungsverhältnissen verdankt, bestätigten die Resultate Papoff's[49]), nach welchem Cellulose in gewissen Fällen (Sumpfgas-Gährung) Sumpfgas und Wasser als Zersetzungsprodukte liefert.

Die Lösung der Frage nach den Beeinflussungen der Athmungsvorgänge durch äussere Verhältnisse, als Luft, Temperatur, ist Sache des Experiments. Gerade in der experimentellen Lösung der Athmungsfragen haben wir durch die geschickte Apparatkonstruktion in neuerer Zeit bedeutende Fortschritte zu verzeichnen und insbesondere hat sich der bereits in dem methodischen Theil der Athmungsversuche genauer beschriebene Meyer-Wolkoff'sche Apparat zum Studium der Temperatur- und Luft-Einflüsse auf die Athmung als vorzüglich erwiesen. So gebührt denn auch das Verdienst, die ersten gründlichen Studien über den Einfluss verschiedener Temperaturen ausgeführt zu haben, den beiden genannten Forschern[50]). Es ist schon Eingangs der Athmungsversuche erörtert, dass die genannten Forscher den Sauerstoffconsum direkt volumetrisch bestimmten. Der gesammte Athmungsapparat wurde wegen der besseren Regulirung der Temperaturverhältnisse in einen Thermostat gesetzt. Ich gebe hier das Resultat des Versuches mit 5 Keimpflanzen von Tropaeolum majus: Temperatur u[nd] Athmung,

Temperatur.	Stündliche Sauerstoffaufnahme.
22,4	0,60
27,0	0,77
30,5	0,76
30,0	0,77
35,0	1,04
38,2	0,91

Diese Zahlenrelation sagt deutlich, dass die Energie der an dem Sauerstoffconsum gemessenen Athmung mit der Zunahme der Temperatur steigt. In einer weiteren von A. Mayer allein ausgeführten Arbeit wurde die Athmungscurve der Temperatur für keimenden Weizen bestimmt. Schon in einer früheren Arbeit[51]), die den Zweck hatte, die Abhängigkeit der Athmungsgrösse der Keimpflanzen von der Keimungsdauer an festzustellen,

---

47) Siehe Anm. 17.
48) Siehe Anm. 25.
49) Pflüger's Archiv f. Physiol. Bd. 10 p. 113.
50) Landw. Jahrb. Bd. 3 p. 481.
51) Landw. Vers.-Stat. XVIII, p. 245.

wobei die Versuche bei verschiedenen, aber bei jeder Versuchsdauer constanten Temperatur ausgeführt wurden, ergab die Maximalathmung bei 11,8° = 0,10 ccm Sauerstoff pro Stunde und bei 23,8° = 0,22 ccm. Zur Bestimmung der Athmungscurven wurden die Samen (von nahezu 0,05 g) eingequellt und in einen Thermostat, der nahezu die Temperatur von 22° C. innehielt, gebracht.

„Als Thermostat diente ein grosser eiserner mit Wasser gefüllter Kessel von cylindrischer Form, welcher mit einem schlechten Wärmeleiter allseitig, mit Ausschluss einer kleinen Heizfläche, umgeben war. Der gut schliessende Deckel war ebenso umhüllt und der Apparat an einem kalten Orte von sehr constanter Temperatur, etwa 4° C. aufgestellt. In diesen Kessel waren rings von Wasser umgeben die einzelnen Apparate: Gefäss mit feuchten Sägespähnen für Beginn der Kultur, Glascylinder, 1 cm hoch, mit Wasser angefüllt, über der Wasserfläche ein Drahtnetz gespannt für die Aufnahme der gekeimten Pflanzen und endlich der Respirationsapparat eingestellt, so dass der ganze Pflanzenvorrath, wie die gerade zum Athmungsversuch dienenden, immer die gleiche Temperatur besitzen mussten. Nur zur Vornahme der gasometrischen Ablesungen wurde der Respirationsapparat auf wenige Minuten herausgenommen. Die Heizung des Thermostaten wurde mit Hülfe einer kleinen Petroleumlampe besorgt, deren Oelreservoir sehr flach und breit angefertigt und durch einen Cartonschirm vor strahlender Wärme geschützt war. Füllung und Putzen brauchte nur alle 24 Stunden vorgenommen zu werden. Zur Feststellung der Temperaturcurve wurden nach vier Tagen, nachdem die Pflänzchen eine Wärmesumme von 88 Tagwärmegraden empfangen hatten, vier isolirte Pflänzchen, deren Plumula durchschnittlich eine Länge von 44 mm besass, in den Athmungsapparat eingeführt. Die Volumenabnahme war bei folgenden Temperaturen folgende (bei sehr schwachem Licht oder in vollständiger Dunkelheit):

Volumenabnahme (Sauerstoffverbrauch) stündlich	Temperatur
0,10	15,6°
0,10	15,6°
0,038	4,4
0,067	9,8
0,067	9,8
0,088	15,4
0,022	0,3
0,016	0,1
0,010	0,1

Dasselbe Resultat wie vorhin und die Thatsache, dass bei fast 0° eine nicht ganz unbeträchtliche Athmung stattfindet. Berechnet man den

Quotienten $\frac{A + 4}{a}$ für die verschiedenen Temperaturen (der Nullpunkt der Athmung ist etwa bei -4^{0}, einen gleichmässigen Verlauf der Curve unter 0^{0} angenommen) so differiren dieselben nur um 7,5 %.

Bei	15^{0}	196
„	15^{0}	220
„	10^{0}	206
„	5^{0}	220.

Weitere mit Wachsthumsmessungen verbundene Versuche, mit bis auf 40^{0} gebrachter Temperatur, ergaben, dass die Athmung einer Pflanze (an dem Sauerstoffbedarf gemessen) bei einer Temperatur beginnt, die unter dem Wachsthumsminimum derselben, selbst unter 0^{0} liegt, annähernd proportional der Temperatur über das Wachsthumsoptimum steigt und erst mit der Lebensfähigkeit der Pflanze aufhört, dass die Temperatur- und Athmungscurven fast parallel, die Athmungs- und Wachsthumscurven nur zeitweise parallel laufen.

Rischavi's Versuche nach einer anderen bereits erörterten Methode, die die ununterbrochene Verfolgung der Temperatur- und Wachsthumsrelationen gestattet, ergaben gleichfalls die Proportionalität der Temperatur und der Athmung, die Unproportionalität der Athmung und des Wachsthums.

Ferner fand Borodin bei Kressenkeimlingen eine ähnliche Steigerung der Kohlensäureausscheidung bei höherer Temperatur. Diesen Resultaten widersprechen allerdings die Resultate Deherain's[52]) mit Kiefernadeln und Tabackblättern.

[52]) Comptes rendus T. 78 p. 112.

3. Assimilationsversuche.

Während sprachgebräuchlich, von Priestley, Sennebier angefangen bis auf Schleiden, unter Assimilation jede Umwandlung der Stoffe verstanden wurde, die für Pflanzen und Thiere ernährungsfähig gemacht werden sollen, ist der Begriff durch Sachs [1]) auf die Kohlensäurezersetzung eingeschränkt worden, wie etwa der frühere Begriff der Goethe'schen Metamorphose jetzt auf die vorschreitende oder rückschreitende Umbildung der Blüthentheile beschränkt ist. Derartige Einschränkungen sind die Resultate der glücklichen Entwirrung der stets complicirten organischen Vorgänge. Schon durch die grundlegenden Arbeiten der oben genannten älteren Forscher ist erwiesen worden, dass die Assimilation durch die Anwesenheit der Chlorophyllkörper, seien sie grün oder mit anderen Chlorophyllfarbstoffen imprägnirt, (Tangen, Florideen) bedingt ist. Ist das Chlorophyllkorn als Assimilationsapparat anzusehen, so ist das Licht der Assimilationsmotor. Wenn schon die Boussingault'schen gasometrischen Versuche ergaben, dass eben so viel Sauerstoff von den Pflanzen exhalirt wird, als die CO_2 enthält, — wie dies aus der bekannten Stärkeformel $12 CO_2 + 10 H_2O = O_{24} + C_{12} H_{20} O_{10}$ hervorgeht, — dass die Stärke demnach ein Assimilationsprodukt und der Constitution nach selbst ein erstes Assimilationsprodukt sein kann, so ist aus dem mikroskopischen Nachweise des häufigen Stärkeeinschlusses im Chlorophyllkorn die Auffassung der Stärke als ein primäres Assimilationsprodukt weiterhin bekräftigt worden. Der aus dem Umstande, dass auch in vielen Fällen Stärke im Chlorophyllapparat nicht aufgefunden worden, gezogene Einwand wurde als nicht beweiskräftig von der Hand gewiesen, weil das Fehlen der Stärke alsdann das Ergebniss einer Gleichheit zwischen Auflagerung und Aufräumung sein kann [2]).

---

[1]) Experimentalphysiologie 1865, p. 18.

[2]) Pfeffer, Pflanzenphysiologie.

Der Beweis für die Auffassung der Stärke als Assimilationsprodukt wurde auf zweifachem experimentellen Wege geführt. Beide Methoden gehen darauf aus, zu untersuchen, ob die Stärke im Chlorophyll verbleibt, wenn die zur Assimilation als nothwendig erkannten Bedingnisse eliminirt werden.

Stärke ein Assimilationsprodukt.

Die eine der beiden Methoden führte Sachs[3]) ein. Nach dieser wurde die Assimilation reichlich Stärke führender Pflanzen durch Ausschluss des Lichtes verhindert, indem dieselben zuerst verdunkelt, dann belichtet oder die Verdunkelung durch Umhüllung mit schwarzem Papier auf stärkehaltige Organtheile der Pflanze partilirt wurde. Das Versuchsergebniss war: die Stärke verschwand nach einem bis mehreren Tagen und trat nach der Belichtung wieder auf, sowohl im partiellen wie Gesammtversuch.

Famintzin ging bei seinen Experimenten mit Algen und Phanerogamen[4]) näher auf den Assimilationsprozess ein und bestätigte auch bei diesen den Stärkeschwund, wenn die Zellen ins Dunkel versetzt wurden, ferner, dass Spirogyra-Zellen, die im Dunkeln ihren ganzen Stärkevorrath eingebüsst haben, nach eingetretener Insolation in ihren Chorophyllbändern binnen kurzer Zeit aufs neue Stärke erzeugen. Hierzu genügte schon eine halbe Stunde. Von Wichtigkeit ist ferner das Resultat, dass die Erzeugung der Stärke nur unter vollem und gelbem Licht vor sich geht, während das blaue sich ebenso auf die Stärke lösend zeigt, wie völliges Dunkel. Zur Herstellung der Lichtquelle construirte er sich eine Lampe, deren Beschreibung, weil sie sich für derartige Versuche als praktisch erwies und, wie wir alsbald sehen werden, von anderen Forschern angewendet wurde, nach des Forschers eigenen Worten wiedergegeben werden soll.

Die Lampe hat die Form eines viereckigen Kastens (90 cm hoch, 59 cm breit und 44 cm tief) mit einer dachförmigen Bedeckung und einem grossen Ableitungsrohr, das in den Schornstein eingeführt wird. Die hintere Wand der Laterne ist doppelt und ihren beiden Seiten entlang mit grossen Löchern zur Ventilation durchbohrt; die beiden Blechplatten greifen aber in der Art mit ihren Rändern in einander, dass ungeachtet der Löcher doch kein Licht durch diese hintere Wand durchdringen konnte. An der vorderen Seite, in deren unterem Theile, ist in der Mitte ein breiter Ausschnitt gemacht, welcher 35 cm Höhe und 18 cm Breite betrug und folglich ungefähr bis zur Mitte der Höhe der vorderen Wand der Laterne reichte. Längs dieses Ausschnitts ist auch die vordere Seite der Laterne doppelt, der Ausschnitt ferner durch eine Blechplatte verschlossen, welche mit ihren Rändern in der doppelten vorderen Wand fest-

[3]) Botan. Ztg. 1864, p. 289.

[4]) Pringsheim's Jahrbücher 6, p. 1—56.

gehalten wird. Diese Platte kann nach oben verschoben (so dass der ganze Ausschnitt blosgelegt wird) und ebenso nach Belieben herunter gelassen werden; in dieser Lage liess die Laterne gar kein Licht durch. In den beiden Vorderecken derselben brennen die Lampen. Das Licht jeder Lampe wird also nach zwei gegen einander rechtwinkligen Richtungen geleitet und durch in Blechröhren eingefasste und in den Seitenöffnungen der Laterne angebrachte Sammellinsen verstärkt. In der Laterne selbst ist in passender Entfernung gegenüber einer jeden der vier Oeffnungen ein sphärischer Reflektor befestigt. Das durch die Sammellinse hindurchgegangene Licht wird ausser halb der Laterne mittelst eines zweiten sphärischen, schräg angebrachten, Reflektors nach unten abgelenkt.

Famintzin brachte auf diese Weise eine so bedeutende Lichtconcentration hervor, dass darunter gebrachte frische Kressenkeimlinge, deren Samenlappen noch in den Schalen des Samens verborgen waren, binnen 2—3 Stunden austrockneten und der nassen Erde Wasserdämpfe entströmten. Da aber die Temperatur nahezu 40° C. erreichte, wurden die Wärmestrahlen dadurch eliminirt, dass zwischen den Oeffnungen der Laterne und dem sphärischen Reflektor ein aus parallelen Wänden bestehendes, mit Wasser gefülltes Gefäss eingeschoben wurde. Für die Versuche mit farbigem Licht, wurde letzteres durch Lösungen von Kupferoxydammoniak und chromsaurem Kali hindurch geleitet.

Interessant ist die Angabe Famintzin's[5]), dass die Zahl der Zelltheilungen bei Spirogyra im direct proportionalen Verhältniss stand zu der angewandten Quantität des Lampenlichtes. In sieben Tage andauernder Beleuchtung vermehrten sich 100 Zellen auf 7730, bei periodisch 12stündiger Beleuchtung auf 4762, bei täglich 8stündiger Beleuchtung auf 2971, in andauernder Finsterniss auf 162.

Tempo der Stärkebildung.

In Betreff des Tempo der Stärkebildung im Chlorophyllapparat experimentirte nach gleicher Methode G. Kraus, indem er durch Dunkel stärkefrei gemachte Pflanzen der Sonne und dem diffusen Licht aussetzte. Bei Spirogyra trat Stärkebildung ein im Sonnenlicht nach 5 Minuten, im diffusen Licht nach $1\frac{1}{2}$ bis 2 Stunden; bei Eledea Funaria im Sonnenlicht nach $1\frac{1}{2}$—2, im diffusenLicht nach 4—6 Stunden.

Godlewski verfuhr nach der andern Methode. Es wurde die Assimilationsunterbrechung nicht durch Lichtabschluss, sondern dadurch bewirkt, dass er die Pflanzen (Rhaphanus sativus) in kohlensäurefreier Luft zog. Die Methode hat den Vortheil, dass alsdann die Möglichkeit der von Böhm[6]) faktisch gemachten Annahme eines durch das Licht

---

[5]) Bontan. Ztg. XXIX, 1871, p. 669.

[6]) Landw. Vers.-Stat. 1879, Bd. 23, p. 124.

impulsirten Stoffwechsels aus vorhandenen organischen Stoffen ausgeschlossen ist, weil hier die Stärke nur lediglich eine Funktion der Kohlensäurezersetzung ist.

Godlewski constatirte bei den kohlensäurefreigehaltenen Pflanzen im Chlorophyllapparat den erwarteten Stärkeschwund. Sein Apparat ist einganz einfacher. Eine Glasglocke, die auf einer Glasplatte luftdicht aufsitzt,

Apparat zu Culturversuchen in kohlensäurefreier Luft nach Pfeffer.

giebt den Versuchsraum. Auf dem Tubulus sitzt ein weites Glasrohr, das mit Kalilauge getränkte Bimssteinstücke enthält und die in die Glocke eintretende Luft zu entkohlensäuern hat. Eine Porzellanschale auf der Glasplatte hat die von der Pflanze exhalirte Kohlensäure zu absorbiren. Pfeffer[7]) lässt dem Tubulus eine weitere hängende Schale aufsetzen, die die abtropfende Kalilauge aufzufangen und zur Aufnahme von Chlorcalcium zu dienen hat, wenn es sich darum handelt, die Dampfsättigung in der Glocke herabzudrücken. (Vgl. Fig.)

Gleiche Versuchsergebnisse lieferten die nach gleicher Methode ausgeführten Experimente Pfeffer's[8]) mit Lupinus luteus und die Morgen's[9]) mit der Kresse.

Morgen fand, dass der Keimling, wenn er im Sonnenlicht Stärke bereitet, eine relativ geringere Abnahme an Trockensubstanz zeigt, als wenn die Stärkeerzeugung ausgeschlossen ist, aus welcher Thatsache folgt,

---

[7]) Pflanzenphysiol. p. 191.

[8]) Monatsschrift d. Berl. Academie 1873, p. 784.

[9]) Botan. Ztg. 1877, p. 553.

dass diese geringere Abnahme auf Rechnung der assimilirten Stärke stattfindet.

Wie Kraus durch Verdunkelung, so verfolgte Goldlewski das Tempo der Stärkebildung, indem er die Pflanzen in einer Luft von verschieden grossem Kohlensäuregehalt zog. Stärkefrei gemachte kleine Pflanzen wurden in 8% Kohlensäure enthaltender und in gewöhnlicher Luft bei gleich intensiver Beleuchtung gezogen, auf Stärke untersucht und der Gasaustausch überdies gasometrisch geprüft. Die Stärke verschwand in den Cotyledonarzellen im ersten Fall nach einer Viertel-, im anderen Fall nach einer Stunde (Versuchspflanzen: Raphanus sativus, Blatt von Glyceria spectabilis).

Ein anderes, den bisherigen entgegengesetztes Resultat erhielt J. Böhm[10]) bei der Kultur der Keimpflanzen von Phaseolus multiflorus, die er verdunkelte, um die Pflanzenstärke frei zu machen. Er fand, dass sich auch Stärke in den Chlorophyllkörnern der Blätter bildete, als man die Pflanzen in kohlensäurefreier Luft dem Licht aussetzte; ebenso enthielten die Stengel und die Rippen der Primordialblätter unverbrauchte Stärke. Es musste demnach nach Böhm eine Rückwanderung der Stärke aus dem Stengel in die Chlorophyllkörner bewirkt worden sein.

Der Verfasser macht darauf aufmerksam, dass deshalb alle Assimilationsversuche mit vollständig stärkefreien Pflanzen oder mit entstärkten Blättern auszuführen wären. Mit solchen operirte Böhm und es bildeten sich im direkten Sonnenlicht und in einer Atmosphäre die ca. 8% Kohlensäure enthielt, nach 10—15 Minuten autochthone Stärke (durch direkte Assimilation). Weitere Beweise gab Böhm in einer andern Arbeit[11]), in welcher gezeigt wird, dass, mit Ausnahme der Spaltöffnungszellen, entstärkte, im Wachsthum begriffene Primordialblätter der Feuerbohne nach 2—3 Wochen oft stärkehaltiger wurden, als bei dauerndem Lichtabschluss, sich also ohne Assimilation durch Rückwanderung Stärke bildete. Böhm benutzte zur Untersuchung der Stärke im Chlorophyll folgende später fast von allen die Assimilationsfrage bearbeitenden Forschern adoptirte Methode: das Blatt wird in Alkohol und Licht entfärbt. Die Schnitte werden in Kalilauge erwärmt und durch Wasser ausgewaschen, mit Essigsäure und endlich Zusatz von verdünnter Jodlösung neutralisirt.

Gaswechsel-Constanz.

Was den bereits kurz erwähnten Gaswechsel anbelangt, so ist dessen annähernde Constanz ausser durch die grundlegenden berühmten gasome-

[10]) Sitzungsbericht der Wiener Acad. d. Wissensch. Bd. LXXXIII, 1. Abth. Januar-Heft 1876.

[11]) Berichte der deutsch. chem. Gesellschaft 1877, Bd. II, p. 1804.

metrischen Versuche Boussingault's[12]) neuerdings durch Pfeffer[13]), Godlewski[14]), Holle[15]) geprüft und sind die dabei auftretenden Gasdifferenzen als in der Fehlergrenze liegend angenommen.

Es lag die Möglichkeit an der Hand, trotz des Nachweises der weitesten Verbreitung im Chlorophyllapparat (Mohl, Nägeli, Mikosch u. a.), die Stärke als das einzig mögliche Assimilationsprodukt zu bezweifeln, wenn man daran dachte, dass bei vielen Monocotyledonen und den sogenannten Fettpflanzen die fehlende Stärke durch ölartige Körper ersetzt ist. Entweder ist Stärke ein direktes Assimilationsprodukt, dann meinte man das Oel ebenfalls als solches annehmen zu müssen, oder ist die Stärke kein Assimilationsprodukt, dann muss noch ein unbekannter Körper, ein Kohlehydrat oder nach andern ein geringer oxydirter Körper als solches fungiren.

Oel ein Assimilationsprodu

Bei der Frage, ob Oel als Assimilationsprodukt zu betrachten sei, betheiligte sich Holle[16]) in verneinendem Sinne. Der Versuch ging von dem Gedanken aus: Ist Oel ein Assimilationsprodukt, dann kann kraft der Oelkonstitution eine Gaswechselconstanz nicht eintreten und muss bei Hinderung der Assimilation das Oel, wie früher die Stärke, aus der Versuchspflanze schwinden.

Die Methode beruht auf der abwechselnden Verdunkelung und Belichtung ölhaltiger Pflanzen. Das Ergebniss constatirte Gaswechselconstanz und keine merkliche Abnahme von Oel bei Lichtabschluss und höherer Samentemperatur. (Versuchspflanze Strelitzia regina.) Das Oel kann demnach nicht als ein directes Assimilationsproduct betrachtet werden.

Glycose.

Der Versuch führte zu der bedeutenden Entdeckung eines in den Chlorophyllzellen lebhaft assimilirender Blätter verbreiteten, Kupferoxyd reducirenden Kohlehydrats, das Holle als das Assimilationsproduct ansieht, und welches demnach im Stoffwechselprozess eine ähnliche Rolle spielen dürfte, als das Asparagin. Wie nach den Untersuchungen Pfeffer's[17]) und Ritthausen's[18]) das Asparagin unter Aufnahme von Sauerstoff und Abgabe von Kohlenstoff im Keimact aus den Eiweisskörpern entsteht und später wieder in Eiweiss zurückgeführt wird, ist auch die Glycose als ein ähnlicher Wanderungszustand des Oels zu betrachten.

---

12) Agronomie 1868, Bd. 4, p. 267, Annales de chim. et de phys. 1868, IV, Bd. 13, p. 282; Fresenius Zeitschr. f. analyt. Chemie 1864, Bd. 3, p. 347.

13) Arbeiten des botan. Instituts zu Würzburg 1871, Bd. 1, p. 36.

14) Desgl. 1873, Heft 3, p. 343.

15) Flora 1877, p. 187.

16) Flora 1877, p. 216.

17) Jahrbb. f. w. Botanik VIII, p. 530.

18) Die Eiweisskörper p. 220.

Ein gleiches Resultat erhielt Godlewski[19]) in Versuchen mit Musa sapientum, nur dass er hier bei günstigen Assimilationsbedingungen, wenn auch in geringen Mengen, so doch thatsächlich Stärke auftreten sah. Die Versuche wurden in 6—8 pCt. Kohlensäure enthaltenden und in gewöhnlicher Luft nach Entstärkung der Chlorophyllkörner ausgeführt. Im ersten Falle trat die Stärke schon nach 3—4 Stunden auf. Es ist hier nach der Holle'schen Vorstellung alsdann ohne Zweifel anzunehmen, dass zuvor Glycose entstanden sein muss. (Vgl. Athmungsversuche p. 48.)

Borodin beantwortete die Frage, ob Oel als ein directes Assimilationsproduct zu betrachten sei, in einem Versuch mit Waucheria sensilis in bejahendem Sinne:

Methode: In Wasser cultivirte Fadenstücke wurden mit Tageslicht, mit der Famintzin'schen Lampe (siehe S. 57) abwechselnd befeuchtet oder verdunkelt oder mit gelbem und blauem Licht durch eine Lösung von doppeltchromsaurem Kali resp. Kupferoxydammoniak beleuchtet.

Das Ergebniss: im vollen Tageslicht im Lampen- wie blauen Licht häufte sich analog der Stärke in stärkeführenden Pflanzen das Oel; im Dunkel wie gelben Licht löste sich das Oel auf. Hier also wird von Borodin das Oel als directes Assimilationsproduct aufgefasst, wiewohl nicht direct nachgewiesen werden konnte, dass dasselbe dem Chlorophyllkorn entstammt. Doch vermuthet Borodin aus der Beobachtung, dass dort wo in ölarmen Fäden kein Chlorophyll vorhanden, auch das Oel fehlte, den local genetischen Zusammenhang zwischen Chlorophyll und Oel.

Theorie „Pringsheim".

Nach einer neuen Methode beleuchtete Pringsheim die Frage gleichfalls, mit einer gewissen Modifikation im bejahenden Sinn[20]). Er stützt sich ebenfalls auf die Thatsache des so häufigen Fehlens der Stärke und das Auftreten des Oels im Chlorophyllkorn und geht von der Ansicht aus, dass alle die Bildungsprodukte der Chlorophyllkörner, als Stärke, Zucker, Fett, Oel, die Farbstoffbläschen Produkte der Assimilation sind, wobei er den von ihm entdeckten ölartigen Körper, das Hypochlorin, das er neben dem den Farbstoff gelösthaltenden Constitutionsöl als nie fehlenden Bestandtheil des Chlorophyll nachwies, für das erste Assimilationsprodukt hält. Das Hypochlorin selbst ist in dem Constitutionsöl des Chlorophyllkorns ebenfalls gelöst. Einwirkung von Salzsäure, Erhitzen in Wasser, längeres Liegen in Chlorcalciumlösung scheiden das Hypochlorin in Form von Tropfen aus, die alsdann in der Peripherie des Chlorophyllkorns hängen. Nach mehr oder weniger langer Zeit entsteht aus ihnen das Hypochlorin als solches (vom Constitutionsöl befreit) in Form von eigenthümlichen, he-

---

19) Flora 1877, p. 216.

20) Untersuchungen über Luftwirkung u. Chlorophyllfunktion in den Pflanzen. Jahrbb. f. w. Botanik, XII. Bd. 3. Heft.

terogen gestalteten rostfarbenen Körpern krystallinischer Natur, die, was Pringsheim in genetischer Beziehung für beweisend hält, sich bei Spirogyra in den Bildungsstätten der circumskripten Amylumheerde vornehmlich localisiren.

Die Methode. Das Licht wird in seiner ganzen Konzentration auf die Versuchspflanze derart geworfen, dass gleichzeitig eine mikroskopische Prüfung erfolgen kann. Die Lichteinwirkung wird im photochemischen Mikroskop selbst beobachtet. Man ist durch diese Methode in den Stand gesetzt, die photochemischen Wirkungen des Lichts auf einzelne Zellen zu localisiren und auf deren lichtempfindlichen Inhalt zu prüfen und zwar mit dem Vortheil, dass dadurch auch Farbenlicht, wie ein solches bei den bisherigen Farbenglockenversuchen nur sehr wenig konzentrirt gewesen[21]) und nach Pringsheim nicht exakte Erscheinungen hervorrief, in konzentrirtem Maasse zur Verwendung kommen kann.

Im Nachstehenden gebe ich die Erläuterung des von Pringsheim benutzten photochemischen Mikroskops nach Thiersch's Zusammenstellung[22]).

Der möglichst plane Mikroskopspiegel *s* empfängt das Sonnenlicht von einem Heliostaten, dessen Spiegel, möglichst planparallel, erheblich grösser sein muss, als der der gewöhnlichen Heliostaten, damit der Spiegel *s* des photochemischen Mikroskops in jeder Sonnenhöhe völlig beleuchtet ist. Eine Länge von 235 mm und eine Breite von 165 mm erwies sich als ausreichend, genügt wenigstens vollkommen. Die Säule *b* trägt einen festen Tisch *c*, an welchem unten mittels eines Schraubenganges das zur Erzeugung des Sonnenbildes dienende Linsensystem angebracht ist. Bei den bisher gebauten Instrumenten besteht dies System aus einem Doublett zweier planconvexer Linsen, die in gemeinsamer Fassung *l* 28 mm von einander abstehen. Die untere hat eine Oeffnung von 66 und eine Brennweite von 93 mm, die obere eine Oeffnung von 48,4 und eine Brennweite von 35 mm. In dieser Zusammenstellnng entwerfen sie, vollkommne Spiegelung vorausgesetzt, ein rundes Sonnenbild, das einen Durchmesser von 0,35 mm besitzt, und obwohl die Linsen nicht völlig achromatisch sind, durch chromatische Aberration am Rande nicht störend gefärbt ist. Unterhalb des Doubletts lässt sich mittels einer Schraube eine Scheibe anbringen, die entweder zwei federnde Klammern oder besser eine Doppelgabel *k* trägt, welche dazu dient, sowohl die farbigen Lösungen oder Gläser zur Erzeugung einfarbiger Sonnenbilder als die Absorptionsmittel der dunklen Wärmestrahlen aufzunehmen. Sollte es angezeigt sein, etwa

---

[21]) Mit Ausnahme der Famintzin'schen bereits erwähnten Versuche.

[22]) Das photochemische Mikroskop von Dr. Thiersch in Berlin. Zeitschrift. f. Instrumentenkunde.

die Wärmeabsorptionskästen zu verdoppeln oder verschiedene Absorptionsmittel zugleich anzuwenden, so lassen sich weitere Kästen leicht mittels Gummiringen unter den Gabeln befestigen, da die Höhe des Tisches *c* über dem Spiegel *s* Raum genug für 4—5 Absorptionskästen bietet. Die Anbringung derselben über den Linsen auf dem Tischchen *c*, gegen die

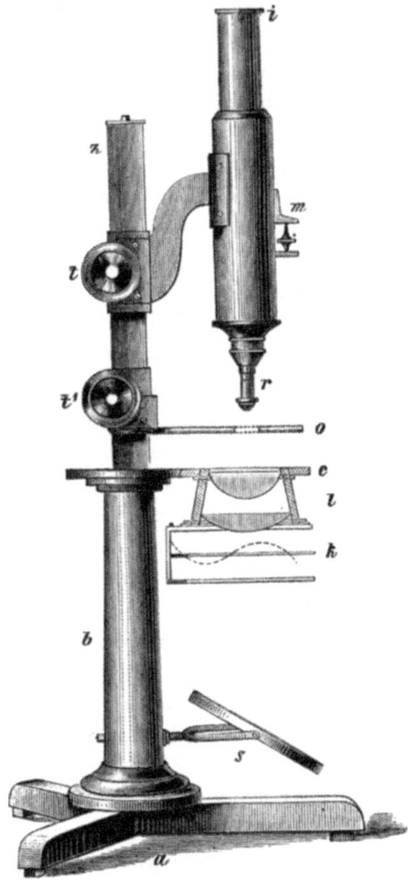

Fig. 1.

sonst nichts einzuwenden wäre, empfiehlt sich nicht, da, während sich die Erwärmung unterhalb der Linsen gleichmässig über die ganze Flüssigkeit verbreitet, oberhalb derselben ein sehr heisser Lichtkegel einen kleinen Theil der Absorptionsflüssigkeit stark erhitzt, was namentlich bei Absorptionsflüssigkeiten, wie Jod in Schwefelkohlenstoff leicht zu Explosionen führen kann. Freilich ist es in diesem Falle nothwendig, statt der Anfangs von Pringsheim fast ausschliesslich angewendeten Desaga'schen Fläschchen[23]) für die Aufnahme der Absorptionsflüssigkeiten Glaskästen zu wählen, deren lichte Weite grösser als die Oeffnung des Doubletts ist. Man verwendet dazu füglich runde, gut abgeschliffene 10 mm hohe Glasringe, welche an beiden Seiten durch ebene Glasplatten, die von starken Gummiringen zusammengehalten werden, verschlossen sind. In diesen Absorptionskästen halten sich, vorausgesetzt, dass das Abschliessen sorgfältig geschieht, alle wässrigen Lösungen monatelang ohne erheblich zu verdunsten, besonders da eine am Rande schnell sich bildende Schicht von kleinen Krystallen für weiteren Verschluss sorgt. Schwefelkohlenstofflösungen freilich müssen stets erneuert werden, da selbst bei festestem Verschluss doch sehr erhebliche Verdunstung stattfindet. Einen oder mehrere Versuche halten aber auch diese ohne Störung aus. Als Absorptionsflüssigkeiten erwiesen sich nach vielen Versuchen als geeignet: zur Absorption von rothgelb eine Lösung von Kupferoxydammoniak, die in folgender Weise bereitet war. Eine bei ca. 35° gesättigte Kupfersulfatlösung wurde so lange mit zehnprozentigem Ammoniak versetzt, bis noch etwas von dem anfangs ausgeschiedenen Kupferoxydhydrat ungelöst blieb, und dann entsprechend verdünnt. Zur Absorption des blauen und rothen Endes des Spektrums dienten Lösungen von Kupferchlorid, die je nach der Intensität der Farbe und der Grösse der Absorption[24]) durch Verdünnen einer gesättigten Lösung des Salzes gewonnen wurden; zur Absorption des Grün-violett eine Lösung von Kaliumbichromat und des Orange-violett eine Lösung von Jod in Schwefelkohlenstoff oder Jod in Jodkalium. Lösungen von organischen Farbstoffen sowie Anilinfarben erwiesen sich, wenigstens soweit die bis jetzt damit angestellten Versuche reichen, als nicht geeignet; sie besitzen wenigstens keine Vorzüge vor den obigen Lösungen. Doch können farbige Glasplatten, wenn man darauf sieht, dass sie möglichst gleichmässig im Glase sind, ebenfalls benutzt werden. Sämmtliche Absorptionsmittel sind selbstverständlich vorher im Spektralapparat auf ihren Absorptionswerth zu untersuchen. Zur Absorption der dunklen Wärmestrahlen kann man Wasser oder konzentrirte Alaunlösungen verwenden.

---

[23]) Dieselben haben auch noch den Uebelstand, dass ihre Wände nie parallel sind und deshalb niemals reine und scharfe Bilder geben. Abgesehen davon, dass sie überhaupt nicht in einer Grösse angefertigt werden, die es erlaubt, sie unter der Linse anzubringen, (die grössten, welche Greiner und Friedrichs in Stützerbach, Thüringen, anfertigen, sind 27 qmm gross und 8,5 bis 9 mm hoch), so erfordern sie auch noch stets einen Glasring von entsprechender Höhe, in den man sie legen muss, damit der Objectträger oder die Gaskammer nicht unmittelbar auf sie zu liegen kommt.

[24]) Vgl. Pringsheim l. c. tab. XVI, Fig. 1.

Ueber dem unteren festen Tische, der die Absorptionskästen und das Doublett trägt, liegt ein mittels des Triebes t_1 beweglicher Objekttisch o, der, in der Mitte durchbohrt, zum Auflegen der Objektträger oder der Gaskammern (oder auch der Desagafläschchen) dient. Vermittels dieses Triebes ist es leicht möglich, das Präparat in die Ebene des von dem Doublett entworfenen Sonnenbildes zu bringen oder es beliebig in dasselbe zu tauchen. Der Trieb t_1, wie auch t, der zur Bewegung des Mikroskoptubus dient, läuft an einer dreieckigen Zahnstange z. Der letztere, t, ermöglicht die grobe Einstellung des Sonnenbildes, nachdem das Präparat auf dem Tische o mittels t_1 in die Ebene des Sonnenbildes gebracht ist, während die Mikrometerschraube m aussen am Tubus die feine Einstellung bewirkt. Besser ist die auch an dem für das botanische Institut der Universität Berlin gebauten Instrumente bereits angebrachte Einrichtung, die feine Einstellung mittels einer Tubusschraube zu bewirken, wie sie ähnlich bei den Immersionslinsen zur Anpassung an die Deckglasdicke angewendet wird. Um das Sonnenbild scharf einstellen zu können, ist es erforderlich, dass man dasselbe völlig übersieht, und können daher nur schwache Vergrösserungen zur Anwendung kommen. Das Gesichtsfeld muss etwa 1 mm im Durchmesser haben. Um das Auge gegen das intensive Licht zu schützen, werden in einer ocularartigen Fassung eine beliebige Anzahl Rauchgläser auf das Ocular i gesetzt.

Durch Verschieben und Wegnehmen eines Schirmes zwischen dem Spiegel s und dem Heliostaten ist es möglich, die Versuche jeden Augenblick zu unterbrechen und wieder aufzunehmen.

Um Versuche in verschiedenen Gasen vornehmen zu können, hat Pringsheim sich, ebenfalls von Schmidt und Hänsch, Gaskammern bauen lassen, die wesentlich von den bisher gebräuchlichen abweichen und grosse

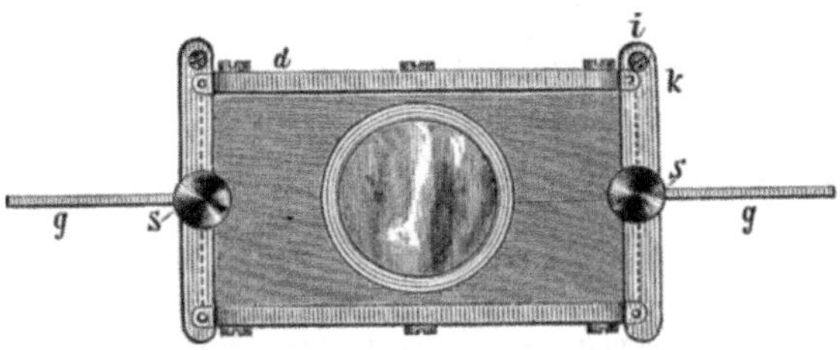

Fig. 2.

Festigkeit und Dauerhaftigkeit mit leichter und bequemer Handhabung vereinigen. Während die gläsernen Gaskammern überaus beweglich und nur schwer fest an einem Punkte liegend zu halten sind, auch sonst manche Unbequemlichkeit bieten, bleiben die Pringsheimschen Kammern — und das ist oft zu den Versuchen unbedingt nothwendig — fest und liegen sicher, da sie aus Metall hergestellt sind. Ihre Form zeigt Fig. 2, ihren Querdurchschnitt Fig. 3.

Der Boden derselben ist aus starkem Glase hergestellt, Seite und Deckel *d* aus Metall. Der letztere, der in der Mitte eine kreisrunde Oeffnung besitzt, an die von unten her ein Deckglas angekittet wird (Fig. 3), dient zur Aufnahme des hängenden Tropfens, in den das Präparat gelegt wird, und kann mittelst der bei *i* drehbaren Arme *k* und der daran befestigten Schrauben *s* fest angedrückt werden. Wenn man die Fugen gut mit einem Gemisch von Wachs und Vaseline verschmiert und die Schrauben scharf anzieht, so schliesst die Kammer völlig luftlicht und verträgt selbst einen erheblichen Gasdruck. Durch die Röhren *g* wird das Gas zu- bezw. abgeleitet. Da der Boden der Kammer bei den Versuchen leicht beschlägt und alsdann die Fortsetzung des Versuchs unmöglich wird, so bedeckt man ihn mit einer dünnen Schicht Wasser. Ein Deckglas darf man, so sehr das Sonnenbild auch dadurch verbessert wird, auf das Präparat in hängenden Tropfen nicht legen, da, wie Versuche gezeigt haben, die Luft aus dem Wassertropfen sonst nicht völlig diffundirt[25]) und das Präparat demnach nicht der Einwirkung der reinen Gase, son-

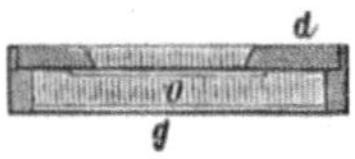

Fig. 3.

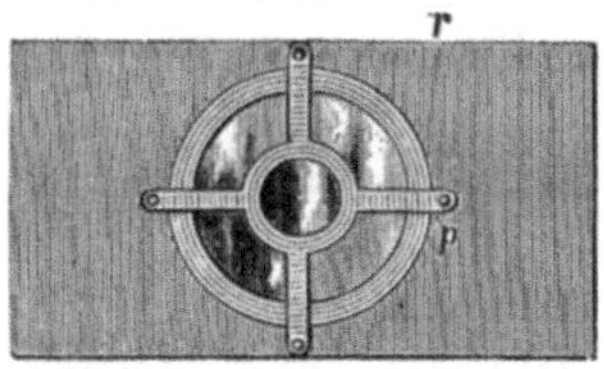

Fig. 4.

dern von Gemischen derselben mit Luft ausgesetzt ist. Da die Temperatur im Versuchstropfen besonders in weissem Licht eine höhere werden kann, als sie die Pflanze ohne Schaden verträgt, so kann man denselben dadurch abkühlen, dass man die Kammer mit Eis füllt und statt des Deckels *o* (Fig. 2) den Deckel *r* (Fig. 4) auflegt und auch diesen mit Eis bedeckt. Im letzteren Falle wird durch das Platinkreuz *p* eine schnelle Wärmeleitung vom Versuchstropfen nach dem Eise erreicht. So ist es möglich, wenn auch das zuzuleitende Gas stark abgekühlt wird, reine Belichtungswirkungen zu erzielen.

E r g e b n i s s e: Legt man Zellen einer Spirogyra in das Sonnenbild, so zersetzt sich der Chlorophyllfarbstoff; im Zellinhalte, in den Protoplasmasträngen, Cytoblasten treten eingreifende Störungen ein, bis Lichtstarre und

[25]) Die Entfärbung des Chlorophylls im intensiven Licht ist als das feinste Reagens auf Spuren von Sauerstoff zu betrachten. Dieselbe trat in allen den Fällen ein, wo ein Deckglas aufgelegt wurde.

endlich Lichttod erfolgt. Diese Zerstörungserscheinungen hängen von der Farbe des Lichtes und der Affinität des Sauerstoffs zum Zellinhalte ab. In weissen, grünen und blauen Sonnenbildern treten sie in wenigen Minuten ein, in rothen dagegen können sie ausbleiben, wobei die Temperatur binnen wenigen Minuten auf 40° steigt, was den Einwand, dass man es hier lediglich mit Wärmewirkungen zu thun hätte, wirksam widerlegt. Ferner wird gerade das unwirksame rothe Licht vom Chlorophyllfarbstoff am stärksten absorbirt. Da die Zellinhaltsveränderungen bei Ausschluss von Sauerstoff gar nicht eintreten, so hat man es mit einer oxydirenden Wirkung des Lichts zu thun, die im Roth eine Verminderung, im Blau eine Steigerung erfährt. Die weiteren Thatsachen, dass die photochemische Wirkung im reinen Gemenge von Kohlensäure und Wasserstoff ausbleibt, dass der einmal zerstörte Chlorophyllfarbstoff sich nicht mehr regenerirt, dass ferner in den vom Lichte getroffenen Zellen jede Spur von Hypochlorin fehlt, dass Stärke, Fett und die Gerbstoffbläschen unzerstörbar sind, aber auch keine Bildung und Vermehrung der genannten Stoffe stattfindet, dass endlich das Hypochlorin neben dem Chlorophyllfarbstoff selbst am lichtempfindlichsten ist, — aus allen diesen Thatsachen schliesst Pringsheim, dass das Hypochlorin das erste sichtbare Assimilationsprodukt sei, und, was allerdings die bisherige Theorie der Chlorophyllfunktion bis auf die Grundfeste zu erschüttern geeignet ist —, dass der Chlorophyllfarbstoff durch seine Absorption der sogenannten chemischen Strahlen ein beständiger Regulator zwischen Licht, Athmung und Assimilation, nicht allein ein Reduktionsapparat, sondern ein Sauerstoffcondensator ist und dadurch eine schützende Decke des lichtempfindlichen Zellinhaltes darstellt.

Pfeffer weist in seinem Lehrbuch der Pflanzenphysiologie die Pringsheim'schen Chlorophyllfunktionstheorie zurück, weil dieselbe im Gegensatz zur Gasconstanz steht. Aber Pringsheim macht darauf aufmerksam, dass eine Constanz nur dann beweisend wäre, wenn der Assimilationsprozess im Licht ohne den gleichzeitig wirksamen Athmungsprozess thätig wäre, dass die Athmung, weil der aufgenommene Sauerstoff wieder Kohlensäure bildet, nicht unberücksichtigt bleiben darf, denn die Volumina der beiden Gase decken sich nicht, und es wird bei der Athmung grüner Theile in Luft mehr Sauerstoff aufgenommen, als Kohlensäure ausgegeben. Wenn also das Gasvolumen gleich bleibt, schliesst Pringsheim consequent, so muss das Assimilationsprodukt ein sauerstoffärmerer Körper sein, als es die Kohlehydrate sind, und zwar um so viel ärmer, als der bei der Athmung gleichzeitig gebundene Sauerstoff beträgt.

Pfeffer geht in seiner Pflanzenphysiologie (pag. 209) von dem Gedanken aus, dass dort, wo Stärke fehlt, ein lösliches Kohlehydrat sich finden muss, weil, wie er geistreich argumentirt, nur eine Ausscheidung von festen Kohlehydraten dort eintreten dürfte, wo sich eine Cumulation von löslichen Kohlehydraten, und um den Assimilationsprozess nicht aufzuhalten, eine Auskrystallisirung von festem Kohlehydrat (Stärke) stattfindet. Nach ihm ist das Hypochlorin eben so gut wie das feste Oel ein Constitutionselement des Chlorophyllapparats, und die Pringsheim'schen Luftwirkungen wären nichts anderes, als pathologische, durch die starke Konzentration des Lichtes bedingte Erscheinungen, die dem Assimilationsprozess gerade zuwiderlaufen.

Wir sehen, dass sich die Meinungen in diesem wichtigsten Kapitel der Physiologie neueren Datums gespalten haben, dass aber dadurch noch reichliches Material der Forschung vorliegt und gerade bei jenen nachweislich stärkefreien und ölführenden Pflanzen ist immer noch Gelegenheit, die Assimilationsvorgänge zu prüfen, wobei eine Combination der zweifelsohne ingeniösen Pringsheim'schen und früheren Methode viele methodische Vortheile geben wird. Sicherlich wird aber, wie dies ja Pfeffer beim Studium der Eiweisskörper und deren Beziehungen zum Stoffwechsel und jetzt Pringsheim gezeigt, der Zielpunkt auf die mikroskopische Beobachtung der mikrochemischen Prozesse zu richten sein.

Durchleuchtu der Pflanze theile.

Bevor ich auf die weiteren Untersuchungen, und zwar der Beziehungen des Lichtes zur Assimilation zu sprechen komme, ist es nothwendig, die grundlegende Sachs'sche Untersuchung über die Durchleuchtung der Pflanzentheile zu erwähnen[26]).

Methode: Die Pflanzentheile werden in dem sogenannten Sachs'schen Diaphanoskop[27]) geprüft, einem einfachen Apparat, in welchem zwei cylindrische Röhren so übereinander gestülpt sind, dass ein in dem Zwischenraume derselben angebrachtes Gewebestück durch die kleinen Oeffnungen der beiden Röhren gegen die Sonne gehalten, auf seine Durchleuchtbarkeit geprüft werden kann. Verschiedene Lagen von Blättern zeigten alsdann das durchgegangene Licht in verschieden intensiver Färbung.

Ergebniss: Sachs fand, dass die Tiefe des Eindringens des Strahls von seiner Brechbarkeit und dem anatomischen Bau, der chemischen Natur des Gewebes abhängt, wobei die Intercellularräume, die Färbung der Säfte, körnige Niederschläge, Wasserreichthum und Jugend der Zellen die massgebenden Factoren sind. In Betreff der farbigen Strahlen fand der Forscher, dass die Lichtstrahlen desto näher an der Oberfläche eines Pflanzentheils absorbirt werden, je brechbarer sie sind, so dass die Strahlen des rechten Spektrums weniger tief eindringen als die des linken (sog. chemische Strahlen). Um das durch verschieden dicke Gewebeschichten hindurchscheinende Licht zu analysiren, construirte Sachs nach gleichem Prinzip das analysirende Diaphanoskop, nur dass das durchge-

---

26) Sachs, Handbuch d. Experimentalphysiologie p. 4.

27) Daselbst p. 6 Fig. 1.

gangene Licht in ein Spektrum aufgelöst wurde[28]). Mit diesem Apparat zeigte Sachs, dass bei chlorophyllarmen oder chlorophyllfreien Geweben die ultra-violetten Strahlen schon von dünnen Schichten geschwächt und vernichtet werden, die violetten tiefer, die blauen noch tiefer eindringen, bis zuletzt meist Grün und Roth verschwindet; ferner zeigte es sich, dass verschieden dicke Lagen chlorophyllhaltiger frischer Blätter mit gleichdicken Schichten von alkoholischen Chlorophylllösungen gleiche Spektra ergaben. Mit zunehmender Dicke des Pflanzentheils wurden die Farbenreihen kürzer und die übrigbleibenden Farben lichtschwächer.

Einen gleichen Untersuchungsweg nach spektral-analytischer Methode geht Vierordt[29]).

Licht und Assimilation.

Versuche über die Wirkung des Lichts auf die Assimilation von Wolkoff[30]) und van Tieghem[31]) ergaben, dass Beleuchtung und Sauerstoffabgabe in annähernd proportionalem Verhältniss stehen. Der letztere führte die Methode des Gasblasenzählens ein, die auch Pfeffer[32]) bei der Prüfung der farbigen Strahlen auf die Zersetzung der Kohlensäure anwandte. Wenn auch die Methode nur bei geringeren Lichtwirkungen zuverlässig ist, so scheinen mir doch die von Pfeffer[33]) gebrauchten Apparate für den Zweck immerhin zu genügen. In dem einen Apparat[34]) werden die Gasbläschen mittelst eines umgekehrten Trichters in die Trichterröhre geleitet und durch Oeffnen des Trichterhahns aufgefangen und gasometrisch geprüft. Bei dem andern Apparat wird eine nach unten durch Quecksilber abgesperrte graduirte Röhre, an deren oberer Erweiterung der zu prüfende Pflanzentheil befestigt ist, mit einem bestimmten Volumen Kohlensäure gefüllt und der Wirkung beliebiger Strahlen ausgesetzt. Die Farbenwirkung wird mittelst der mehrfach erwähnten Lösungen hergestellt. Es ist durchaus nothwendig, auf dem Quecksilber eine kleine Wasserschicht schwimmen zu lassen, um die schädigende Wirkung des Quecksilberdampfes abzusperren.

Die Ergebnisse bestätigen die ältern und Sachs'schen Resultate, zeigen, dass die Sauerstoffproduktion nach folgender Farbenreihe abnimmt: Roth + Orange, Grün, Blau + Indigo + Violett.

In Betreff der durch die unvollkommene Absorption der zurückhaltenden Strahlen und durch die gleichzeitige Athmung bedingten Fehler in

---

28) Sachs, Handbuch der Experimentalphysiologie p. 7, Fig. 2 u. 3.

29) Die Anwendung des Spektralapparats zur Photometrie.

30) Jahrbb. für wissensch. Botanik 66—77, p. 5, 1.

31) Compt. rendus 1869, p. 69, 482.

32) Pfeffer, Pflanzenphysiologie p. 187.

33) Daselbst p. 188 Fig. 26.

34) Fig. 27.

den Assimilationswerthen verweise ich auf die diesbezüglichen Bemerkungen in Pfeffers „Pflanzenphysiologie“. Aeusserst instruktiv sind die daselbst auf dem Absorptionsspektrum einer alkoholischen Chlorophylllösung construirten Assimilations-, Helligkeits-, Wärme- und chemischen Wirkungs-Curven; sie zeigen, dass der Assimilationswerth eines Spektrumtheils nicht von der demselben entsprechenden Wärmewirkung abhängig ist.

Kohlenstoffquellen.

Die Kohlensäure ist bisher als die einzig mögliche Kohlenstoffquelle betrachtet worden. Kohlenoxyd, Kohlenwasserstoff haben sich nach den ältern Arbeiten von Saussure[35]), Boussingault[36]) hierfür als untauglich erwiesen.

Die Kohlensäure wird entweder durch die Blätter aus der umgebenden Atmosphäre entnommen oder die Wurzeln sind befähigt, dieselbe aus dem Boden aufzunehmen. Letzteres nahmen Liebig[37]) und Unger[38]) wenigstens theilweise an. Boussingault[39]) dagegen behauptet, dass der sämmtliche Kohlenstoff der Pflanzen der Atmosphäre entstammt. Wenn es gelingt, Pflanzen vom Samen an in kohlensäurefreier Luft zu erzeugen, so hat doch nach Boussingault's Versuchen[40]) das keimende Korn eine fruchtbare, kohlensäurehaltige Atmosphäre erzeugt, in welcher die Blätter mit Hülfe des Lichtes Chlorophyll organisiren und später Stärke und Zucker bilden.

Bayer[41]), durch die Aehnlichkeit, welche der Blutfarbstoff und das Chlorophyll mit einander besitzen, verleitet, sprach die Vermuthung aus, dass das Chlorophyll gleich dem Hämoglobin Kohlenoxyd zur Assimilation verwenden könne, und zwar nach dem Vorgang: „Wenn das Sonnenlicht Chlorophyll trifft, welches mit Kohlensäure umgeben ist, so scheint die Kohlensäure dieselbe Dissociation wie in hoher Temperatur zu erleiden, es entweicht Sauerstoff und das Kohlenoxyd bleibt mit dem Chlorophyll verbunden. Die einfachste Reduktion ist die zu Aldehyd der Ameisensäure, es braucht nur Wasserstoff aufzunehmen und dieses Aldehyd kann sich unter dem Einfluss des Zellinhaltes ebenso wie durch Alkalien in Zucker umwandeln“.

Stutzer[42]) ist dieser Frage experimentell näher getreten, indem er Keimpflanzen von Brassica und Trifolium in Nährstofflösungen stehend,

---

35) Rech. chim. 1864, p. 208.

36) Agronomie 1868, p. 4, 300.

37) Die Chemie in ihrer Anwendung auf Agriculturchemie und Physiologie 1865, I, p. 33 u. 40.

38) Anatomie und Physiologie d. Pflanzen 1855, p. 337.

39) Economie rurale T. 1, p. 68.

40) Comptes rendus T. LXXXII, 1876, I, p. 788.

41) Berichte der chem. Gesellsch. III, 1870, p. 66.

42) Ebendaselbst IX, 1876, p. 1570.

1) in eine Atmosphäre von Kohlenoxyd, welches er 2 mal im Tag erneuerte, ferner 2) in eine atmosphärische von Kohlensäure befreite, 3—4 Theile Kohlenoxyd enthaltende Luft und endlich 3) in eine Mischung von Kohlenoxyd und Wasserstoff brachte.

Während in den beiden ersten Fällen ein positives Resultat nicht erzielt wurde, starben im dritten Fall die Pflanzen immer in 10 bis 11 Tagen ab, wonach der Verfasser vermuthet, dass die Assimilation nicht in der Weise des obigen Forschers stattfindet, sondern dass die Kohlensäure in der beleuchteten chlorophyllhaltigen Zelle direkt zu Kohlenhydraten umgewandelt wird.

Corewinder[43]) machte Versuche an einem von seinem Stamm nicht abgetrennten Zweig eines jungen Feigenbaumes, welcher kaum geöffnete Blätter und Knospen trug. Er führte ihn in einen tubulirten Ballon ein, aus welchem durch einen Exspirator die Kohlensäure entfernt wurde. Es zeigte sich, dass die Blätter im Ballon sich veränderten und klein blieben, die ausserhalb desselben sich dagegen normal entwickelten. Die atmosphärische Luft ist daher, wie schon Saussure in fast gleicher Weise zeigte, der Lieferant der Assimilationskohlensäure. Bei weiteren gleichen Versuchen mit einem Kastanienbaum zeigte sich jedoch das Gegentheil, woraus der Verfasser schliesst, dass die Kohlensäure in den Stengeln zur Assimilation verwendet wurde. Ein solcher Schluss ist auf Grund dieses Versuches wohl nicht gestattet, weil die Kohlensäure dem plastischen Material, den Assimilationsprodukten: Stärke, Zucker der wachsenden Blätter zweifelsohne entstammt.

Eine Leitung von Kohlensäure in den Geweben selbst nach den sehr naheliegenden Gewebstheilen findet zu Folge den Versuchen von J. W. Moll[44]) überhaupt nicht statt, weshalb die den Pflanzenwurzeln dargebotene Kohlensäure für den Assimilationsprozess von direkt eingreifender Bedeutung nicht sein kann. Die Methode beruht auf der bereits mehrfach erwähnten Entstärkung von Blättern oberirdischer Pflanzentheile, die in kohlensäurefreier Atmosphäre in eine Glasglocke gebracht wurden. Die Wurzeln befanden sich in humusreicher Gartenerde. Zunächst wurde 1) ein Blatt geprüft (die übrigen Pflanzentheile blieben ausserhalb in freier Luft), 2) das obere Ende eines Blattes, während das untere in 5% Kohlensäure enthaltende Luft gebracht wurde (das Stück zwischen den beiden befand sich in freier Luft) und 3) wurde blos die Spitze des Blattes in kohlensäurefreie Luft gebracht, während Basis und Blattstiel unmittelbar sich in einer Luft von 5% Kohlensäure befanden.

Wo ein kohlensäurefreier Raum das Blatt umspielte, war eine Assimilation, eine Stärkebildung, unterblieben. Für den Nachweis der Stärke

[43]) Comptes rendus T. LXXXII, 1876, I, p. 1159.

[44]) Landw. Jahrb. Bd. VI, 1877, p. 317.

im Chlorophyll wurde nach der Böhm'schen bereits erwähnten Methode verfahren. (Vergl. p. 60.)

Organische Säuren.

Den organischen Säuren ist von Liebig im Assimilationsprozess eine bedeutende Rolle imputirt worden. Aus der Entdeckung, dass aus Zucker durch Oxydation mit Salpetersäure Weinsäure dargestellt werden kann, schloss der grosse Reformator, dass die organischen Säuren bei der Kohlenstoffassimilation zunächst entstehende Produkte wären. Ebenso nahm Rochleder[45]) an, dass Ameisen- und Oxalsäure die Ausgangspunkte für die höher zusammengesetzten Verbindungen wären, dass Kohlehydrate aus Oxalsäure entstehen können. Diesen Anschaunngen widersetzte sich Ad. Mayer[46]), indem er nachzuweisen sucht, dass die organischen Säuren nicht Ausgangspunkte des unter Einwirkung des Lichtes stattfindenden Reduktionsvorganges sein können. Gleicher Ansicht ist Stutzer[47]). Neubauer[48]) wies nach, dass die sauren Salze durch Zuführung von Mineralbestandtheilen neutralisirt werden, die freien Säuren daher im Reifungsprozess abnehmen (Früchte), also nicht zur Zuckerbildung verwendet werden.

Ueber die Verwendbarkeit organischer Säuren als Kohlenstoffquellen im Assimilationsprozess erhielten Grischow[49]), Ad. Mayer[50]) negative Resultate. Um so auffallender ist der Versuch Stutzers[51]) mit positivem Resultat. Es soll hier vornehmlich wegen der interessanten Methode auf den Versuch näher eingegangen werden. Stutzer sucht zunächst experimentell nachzuweisen, dass chlorophyllhaltige Pflanzen den Kohlenstoff der Oxalsäure und Weinsäure unter Abgabe von Sauerstoff assimiliren können.

Methode: Keimpflanzen werden in kohlensäurefreier Atmosphäre in künstlichen Nährmedien, einem Gemisch von Quarzsand oder zerkleinerten Bimssteinstücken und frisch gefälltem oxalsauren Kalk, beziehungsweise salpetersaurem Kalk gezogen.

Ergebniss: Es wurde eine weitere Entwicklung der Keimpflanzen, Zunahme der Trockensubstanz und Exhalation von Sauerstoff constatirt.

Die Versuche wurden desgleichen mit ausgewachsenen Pflanzen gemacht, indem sie der Erde entnommen und in künstliche Nährmedien versetzt wurden. Die Pflanzen entwickelten sich alsdann bis zum Blüthenansatz. Versuche mit Lösungen freier Säuren oder sauren Salzen schlugen fehl.

Nach gleicher Methode ausgeführte Versuche ergaben, dass im Oxal-

---

45) Phytochemie.

46) Vers.-Stat. 1878, p. 21, 338.

47) Vers.-Stat. p. 21.

48) Vers.-Stat. 1869, p. 435.

49) Untersuchungen über die Athmung 1819, p. 66.

50) Vers.-Stat. 1878, p. 21, 338.

51) Vers.-Stat. p. 21.

säurenährgemisch bei kohlensäurefreierhaltener Luft (einmal wurde im Vegetationsraum des Apparates die Kohlensäure durch eine Schale mit konzentrirter Natronlauge konstant entfernt, das andere Mal beibehalten) keine, im Weinsäuregemisch dagegen eine Assimilation wohl stattfand, woraus Stutzer, Liebig entgegen, schloss, dass die Oxalsäure kein Uebergangsglied der Kohlensäure zum Kohlenhydrat sein kann und nur dann assimilationsthätig wird, wenn sie vorher zu Kohlensäure oxydirt wurde; die Carboxylgruppen der Oxalsäure und Weinsäure können indirekt durch vorhergehende Oxydation, die alkoholischen Gruppen der Weinsäure direkt zur Stoffbildung in den chlorophyllhaltigen beleuchteten Pflanzen verwendet werden. Ein weiteres Moment sucht Stutzer durch Züchtung chlorophyllfreier Pflanzen (Pilze) in Oxal- und Ameisensäure; Penicillium entwickelte sich in Oxalsäure nicht, weil letztere keine Kohlenstoffquelle, wohl aber in Weinsäure und Glycerin.

Die Carboxylgruppe (Oxalsäure, Ameisensäure) ist unfähig, der Pflanzenzelle als Kohlenstoffnahrung zu dienen; von den carboxylirten Kohlenwasserstoffen sind gleich unfähig die höheren Glieder: Buttersäure, Valeriansäure, fähig dagegen die Essigsäure, Bernsteinsäure; von den hydroxylirten Kohlenwasserstoffen sind ausser zuckerhaltigen Stoffen: Glycerin, Aethylalkohol wohl, Amylalkohol dagegen nicht geeignet. Carboxylirte und hydroxylirte Kohlenwasserstoffe: Milch-, Apfel-, Citronen-, Wein-, Glycerinsäuren sind ausgezeichnete direkte Nährstoffe. Gegen diese Versuche sind von Schmöger[52]) die schwer wiegenden Einwendungen gemacht worden, dass die Trockengewichtszunahme und weitere Entwicklung der Pflanzen von der Kohlenstoffassimilation der gewöhnlichen Kohlensäurequellen herrührt, indem durch Zersetzung der organischen Säuren in den künstlichen Nährmedien Kohlensäure frei wurde und als Assimilationsquelle fungirte[53]).

In inniger Beziehung zu dieser Arbeit stehen die Versuche A. Mayers, der auf experimentellen Umwegen zu ähnlichen Resultaten gelangt. Die lebhaft discutirte Frage nämlich nach der Herkunft der freien Säuren, welche schon Saussure in einem Cactus fand, und so deutete, dass hier die Kohlensäure Nachts aufgespeichert und erst mit dem Einwirken genügender Lichtquellen zum Ausgangspunkt der Assimilation werde, erhielt eine erhöhte Bedeutung durch Ad. Mayer[54]), der konstatirte, dass eine grössere

---

52) Berichte der chemischen Gesellschaft p. 12, 373.

53) Schmöger stellte direkte Versuche an, die bewiesen, dass sowohl der weinsaure als oxalsaure Kalk unter Hülfe von Bakterien leicht zersetzt wird und sich Kohlensäure entwickelt, die von der aufgestellten Kalilauge nicht rasch genug absorbirt wird.

54) Vers.-Stat. 21, 1878, 338.

Anzahl von Crassulaceen die Fähigkeit besitzt, bei intensivem Sonnenlicht Sauerstoff auszuscheiden, und zwar so beträchtlich, dass die genannte Pflanzengattung bei Insolation bis über ihr eigenes Volumen Sauerstoff zur Entwickelung bringen kann. Der genannte Forscher bringt zunächst zum Beweis, dass die Sauerstoffausscheidung weder von einer verborgenen Quelle locker gebundener Kohlensäure noch von freiem Sauerstoff in den Pflanzen herrühren kann.

Methode: Die Kohlensäure wurde aus Dunkelblättern entweder mittelst der Bunsen'schen Pumpe extrahirt oder mit starken Mineralsäuren behandelt, das ausgetretene Gas in einer Liebig'schen Kaliröhre oder in Kalkwasser absorbirt. Der Sauerstoff wurde aus zerschnittenen Blättern mittelst einer zum Volumeter hergerichteten Bunsen'schen Wasserluftpumpe oder mit einer sogenannten Sprengel'schen Quecksilberpumpe ausgepumpt.

Ergebniss: Es hat sich gezeigt, dass keine Kohlensäure vorhanden gewesen. Dies ist um so bemerkenswerther, als z. B. 289 Bryophyllumblätter, die in der Sonne 40 ccm Sauerstoff abgegeben haben würden, die Anwesenheit von nahezu 80 mg Kohlensäure voraussetzen lassen musste. Ebenso zeigte sich in Betreff des Sauerstoffs keine Manometerdepression. Der letztere entstammt also weder einer verborgenen Kohlensäurequelle, noch ist er in den Dunkelblättern selbst enthalten. War es doch vorauszusehen, dass die Pflanzen nicht befähigt sind, solche Gasmengen zu absorbiren und festzuhalten.

Weitere einfache Versuche zeigen, dass der Grad der Sauerstoff ausscheidung abhängig ist von den in den insolirten Blättern enthaltenen freien Säuren. Die saure Reaction nimmt mit dem Grad der Insolation zu, der Gehalt an freien Säuren steigt mit dem Alter des Blattes.

Die Methode beruht lediglich auf der Herstellung des Ausschlusses der Kohlensäure und der Insolation. Die Säuren des alkoholischen Extrakts von gleichen Gewichten verdunkelter und insolirter Blätter wurden titrirt (Titerlösung = Zehntelnormal - Alkalilösung). Während im ersten Fall einige Tropfen zur Neutralisation genügten, waren im letztern Fall 6—7,5 ccm der Zuckerlösung erforderlich. Aus dem ziemlich allgemeinen Vorkommen der Aepfelsäure lässt sich der Schluss nicht ziehen, dass gerade der reiche Gehalt an dieser in den Blättern der Crassulaceen die Sauerstoffausscheidung ohne Hinzutritt der Kohlensäure bedingt. Ad. Mayer weist nach, dass die im besonnten Blatte enthaltene Säure ein Kalksalz liefert, theils neutral, theils sauer, und dass, weil beide Salze (wie die freie Säure in der Siedehitze) nicht krystallisiren und letzteres die Polarisationsebene rechts dreht (während die gewöhnlichen Säuren an deren Salzen auskrystallisiren und links drehend sind), die Crassulaceen-, Bryophyllum-Säure nicht die gewöhnliche, sondern eine Isomere der Apfelsäure darstellt, in Folge dessen gerade die Crassulaceen zu der Sauerstoffausscheidung ohne Kohlensäurezutritt befähigt sind. Diese Isoäpfelsäure schwindet nun durch die Insolation. In Betreff des daraus resultirenden Produktes spricht sich der Forscher dahin aus, dass einmal der Umstand, dass das in verdünnter Schwefelsäure Unlösliche in den insolirten Blättern grösser ist, als in den Dunkelblättern, eine Celluloseerzeugung also auf Kosten der isomeren Aepfelsäure statthaben konnte, und ferner die Thatsache, dass die rohen Kalksalze der insolirten Blätter mit einer in Alkohol unlöslichen organischen Substanz verunreinigt sind, die Wegweiser zur Suche nach dem Kohlehydrat geben. Daraus folgert A. Mayer die Reduktion der Aepfelsäure in Kohlensäure und Milchsäure, lässt aber die Spaltung der Milchsäure und endliche Kohlehydratbildung ununtersucht.

Es ist somit nach dem Forscher die Aepfelsäure kein Produkt der Athmung, sondern das einer Spaltung, denn es wurde auch gezeigt, dass die Säureabnahme auch im sauerstofffreien Raum stattfand, die Luft in demselben an Volumen zunimmt. Der Sauerstoff wurde bei diesem Versuch durch Phosphor, oder (weil die Pflanzen wegen der Ozonisirung Schaden leiden) besser durch Pyrusgallussäure absorbirt[55].

Interessant ist die mit der Mayerschen Entdeckung der Entsäuerung der Pflanzen im Sonnenlichte übereinstimmende Entdeckung von J. Wiesner[56], dass vergeilte Pflanzen bei weitem mehr freie Säuren enthalten, als Licht-Keimpflanzen. Nach Wiesner besteht die Zerstörung des Chlorophylls in einem Eindringen der Säuren in das Pigment. Das Bedenken, dass allerdings dann die Existenz des Chlorophylls unmöglich wird, ward dadurch behoben, dass nur todtes Plasma für Pigmente permeabel ist. Die protoplasmatische Grundsubstanz ist auf diese Weise ein schützendes Mittel gegen die tödtliche Wirkung der Säuren. Erst wenn die Zelle abstirbt, im Herbst, durch Frost oder Siedehitze, tritt die an der sofort eintretenden Missfärbung des Chlorophylls erkennbare Tödtung des Chlorophylls ein. Mit dieser gewiss geistreichen Anschauung verbindet Wiesner alsdann die eigenthümliche Auffassung des Assimilationsprozesses, nach welcher der Chlorophyllfarbstoff selbst der Kohlensäure den Sauerstoff entreisst.

Die Bedeutung der organischen Säuren wird von Hugo de Vries nach einer andern Seite hin verlegt. In einer Reihe interessanter Versuche zeigt der Forscher, dass die Säuren sowohl im freien Zustande oder als neutrale Salze die osmotische Kraft der lebenden Zellen (Turgorkraft)

---

[55]) Hier möge aber erwähnt werden, dass nach Böhm (auf dessen Arbeit wir bei den Athmungsversuchen bereits zu sprechen kamen) bei Mangel an Sauerstoff in Folge der durch die intramolekulare Athmung abgespaltenen Kohlensäure und des aus ihr entstehenden Sauerstoffs ebenfalls an Volumen zunimmt.

[56]) Untersuchungen über die Beziehung des Lichtes zum Chlorophyllfarbstoff. Sitzungsber. d. Wiener Academie 69, Abth. 1.

bedingen. Durch das lebende Protoplasma wird die chemische Spannkraft der Nährstoffe und des Sauerstoffs in die mechanische Spannkraft der Säuren umgesetzt. Es bedarf blos des Zutritts von Wasser, dass letztere in lebendige Kraft übergehen kann[57]).

Von Sachsse[58]), über dessen exakte Arbeiten wir bereits an anderen Stellen berichtet haben, wird der Chlorophyllfarbstoff selbst als das erste Assimilationsprodukt angesehen.

Protoplasma der Sitz der Assimilation.

In den genannten Versuchen sind es im Grunde genommen nur die Zellinhalte: Kohlehydrate, Oel, die mit dem Assimilationsprozess in genetische Verbindung gebracht wurden.

Eine Anzahl Forscher nahmen wohl auf Grund der vorhandenen Studien und Versuche über die Eiweisszersetzungen meist in spekulirender Art das mit Beziehung zum Assimilationsprozess vernachlässigte Protoplasma des Zellinhaltes in's Augenmerk und suchten den Sitz der Assimilation in dieses zu verlegen.

Die Spekulationen basiren auf der bereits in den Athmungs- und Keimungsversuchen näher erörterten Theorie, dass das Leben der Pflanze aus einer Kette von Eiweissspaltungen im Innern der Zelle hervorgeht, wobei die aus diesen resultirenden stickstofffreien Produkte verathmet werden, die stickstoffhaltigen Zersetzungsprodukte, die Säureamide und Amidosäuren (Asparagin, Glutamin, Tyrosin u. s. w.) entweder im Zellinhalt deponirt oder durch wiederholten Zutritt stickstofffreier Molekülgruppen wiederum zu Eiweiss regenerirt werden (Schulze, Pfeffer, Borodin etc. Vergleiche p. 26 und Athmungsversuche). Ob diese Zersetzung nach der Fermenttheorie durch die Contaktwirkung entstehender Fermente (Hoppe-Seyler) oder lediglich durch eine Peptonisirung des Eiweiss stattfindet (Schulze), oder einen Dissociationsprozess darstellt, in welchem sich gewisse Atomgruppen aus den Eiweissmolekülen abspalten (Pflüger), oder ob endlich die Lebenseinheiten aus dem Protoplasma derart dissociirt werden, dass stickstoffhaltige und stickstofffreie Zersetzungsprodukte entstehen (Detmer), überall bildet das Protoplasma die Grundlage zu den, wenn auch verschiedenen, so doch auf tiefem physiologischen Verständniss basirenden Anschauungen.

Eine Einigung scheint darin erzielt zu sein, dass durch die Assimilation ein eminent oxydirbarer Körper entstehen müsse.

Wir sahen schon in den Pringsheim'schen Assimilationsversuchen das Bestreben, der Stärke die Rolle des ersten Assimilationsproduktes abzunehmen und dieselbe seinem allerdings nicht näher chemisch charakterisirten Hypochlorin zu ertheilen.

---

[57]) Botanische Zeitung 1879, p. 847.

[58]) Chemie und Physiologie der Farbstoffe u. Kohlehydrate 1877, p. 61.

O. Löw und Th. Pokorny[59]) gehen in diesem Sinne bei ihren Untersuchungen von der Vorstellung aus, dass im Albumin eine Anzahl von Aldehydgruppen vorhanden ist, durch deren Spannkraft, d. i. leichte Beweglichkeit und Verschiebung, Tod und Leben der Pflanzen bedingt ist; und es ist ihnen in der That gelungen, mittelst einer alkalischen Silberlösung (1% Silbernitrat + eine Mischung von 13 ccm Kalilauge von 1,333 spec. Gewicht und 10 ccm Ammoniak von 0,964 spec. Gewicht auf 100 ccm gebracht; von beiden Flüssigkeiten mischt man 1 ccm mit einander und verdünnt diese 2 ccm auf 1 l; das Reagens enthält dann auf 100,000 Theile Wasser nur 1 Theil Silbernitrat) einen chemischen Unterschied zwischen lebendem und todtem Protoplasma nachzuweisen.

Das Vorhandensein dieser die Silberlösung reduzirenden Aldehydgruppen und ihr Fehlen bedingt das Leben resp. den Tod des Plasma. Algen, Zellen, höhere Pflanzen wurden durch Aetherdunst, Säuren und Alkalien, Kupfervitriol und organische Gifte getödtet und verloren alsdann das Vermögen, das Silber zu reduziren, das sich in der lebenden Zelle mit tiefer Schwärzung des Protoplasma namentlich in den Hauptherden seiner Thätigkeit niederschlägt. Kretzschmar konnte in seinen Versuchen allerdings keinen Unterschied zwischen lebendem und todtem Plasma in Beziehung auf die Wirkung der Silberlösung finden. Nach ihm schwärzten sich auch durch Austrocknen, Aether, Carbolsäure und Schwefelsäure getödtete Pflanzen[60]).

Reinke[61]) zweifelt nicht an der Existenz eines chemischen Unterschieds zwischen todtem und lebendem Protoplasma und vermuthet in den von den genannten Forschern beobachteten flüchtigen Substanzen Abkömmlinge des Formaldehyds.

Diesem Körper schreibt sowohl Bayer[62]) wie Reinke[63]) in dem Assimilationsprozess eine bedeutende Rolle zu. Nach ersterem wird die Kohlensäure derart zerlegt, dass zunächst Formaldehyd entsteht, das wiederum durch Polymerisirung Kohlehydrate bildet. Ebenso hält Reinke das Formaldehyd für das nächste Assimilationsprodukt. Er hält daran fest, dass das atmosphärische Anhydrid der Kohlensäure in dem chlorophyllhaltigen Protoplasma zur Bildung von Kohlehydraten verwendet wird, geht aber von der Voraussetzung aus, dass das Anhydrid erst ein Wassermolekül binden

---

59) Archiv für die gesammte Physiologie v. Pflüger, 25. Bd. p. 150—164. Vgl. ferner Berichte der deutschen Gesellschaft, 15. Jahrg. No. 5, p. 695—698.

60) Botan. Zeitung, 40. Jahrg. 1882, No. 40, p. 675—683.

61) Berichte der deutschen chem. Gesellsch. 15. Jahrg. No. 2, p. 107—109.

62) Vgl. Anm. 41.

63) Botan. Zeitung, 40. Jahrg. 1882, No. 18, p. 289—297 und No. 19, p. 305 bis 314.

muss, — eine Verbindung, die nicht isolirt werden kann, weil sie bei jedem Versuch sich in das Anhydrid und Wasser spaltet —, bevor es dann Molekül für Molekül in der Pflanze reduzirt wird. Wenn sich nun in derselben Stärke bilden soll, so ist die vorhergehende Entstehung eines löslichen Kohlehydrats, z. B. Glycose, nothwendig. Die Bildung dieses Körpers als nächstes Produkt ist nach Reinke aus chemischen Constitutionsgründen nicht möglich. Es kann die Kohlensäure (CO_3H_2) auf dreifache Weise reduzirt werden:

1. Durch Ausscheidung eines Atoms Sauerstoff, durch Bildung der Ameisensäure (CO_2H_2), welche neben Entwicklung von Wasserstoffsuperoxyd von Erlenmeier[64]) in der That als erste Assimilationsthätigkeit angesehen wird. Die Bildung der Ameisensäure ist aber nicht anzunehmen, weil zum Entstehen der Glycose eine weitere Reduktion nöthig wäre und weil sie ferner in Widerspruch zur Gaswechselconstanz steht (vgl. p. 60). Die Ameisensäure ist nach Reinke eher ein Produkt des regressiven wie progressiven Stoffwechsels.

2. Durch Ausscheidung von 2 Atomen Sauerstoff, durch Bildung von Formaldehyd, welches bereits die prozentische Zusammensetzung der Glycose besitzt und äusserst polymerisationsfähig ist.

3. Durch Abspaltung von 3 Atomen, Bildung eines Kohlenwasserstoffs des Methylen. Die von Holle[65]) nachgewiesene Gaswechselconstanz in Beziehung zur Entstehung der Glycose ist für Reinke ein bestimmender Grund für die Annahme des Formaldehyds als ersten Assimilationsprodukts und Materials für alle weiteren Synthesen in der Pflanze. Eine weitere wesentliche Stütze erhält diese Annahme durch den bereits erwähnten Nachweis des Vorkommens flüchtiger reduzirender Substanzen, wie durch die Reinke'sche Entdeckung[66]) leicht oxydirbarer, wahrscheinlich der aromatischen Reihe angehörender Substanzen (Chromogene) in den Kartoffeln und Rüben.

Durch die eingehenderen Studien der Zusammensetzung des Protoplasma ist dieses für die Frage der Stoffmetamorphose in den Vordergrund gestellt worden. Dass dasselbe kein einfaches „Eiweissklümpchen" ist, haben die bedeutsamen Untersuchungen Schulze's, Ritthausen's und anderer bereits erwiesen, dass aber in demselben ein wahrhaft erstaunliches Conglomerat von Stoffen als Bestandtheile figuriren, haben erst die Untersuchungen von Reinke und Rodewald[67]) dargethan. Nach diesen Forschern finden sich in dem Plasma von Aethallium septicum (Lohblüthe) neben

---

[64]) Berichte der chem. Gesellsch. 1877, X, p. 634.

[65]) Vgl. p. 61.

[66]) Zeitschrift f. physiol. Chemie 6. Bd. 3. Heft, 233—279.

[67]) Studien über das Protoplasma I

Wasser und dem als Plastin bezeichneten unlöslichen fibrinenartigen Eiweisskörper folgende Stoffe als Bestandtheile:

Vitellin	Palmitinsäure
Myosin	Buttersäure
Pepton	Kohlensäure
Peptonoid	Fettsaure Glyconide
Pepsin	Fettsaure Paracholasteride
Nuclein (?)	Calciumstearat
Lecithin	Calciumpalmitat
Guanin	Calciumoleat
Sarkin	Calciumlacetat
Xanthin	Calciumoxalat
Ammoniumcarbonat	Calciumacetat
Paracholesterin	Calciumformat
Cholesterin (Spuren)	Calciumphosphat
Aethalliumharz	Calciumcarbonat
Gelber Farbstoff	Calciumsulphat (Spur)
Glykosen	Magnesiumphosphat (?)
Zucker (nicht reduzirend)	Kaliumphosphat
Oleinsäure	Natriumchlorid
Stearinsäure	Eisen (Verbindung unbekannt).

Die Eiweissstoffe machen zusammen kaum 30% Trockensubstanz des Protoplasma aus.

4. Verdunstungsversuche.

Der Satz des alten Philosophen: corpora non agunt nisi soluta, drückt in der That die Grundbedingung für jeden vegetabilischen Organismus aus, ist ein Gesetz für jede Lebensthätigkeit. Das Welken einer Pflanze, das nichts anderes ist, als eine Folge der durch Wassermangel herbeigeführten Störung der normalen Funktionen, ist ein Anzeichen des Todes. Und dieser tritt in der That ein, wenn der durch die geschwächte Turgeszenz zum sinnlichen Ausdruck gelangte krankhafte Zustand der Pflanze durch Zuführung von diesem besten aller Stoffe (Ἀριστόν μεν ὕδως) nicht gebessert wird.

Der Ernährungsvorgang in der Pflanze spielt sich in zwei Prozessen ab:

1. durch die Wasseraufnahme,
2. durch die Wasserabgabe.

Ein Prozess ist durch den andern bedingt.

Wasseraufnahme.

Dass das Wasser durch die Wurzeln der Pflanzen aufgenommen wird, bedarf keines Nachweises. Die Wurzeln sind ja die Hauptorgane der Ernährung und somit auch der Wasserversorgung. Dass ferner letztere — ein durch den Wurzeldruck und die Wasserleitung in den Axenorganen der Pflanze bedingter Vorgang — durch einen entgegengesetzten Prozess, die Wasser-Verdunstung, in den oberirdischen Organen regulirt wird, soll im Laufe der Versuchsschilderungen gleichsam von selbst zum Bewusstsein gelangen.

Die Frage, die hier sofort in den Vordergrund tritt, ist die, ob auch die Blätter befähigt sind, die Wasser-Aufnahme zu reguliren. **Aufnahme d die Blätte**

Schon Mariotte[1]) (im 17. Jahrhundert) beobachtete, dass abgewelkte

[1]) Essays de Physique Bd. I, p. 133.

Blätter oder Zweige, wenn sie, mit Ausnahme der Schnittflächen, in Wasser getaucht werden, ihre ursprüngliche Straffheit (Turgeszenz) annehmen. Die Wasseraufnahme konnte nur durch die Blätter stattfinden.

Die gleiche einfache Methode des Eintauchens abgewelkter Pflanzentheile wurde noch bis in die jüngste Zeit von Böhm[2]), Lanessan[3]), Tschaplowitz[4]), Detmer[5]), Boussingault[6]), die alle nach gewissen Zeiten das Wiedereintreten voller Turgeszenz beobachteten, gebraucht.

Böhm bemerkte, dass durch Eintauchen in Wasser turgeszent gewordene Blätter an der Luft wieder schnell abwelkten.

Wird von einem durch ein Stengelstück verbundenen Blattpaar das eine Blatt in Wasser getaucht, so kann das andere in der Luft wochenlang frisch bleiben, wenn man das Versuchsobjekt unter eine Glasglocke bei Tageslicht zeitweise in kohlensäurehaltige Luft bringt.

Letzteres bestätigen die Versuche von E. Mer[7]). Die Wasseraufnahme wird aber bei Blättern mit dicker Cuticula erschwert. Eine Aufnahme findet gar nicht statt, wenn die Pflanze stark verdunstet oder die Blätter mit sehr wasserreichen Geweben in Verbindung stehen.

Lanessan bestimmte die Gewichtsvermehrung, die welke Zweige und Blätter von Lysimachia, Sedum u. a. unter Wasser erlitten.

Detmer bringt die Gewichtsveränderungen vor und nach den Versuch in folgende tabellarische Zusammenstellung s. S. 83[8]):

Es ist von vornherein klar, dass bei derartigen Versuchen, ein sorgfältiges Abtrocknen der Blätter vor ihrer nochmaligen Wägung unbedingt nothwendig ist.

Um zu erfahren, ob Regenwasser, Thau oder Nebel von den Blättern absorbirt werden könne, stellte Duchartre[9]) Versuche nach folgender Methode an:

Der mit Frde angefüllte Topf, in welchem die Pflanzen vegetirten, wurde in einen Glascylinder gebracht, der nach unten so verschlossen

---

[2]) Tageblatt der Versammlung deutscher Naturforscher und Aerzte in Hamburg 1876, p. 114, siehe Jahrbb. f. Agr.-Chem 1875/76, p. 246.

[3]) Nach der Botan. Zeitung XXXIII, 1875, p. 783.

[4]) Nach Jahrb. f. Agr.-Chem. 1878, p. 293.

[5]) Nach Jahrb. f. Agr.-Chem. 1877, p. 256 und Forsch. auf dem Gebiete der Agr.-Physik Bd. I, p. 166.

[6]) Ann. de Chim. et de Phys. Série 5 T. XIII, 1878, p. 289.

[7]) Bulletin de la société botanique de France. T. XXV, 1878, No. 2 nach Jahrb. f. Agr.-Chem. 1879, p. 223.

[8]) Ich führe in den Tabellen Resultate verschiedenzeitig ausgeführter Abeiten an (siehe Citate), wobei ich des Raumes halber ohne Auswahl einige Pflanzentheile weglasse.

[9]) Comptes rendus T. 46, p. 205.

Blätter von	Ursprüngliches Gewicht der Blätter g	Nach Abschluss des Versuches g	Differenz g	Dauer des Versuchs	Temperatur des Wassers
Lilium candidum	1,296	1,295	— 0,001	22 Stunden	—
Syringa vulgaris	0,450	0,450	—	22 „	—
„ „	0,4785	0,478	— 0,0005	22 „	—
„ „	0,489	0,506	+ 0,017	3 „	—
„ „	0,538	0,572	+ 0,034	3 „	—
„ „	0,4375	0,482	+ 0,0445	2½ „	—
„ „	1,050	1,163	+ 0,113	16 „	—
„ „	0,858	0,879	+ 0,021	4 „	—
Iuglans regia	1,255	1,430	+ 0,175	4 „	—
Cucurbita Melo Peppo . .	2,817	2,899	+ 0,082	4 „	21,0
Helianthus tuberosus . .	1,975	2,123	+ 0,148	3 „	20,0
Hordeum vulgare	0,595	0,710	+ 0,115	24 „	22,0
Oryra sativa	0,185	0,189	+ 0,004	10 „	22,0
Coffea arabica	0,939	0,981	0,042	24 „	17,0

wurde, dass das Wasser der Erde nicht verdunsten und auch von Aussen her nichts eintreten konnte. Der ganze Apparat wurde gewogen, und nachdem er den genannten Wasserformen mehr oder weniger lange ausgesetzt war, wieder gewogen.

Ergebniss: Duchartre, der mit Fuchsia, Veronica, Mercurialis operirte, erhielt durch die Wägungen das Resultat, dass weder Regen, noch Thau und Nebel von den Blättern direkt aufgenommen werden könne.

Diese negativen Resultate stehen allerdings vereinzelt. Ob sie hier von der freilich nicht richtigen Annahme herrühren, dass die Gewichtsdifferenzen nur durch die Wasseraufnahme bedingt werden, ist nicht recht constatirbar. Es ist aber bei Benutzung von Erde möglich, dass die Pflanze ein Bedürfniss nach Wasser gar nicht gehabt hat. Darüber macht Duchartre keine Angaben.

Nach einer anderen, zuverlässigeren Methode experimentirte Cailletet[10]).

Methode: Derselbe führte einen beblätterten Zweig, ohne ihn von der Mutterpflanze abzutrennen, durch eine Oeffnung eines doppelt tubulirten Gefässes in letzteres ein und verschloss die Oeffnung mittelst eines Kautschukpfropfens (durch dessen Oeffnung der Zweig in das Gefäss hineinragte) und Kitt luftdicht nach Aussen. Durch einen Tubulus wurde das Gefäss mit Wasser gefüllt, während ein in der zweiten Oeffnung eingefügtes communicirendes dünnes Glasrohr als Manometer diente, das nun durch Sinken und Steigen jede Volumveränderung des Wassers anzeigte. Hier also wurde in sinnreicher Weise vom Wiegen Abstand genommen.

Ergebniss: Cailletet fand dann auch an den Versuchspflanzen Eupa-

[10]) Ebend. 1871, p. 681.

torium ageratoïdes L., Bignogna grandiflora und Fuchsia, dass Pflanzen, die ihren nöthigen Wasserbedarf durch die Wurzeln beziehen, Wasser durch die Blätter nicht aufnehmen. Die Aufnahme beginnt jedoch, sobald die Blätter in Folge der Austrocknung des Bodens welk werden.

In ähnlicher Weise experimentirte Garreau[11]), der wohl auch eine bedeutendere Wasseraufnahme constatirt hätte, wenn er nicht so turgeszente Blätter verwendet hätte.

Aufnahme von Wassergas durch die Blätter.

Die Frage, ob die Blätter das Wasser in Gasform aufzunehmen im Stande sind, hat Unger[12]) verneinend beantwortet. Detmer bestätigte die Versuche. Die Methode derartiger Versuche ergiebt sich von selbst.

Die Beobachtungen Duchartre's[13]) und Unger's[14]), dass epiphytische Orchideen resp. Spironema fragrans und Epidendron elongatum frei im feuchten Gewächshaus hängend, an Gewicht abnehmen, bestätigen die Thatsache.

Nur wenn die Pflanzentheile vollkommen ausgetrocknet sind, kondensiren sie den Wasserdampf[15]).

Aufnahme von Salzlösungen durch die Blätter.

Wenn die Blätter tropfbar-flüssiges Wasser aufzunehmen im Stande sind, ist die Frage nahe liegend und für die Wasseraufnahme selbst nicht ohne Interesse, ob dieselben auch Salzlösungen aufnehmen können.

Boussingault[16]) fand, dass Lösungen von schwefelsaurem Kalk (0,002%) und schwefelsaurem Kali (0,003%) sowohl von der Blattunter- wie Blattoberseite theilweise oder vollständig absorbirt werden.

Lösungen von Chlornatrium und salpetersaurem Ammoniak (0,003), wurden nur Anfangs aufgenommen; später sind die Lösungen, weil das Wasser rascher in die Blätter eindrang als die Salze, zu konzentrirt und darum nicht mehr aufgenommen worden.

Nach Böhm[17]) entwickelten sich Keimpflanzen der Feuerbohne, die wiederholt mit ihren Stengeln und Blättern in Lösungen oder Emulsionen von Kalksalzen getaucht wurden, besser als solche, die nur in destillirtem Wasser cultivirt wurden.

Die Ursache dieser Erscheinung liegt in der Anreizung der Keimpflanzen, ihren gesammten Reservestoffvorrath aufzuzehren. (Vgl. Culturversuche p. 135.)

---

[11]) Annales de science natur. 1849, Ser. III, Bd. 13, p. 329.

[12]) Vgl. Sitzungsber. d. Wiener Acad. 1864, Bd. 25, p. 179.

[13]) Vergl. Pfeffer, Pflanzenphysiol. p. 68, daselbst auch die Citate.

[14]) Desgl.

[15]) Desgl.

[16]) Desgl.

[17]) Vgl. Culturversuche p. 135 Note 61.

Wasserabgabe.

Mariotte[18]), Hales[19]), Guettard[20]), Bonnet[21]), De Candolle, Sennebier, Saint Martin[22]), Schleiden[23]) und andere ältere Forscher constatirten, dass die Pflanzen mehr oder weniger Wasser abgeben, und dass die Verschiedenheit in der Menge des abgegebenen Wassers durch gewisse Ursachen, die in den Pflanzen selbst liegen, dann aber auch durch die das Wachsthum der Pflanzen beeinflussenden äusseren Ursachen, bedingt ist. Diese Ursachen und Beeinflussungen werden hier der Reihe nach zur Erörterung gelangen.

Zunächst die Methoden. **Methoden.**

Es wird bei allen Methoden, die natürlich in allen folgenden Versuchen in der verschiedensten Combination zur Anwendung gelangen, darauf ankommen, die Menge des verdunsteten Wassers zu bestimmen. Dies kann auf verschiedene Weise geschehen:

1. durch direktes Auffangen und Aufsammeln des abgegebenen Wassers (Mariotte, Guettard);
2. durch Vergleich der Gewichtsdifferenzen der Pflanzen oder Pflanzentheile vor und nach der Wasserabgabe;
3. durch Messung der verbrauchten Wassermenge, aus welcher alsdann das in Dampfform abgezogene Wasser ermittelt werden muss (Hales und Andere).

Die ersten beiden Methoden bieten gar keine experimentellen Schwierigkeiten und können zuverlässige Resultate geben. Bei zeitlich kurzer Exposition der Pflanzen ist die Gewichtsabnahme durch Produktion organischer Substanz zu gering, als dass sie von Belang wäre.

Gegen die Anwendung der dritten Methode sprechen allerdings folgende Bedenken:

Die transpirirte Wassermenge ist nicht immer genau im gleichen Verhältniss zu der Menge des durch die Wurzeln aufgenommenen Wassers[24]):

1. Weil die Erscheinung des Welkens darin besteht, dass die Geschwindigkeit der Wasserzufuhr nicht gleich ist der der Wasserabgabe, wird auch die Verdunstungsgrösse nach der Methode zu klein ausfallen;

---

18) Essays de Physique Bd. I, p. 133.

19) Vegetable Statics. London 1827, p. 4—76.

20) Mémoire de l'Academie royale des sciences 1748 p. 569 u. 1749 p. 265.

21) Recherches sur l'usage des fuelles ec. 1754.

22) Physiol veget. Vol. 1, p. 108.

23) Grundzüge der wissensch. Botanik Bd. I, p. 287 u. VI, p. 487.

24) Ebendaselbst p. 135.

2. in Folge der gesteigerten Wurzelthätigkeit ist die Wasseranhäufung in der Pflanze nicht immer eine gleiche;
3. ein Theil des Wassers wird zur Assimilation, Neubildung organischer Substanzen verwendet.

In den beiden letzten Fällen wird die Transpirationsgrösse zu hoch ausfallen.

Wenn Eder[25]) in seinen schönen Verdunstungsversuchen mit ganzen Pflanzen und Pflanzentheilen die drittgenannte Methode verwendete, so liegt die Ursache in den Wägungsschwierigkeiten grösserer Zweige und ganzer Pflanzen und weil, wie wir später durch Baranetzky erfahren werden, in Folge von Erschütterungen bedeutende Verdunstungsdifferenzen eintreten.

Eder kittete in 20 cm lange, in Viertelmillimeter graduirte Glasröhren gesunde beblätterte Zweige oder nur Blätter ein. Die Röhre wurde mit Wasser gefüllt und auf Quecksilber gestellt. Die verdunstete Wassermenge konnte alsdann durch das Aufsteigen des Quecksilbers im Rohr abgelesen werden. Gleichzeitig stellte der Experimentator einen Registrirapparat her, indem er das offene Ende der Röhre durch ein Kautschukrohr mit einer Bürette verband, die mit Wasser gefüllt war, und in welcher sich ein Schwimmer befand. Letzterer trug an einem feinen Glasstab eine Feder, welche auf den Registrirapparat das Sinken des Wasserstandes, also die Wasseraufnahme aufzeichnete. Damit die Zweige frisch erhalten werden, wurde durch den Druck einer 200 mm hohen Quecksilbersäule Wasser durch die Schnittfläche eingepresst.

In ähnlicher Weise, mit einem ähnlichen Registrirapparat, arbeitete Vesque[26]).

Die beigefügte Zeichnung (Fig. 1) stellt einen einfachen ebenfalls auf derselben Methode basirenden Apparat dar, den Krutizky[27]) für Messungen der Transpirationsgrösse aus der verbrauchten Wassermenge empfiehlt. Die Figur macht das Princip fast von selbst verständlich. Sowohl die u-förmige, einerseits mit dem Zweig oder der ganzen Pflanze, andererseits mit einem Siphon verkittete Röhre, wie auch das Gefäss mit dem als Schwimmer fungirenden graduirten Aräometer (*a*) und endlich der Schwimmer selbst ist auf gleichem Niveau mit Wasser gefüllt. Der Abschluss des Wassers im Gefäss und Schwimmer wird durch eine Oelschicht auf dem Wasserniveau bewerkstelligt[28]). Eine durch die Transpiration verursachte Wasserabgabe bringt den Schwimmer zum Steigen. Die Steigung kann alsdann abgelesen

---

[25]) Sitzungsber. d. Wien. Acad. Bd. LXXII, 1. Abth., Oktob.-Heft 1875.
[26]) Annales de sciences 1868, VI. Sér. Bd. 16, p. 186.
[27]) Botan. Zeitung 1878, p. 162. Daselbst auch die vorliegende Figur.
[28]) Ein Verfahren das schon Unger (l. c. p. 192) benutzte.

werden. Ausserdem ist eine hübsche automatische Registrireinrichtung dadurch getroffen, dass an den den Schwimmer umfassenden Kautschukring eine umgebogene und zugespitzte Nadel befestigt ist, die an der berussten Oberfläche einer rotirenden Trommel (dieselbe dreht sich in 24 Stunden einmal um ihre Axe) ein Curvenbild der Niveauveränderungen in dem Wasserstand der u-Röhre und Schwimmer einzeichnet. Man ist also mit diesem Apparat im Stande, die Transpirationsgrösse nach Zeiten zu bestimmen.

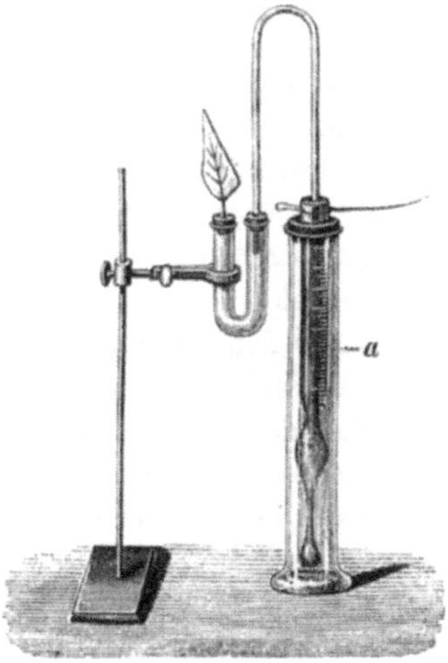

Fig. 1.
Nach Krutizky.

Fig. 2
Nach Pfeffer.

Es ist schon Eingangs erwähnt worden, dass bei Bestimmungen der Transpirationsgrösse indirekt durch Ablesung der verbrauchten Wassermenge die Richtigkeit des Schlusses durch die Annahme leidet, dass Wasserverbrauch und Wasseraufnahme gleich bleibt. Es haben daher Unger, Vesque und andere Experimentatoren neben der Feststellung der Wasserverbrauchsmengen noch die Verdunstungsgrösse direkt durch Wägung bestimmt.

Man wird in allen Versuchen trachten müssen, den Gleichgewichtszustand durch Herstellung einer vollkommenen Constanz in den äusseren Bedingungen zu erreichen und diesen zur sinnlichen Wahrnehmung zu bringen.

Um nun aus dem Gewichtsverlust die Menge des transpirirten Wassers zu bestimmen, gleichzeitig aber den Wasserverbrauch zu controliren und damit die Relation zwischen Aufnahme und Abgabe des Wassers sichtbar zu machen, hat Pfeffer einen Apparat konstruirt, in welchem beide Methoden (Fig. 2) combinirt sind.

„In die eine Oeffnung des mit Wasser angefüllten Gefässes ist die bewurzelte Pflanze mit Hülfe eines halbirten Kautschukpfropfens wasserdicht eingesetzt, der andere Tubulus trägt das kalibrirte Rohr. Während nun, natürlich mit Beachtung der Wärmeausdehnung, das durch die Pflanze aufgenommene Wasser sich aus den Ablesungen am Rohre ergiebt, zeigt eine genügend empfindliche Wage, auf welche der ganze Apparat zu stellen ist, den Transpirationsverlust an. Man kann leicht feststellen, dass letzterer bei Steigung der Verdampfung überwiegt, während nach einem darauf folgenden Ueberdecken mit einer Glocke die Wasseraufnahme ansehnlicher ist, als der Verlust durch Transpiration.“

Bestimmung der Verdunstungsoberfläche. Die erhaltenen Transpirations-Ablesungen oder -Gewichte müssen nun in allen Fällen auf die Oberflächen der transpirirenden Blätter in calculatorische Beziehung gebracht werden. Es erübrigt daher nur noch die Methoden der Ermittelung der Oberflächen der Blätter zu erwähnen. Diese Ermittelung kann auf folgende Weise geschehen: Man schneidet nach den Umrissen des Blattes die Blattfigur aus einem fein carirtem Papier und zählt die in ihrer Grösse bekannten Carreau's des Papierausschnitts und berechnet den Flächeninhalt sowohl der ganzen, wie calculatorisch die der theilweise durchschnittenen Carreau's. Die Ermittelung derselben kann aber auch mittelst eines feinen, entsprechend construirten Drahtnetzes oder carrirter Tafeln aus Glas oder steifen Cartons erfolgen. Eine andere Methode ist die, dass man die auf obige Weise erhaltenen Blattfiguren wiegt. Dazu gehört aber ein völlig homogenes Papier. Aber auch dann sind die Fehlergrenzen immer noch bedeutend.

Am besten dürfte wohl die Methode zu empfehlen sein, das Blatt auf photographisches (mit doppeltchromsaurem Kali getränktes) Papier aufzulegen und dem Licht zu exponiren. Der so erhaltene Abdruck wird genau ausgeschnitten und mittelst Paus- und Bleipapier auf ein genau quadrirtes Papier gezeichnet und berechnet. Die Genauigkeit steigt mit der Grösse und Einfachheit der Contur des Blattes, und ist darum, namentlich wenn ganze Pflanzen in Nährlösungen verwendet und die Transpirationsgrössen längere Zeit hindurch durch Wägungen mit Beziehung zum Wachsthum gemessen werden sollen, auf die Wahl von einfachen Pflanzen (z. B. Ricinus) Rücksicht zu nehmen. In solchen Fällen ist allerdings die Berechnung des Flächeninhaltes eine mühsame und zeitraubende Arbeit, aber exakter als die calculatorische, auf direkter Messung und Berechnung basirte Ermittlung der Oberflächen, wie sie von Risler und später von Haberlandt (siehe weiter) an Cerealienpflanzen vorgenommen wurde. Indessen ist dies nicht Schuld der Experimentatoren, sondern es bieten die Cerealienpflanzen für die Ermittlung ihrer Oberflächen solche Schwierigkeiten, dass eine andere Methode füglich unmöglich wird. Darum eben eignen sich überhaupt solche monocotyle Pflanzen nur wenig für exakte Verdunstungsversuche.

Schon Hales beobachtete, dass Helianthus annuus in 24 Stunden durchschnittlich 567 Grains Wasser verbrauche und Guetard, Saint-Martin haben genaue Transpirationszahlen angegeben. Verdunstungsgrösse.

Als die ausführlichsten Versuche über die Verdunstungsmengen sind die von Unger, Lawes, Risler, Haberlandt, Hellriegel, Eder zu nennen.

Unger stellte seine umfassenden Beobachtungen an Digitalis purpurea unter verschiedenen Verhältnissen (auf die zunächst hier nicht Rücksicht genommen werden soll) an.

Die Resultate sind in folgender Tabelle zusammengestellt:

Zeit der Beobachtung	Verlust durch Transpiration	Temperatur der Luft	Absolute Luftfeuchtigkeit %	Witterungsverhältnisse	Aussehen der Pflanze	Gewinn an Wasser durch Befeuchtung
7. Juni 1853	41,25	19,0 ° C.	77,4	Einzelne Sonnenstrahlen, Platzregen.		100
8. „ „	26,55	19,5 „	68,1	Gewitter, heiter, etwas Regen.		
9. „ „	43,25	20,2 „	67,2	Heiter, Sonne.		
10. „ „	31,11	18,0 „	78,5	Wenig Regen, heiter.		
11. „ „	22,14	17,2 „	73,3	Wolkenbruch, heiter.		
12. „ „	35,90	16,5 „	70,1	Heiter, Sonne, trübe.		
13. „ „	26,48	15,3 „	87,6	Trübe und Regen.		
14. „ „	34,20	19,4 „	71,6	Trübe, Sonnenschein.	Die unterste Coralle fängt an sich zu entwickeln, die unterste geöffnet.	
15. „ „	34,79	17,8 „	63,1	Sonnenschein.		
16. „ „	29,08	15,6 „	98,7	Trübe, Regen, trübe.		90
17. „ „	21,35	17,3 „	86,9	Regen, trübe, Sonne, Gewitterregen.		
18. „ „	19,60	18,7 „	81,9	Sonne, Gewitterregen, Regen.	Alle Blätter schlaff.	100
19. „ „	12,10	16,0 „	91,6	Regen, trübe, Gewitterregen, Regen.		
20. „ „	22,35	19,0 „	78,5	Trübe, Sonnenschein.	Alle Blätter wieder steif, die Pflanzen in vollster Blüthe.	
21. „ „	22,75	14,7 „	81,9	Heftiger Wind, trübe, Sonne, trübe.		

Lawes[29]) prüfte die Verdunstungsgrösse von 3 Weizen- und 3 Gerstenpflanzen, 1 Erbsen- und 1 Bohnenpflanze. Jede dieser Pflanzen verlor in ihrer ganzen Entwicklungszeit (172 Tage) 7—8 k, eine Kleepflanze 4 k Wasser.

Risler[30]) hat die einstündige Verdunstung von nachfolgenden Pflanzen experimentell bestimmt und auf einen Quadratdezimeter im Mittel der ganzen Vegetationszeit bezogen und berechnet. Indem er ferner die Gesammtoberfläche der oberirdischen Theile berechnete und die linksstehenden Zahlen zu Grunde legte, erhielt er den Bedarf an Wasser durch Niederschlag in mm:

	g	mm
Luzernen	0,46	3,4—7,0
Kohl	0,25	3,14—7,28
Apfelbaum	0,23	3,9—4,9
Rasen	0,21	über 3,0
Weizen	0,175	2,8—4,0
Mais	0,16	2,67—2,8
Hafer	0,14	2,86
Weinstock	0,12	2,26
Kartoffel	0,085	0,86—1,3
Eichen	0,06	0,74—1,4
Fichten	0,062	0,5—1,1
Nussbaum	0,04	0,45—0,8

Risler berechnet in einem andern Fall für folgende Pflanzen den Wasserbedarf (in Regenhöhe ausgedrückt) pro Tag und für die ganze Vegetationszeit pro Hectar:

	pro Tag	für die Vegetationszeit		
Weizen	2,735 mm	247,15	d. i.	2471500 kg
Roggen	2,600 „	221,0	„	2210000 „
Hafer	4,400 „	418,0	„	4180000 „

Haberlandt[31]) bearbeitete die gleiche Frage des Wasserbedarfs an Weizen, Roggen, Gerste, Hafer, indem er die Verdunstungsmengen während verschiedener Entwicklungsstadien:

1. unmittelbar vor dem Schossen,
2. nach erfolgtem Schossen, aber vor der Blüthe,
3. nach der Blüthe und vor dem Beginn der Reife

gleichzeitig in allen genannten Cerealien bestimmte und aus den gewonne-

---

[29]) Chem. Ackersmann 1858, p. 30.

[30]) Jahrb. d. Agr.-Chem. XI u. XII, p. 268.

[31]) Landw. Jahrb. V. Bd. 1876, p. 63.

nen Zahlen den Bedarf während der ganzen Vegetationszeit berechnete. Haberlandt experimentirte nach der Methode des Wasserverbrauchs.

Methode: Was die Ermittelung der Pflanzenoberflächen betrifft, wurden 1) die Blattspreiten in 5—10 lange Stücke zerlegt und durch Multiplikation der mittleren Breite und der Länge und durch Duplirung des Produktes (Ober- und Unterseite des Blattes), 2) die Blattscheiden, am Halme gelassen, als abgestutzte Kegel berechnet, 3) die Länge der Halme und die der Aehren und Rispen addirt. Gleichzeitig bestimmte Haberlandt die Spaltöffnungen der untern Blattseite pro Quadrat-Millimeter.

Wie schon erwähnt, wurden die Bestimmungen mit verschieden alten Pflanzen gleichzeitig gemacht. Dies wurde dadurch möglich, dass Haberlandt aus frischen Aussaaten entsprechende Exemplare aus dem Boden hob, die Wurzelnabspülte und in Cylinder mit Wasser einsetzte, die eine Höhe von 20 cm und einen Durchmesser von 2 cm besassen. Die Cylinder waren in Kisten mit reinem Quarzsand in Entfernungen von 20 cm eingebettet. Die Verdunstung wurde aus der Abnahme der Höhe der Wassersäule, deren ursprüngliche Höhe markirt war, abgelesen und nach jeder 4stündigen Beobachtung das ursprüngliche Niveau mit einer Spritzflasche aufgefüllt. Aus dem Gewichtsverlust der Spritzflasche, der sich bis auf 0,01 g feststellen liess, sind alsdann die Verdunstungsmengen ermittelt worden.

Jeder Versuch mit den drei Altersstadien der vier Getreidearten wurde doppelt ausgeführt.

Das Gesammtresultat, wie alles übrige, ist aus der folgenden Tabelle ersichtlich (s. S. 92):

Vergleicht man den Gesammtverbrauch der Pflanzen pro Hektar, wie ihn Haberlandt berechnet, mit den früher genannten Zahlen nach Risler, so hat letzterer fast das Doppelte erhalten.

Hellriegel's[32]) Versuche und Berechnungen ergaben, dass der mittlere Regenfall von 16 cm zur Produktion einer mittleren Gerstenernte nicht ausreicht, sondern dass hierzu die Winterfeuchtigkeit beitragen muss. Hellriegel gelangt zu der Ansicht, dass die Höhen der Ernten durch die Menge und die Vertheilung des Regens viel mehr beeinflusst wird als durch irgend einen anderen Faktor.

Methode: Gleich grosse Culturgefässe wurden mit Quarzsand gefüllt, denselben die nöthigen Pflanzennährstoffe zugesetzt und je vier der Gefässe mit Sommerroggen, Sommerweizen und Hafer angesäet

No. 1 sehr feucht,
No. 2 mässig feucht,
No. 3 ziemlich trocken,
No. 4 sehr trocken gehalten.

[32]) Nach Jahrbb. f. Agr.-Chem. XIV, p. 161.

Bezeichnung der Getreidearten	Zahl der Sprossen einer Pflanze	Durchschn. Länge derselben in cm	Entwicklungszeit Tage	Grösse der Oberfläche cm	Durchschn. Verdunstungsgrösse von 100 □cm pro Tag g	Demnach beträgt die Verdunstung pro Tag g	Grösse der Verdunstung der einzelnen Pflanzen: für die genannte Periode g	Grösse der Verdunstung der einzelnen Pflanzen: zusammen g	Zahl der Pflanzen pro ha	Grösse der Verdunstungspflanzen pro ha: für die genannte Periode kg	Grösse der Verdunstungspflanzen pro ha: zusammen kg
Sommer-Weizen											
vor dem Schossen	6	20	25	111,6	1,136	5,732	143,30			143300	
vor der Blüthe	8	45	25	427,6	2,802	11,981	299,50			299500	
nach der Blüthe	8	80	40	693,55	2,657	18,428	737,12	1179,92	1000000	737120	1179920
Sommer-Roggen											
vor dem Schossen	4	21	25	114,2	3,765	4,300	107,50			107500	
vor der Blüthe	5	68	25	414,0	2,611	10,809	270,22			270220	
nach der Blüthe	5	110	30	601,4	2,172	13,062	457,17	834,89	1000000	457170	834890
Gerste											
vor dem Schossen	4	18	25	157,6	5,212	8,214	205,35			205350	
vor der Blüthe	6	28	25	477,3	3,273	15,622	390,55			390550	
nach der Blüthe	6	70	35	631,8	2,898	18,309	640,81	1236,71	1000000	640810	1236710
Hafer											
vor dem Schossen	4	21	25	378,5	3,272	12,384	309,60			309600	
vor der Blüthe	5	46	25	1148,0	2,438	27,988	699,70			699700	
nach der Blüthe	5	88	45	1132,0	2,288	27,188	1268,46	2277,76	1000000	1268460	2277760

Es wurden folgende Mengen Trockensubstanz in Gramm produzirt:

No. des Gefässes	Bodenfeuchtigkeit in Prozenten der wasserhaltenden Kraft des Sandes	Weizen: Gesammternte	Weizen: Körner	Roggen: Gesammternte	Roggen: Körner	Hafer: Gesammternte	Hafer: Körner
1.	80 bis 60	34,685	11,420	26,718	10,323	27,633	11,883
2.	60 „ 40	31,693	10,298	25,478	10,351	24,846	10,911
3.	40 „ 20	23,480	8,425	19,860	8,080	19,595	7,810
4.	20 „ 10	9,768	2,758	12,146	3,876	5,988	1,798

In diesen mit gleichem Erfolg durch mehrere Jahre wiederholten Versuchen wurden die Pflanzen immer erst begossen, wenn der Wassergehalt des Sandes bis zum Minimum sank. In einem anderen Versuch kam alltäglich so viel Wasser zur Verwendung, als den Tag über verdunstet wurde. Nach diesem Verfahren erhielt Hellriegel folgende Zahlen (Gerste) s. S. 93.

In No. 5, 6, 7 wuchsen die Pflanzen stets unter Wassermangel.

Ergebniss: In der äusseren Erscheinung fand sich zwischen den Durst- und den normalen Pflanzen kein sichtbarer Unterschied. Ueberall waren dieselben frisch und turgeszent. Aber der Einfluss der Trockenheti zeigte sich in der Ernte, und zwar wurden zunächst weniger Wurzeln, später weniger Halme und Körner produzirt.

No. des Gefässes	Bodenfeuchtigkeit in Prozenten der wasserhaltenden Kraft des Sandes	Trockensubstanz g	
		Gesammt-ernte	Körner
1.	80	19,693	8,767
2.	60.	22,763	9,957
3.	40	21,760	10,507
4.	30	17,194	8,697
5.	20	14,620	7,748
6.	10	6,303	3,287
7.	5	0,123	—

Aus den bisher genannten Versuchen ergiebt sich eine grosse Verschiedenheit des Wasserbedürfnisses, somit der Verdunstungsgrösse. Die Verschiedenheit wirdbedingt 1) durch die Pflanzenart und 2) innerhalb derselben Pflanzenart durch die äusseren Einflüsse. **Abhängigkei der Verdunstungsgrösse.**

1. Die Abhängigkeit der Verdunstungsgrösse, soweit sie nicht aus den schon genannten Versuchen ersichtlich, möge ausserdem durch den exakten Versuch Unger's, mit vier der Art nach verschiedenen Pflanzen, dessen Resultat in folgender Tabelle zusammengestellt ist, illustrirt werden s. S. 94. **Von der Pflazenart.**

Diese Verschiedenheit der Verdunstungsgrösse, je nach Art der Pflanzen, wird durch die anatomische Beschaffenheit derselben bedingt.

Pflanzen, deren Blätter reicher an Spaltöffnungen sind, verdunsten mehr; die untere, spaltöffnungsreichere Seite verdunstet energischer als die obere, Thatsachen, die ausser von den bereits genannten Forschern Hales, Guettard, Bonnet, Garreau, Eder, Boussingault, noch von Deherain[33]), Merget[34]) und Höhnel[35]) und anderen übereinstimmend festgestellt worden. Das gleiche gilt nach Haberlandt[36]) für Lenticellen. Blätter mit stärkerer Cuticula verdunsten weniger als solche mit schwach cuticularisirter Oberhaut (Eder, Just[37]), Garreau und andere). Aufgelagertes Wachs beeinträchtigt die Verdunstung wie Eder, Haberlandt und andere fanden. Haberlandt[38]) stei-

[33]) Annal. de scienc. nat. 1869, V Ser. Bd. 12, p. 22.

[34]) Compt. rend. 1878, Bd. 78, p. 293.

[35]) Forsch. auf d. Gebiete d. Agricult.-Phys. Bd. 1.

[36]) Sitzungsber. d. Wien. Acad. Bd. 72, Abth. 1.

[37]) Beiträge z. Biologie v. Cohn, 1875, Bd. 1, p. 90.

[38]) Wissensch. prakt. Unters. a. d. Geb. d. Pflanzenbaues, 1877, Bd. 2, p. 156.

Zeit	Name der Pflanze: Verbascum Thapsus. Blattoberfläche = 540 □ cm		Polygonum lapathifolium. Blattoberfläche = 334 □ cm		Zeit	Name der Pflanze: Lactuca sativa. Blattoberfläche = 504 □ cm		Fragaria elatior. Blattoberfläche = 311 □ cm	
	Wasser in 24 Stunden	Aussehen d. Pflanze	Wasser in 24 Stunden	Aussehen der Pflanze		Wasser in 24 Stunden	Aussehen d. Pflanze	Wasser in 24 Stunden	Aussehen der Pfl.
21.–22. Juli	18,9	frisch	55,7	frisch	28.–29. Juni	17,7	vollkomm. frisch	26,3	vollkomm. frisch
23. „	15,1		60,5	die untersten Blätter welk	30. „	7,7		12,3	
24. „	16,1		59,5		1. „	40,9		65,3	
25. „	11,8		36,8	5 Bl. welk	2. „	63,2		94,7	
26. „	21,0		51,4 (26.–27.)	8 Bl. welk					
27. „	21,0	Blätter welk							
28. „	10,4		22,1						
	93,3		286,0			129,5		198,6	

gerte die Verdunstung, indem er mit Alkohol die Wachsschicht entfernte.

Die Methoden zur Feststellung dieser Thatsachen sind sehr einfach; entweder wurden zwei gleichförmige Blattseiten aneinander gelegt (Bonnet) oder die Transpiration der Blattseite durch Oel verhindert (die andern Forscher). Merget bestrich ein Papier mit Eisenchlorür und Palladiumchlorür und legte dasselbe an das Blatt. Die stärker transpirirenden Seiten färbten das gelbliche Papier dunkler als die weniger stark transpirirenden.

Kork, lederartige Beschaffenheit der Blätter, Alter der Pflanzen, sind Umstände, die die Transpiration beeinflussen.

Von äusseren Einflüssen.

2. Was die äusseren, die Transpiration beeinflussenden Einwirkungen anbelangt, so sind hier folgende Versuche zu erwähnen.

Versuche über die Abhängigkeit der Transpirationsgrösse von

1. der Feuchtigkeit der Umgebung,
2. der Temperatur,
3. dem Licht,
4. der physikalischen und chemischen Beschaffenheit des Bodens,
5. von der Erschütterung der Pflanzen.

Einfluss der Luftfeuchtigkeit.

Alle Versuchsansteller haben das übereinstimmende Resultat erhalten, dass die Luftfeuchtigkeit einen sichtbaren Einfluss auf die Transpirationsgrösse und Geschwindigkeit der Verdunstung ausübt.

Zur Ermittlung dieses Einflusses hatte Unger von zwei gleichartigen

Pflanzen von Ricinus communis die eine im Freien, die andere unter einer Glasglocke aufgestellt. Die Blattoberfläche bei

I betrug 190 □ cm

bei II „ 160 □ cm.

II ist für folgende Tabelle auf 190 berechnet:

Zeitdauer der Beobachtung	Verlust an Wasser		Temperatur der Luft
	I.	II.	
Vom 19. Juli 7h Abends bis 20. „ „ „	11,60	1,60	16
Vom 20. Juli 7h Abends bis 21. „ „ „	17,05	1,14	13,6
Vom 21. Juli 7h Abends bis 22. „ „ „	16,77	1,55	15,4
Summa:	45,52	4,35	

Aus diesem Verdunstungsverhältniss I : II = 10,44 : 1 ist der deprimirende Einfluss klar ersichtlich.

Im Freien ist die Verdunstung eine grössere, weil die durch die Bewegungen der Atmosphäre immer fortgeführten dampfreichen Luftschichten durch andere trocknere Luft ersetzt werden.

Von den neueren Forschern untersuchte Sorauer[39]) den Einfluss der Luftfeuchtigkeit auf die Entwicklung der Gerstenpflanzen, unter Berücksichtigung der Veränderungen der formalen Ausgestaltungen.

Methode: Die aus gleichwerthigem Saatgut erzogenen Pflanzen wurden in Nährlösung ($^1/_2$% Mille) erzogen und zu 4—5 unter an der Spitze tubulirte Glasglocken gebracht, die an eine Holzunterlage festgekittet wurden. Jede Glocke war durch ein Glasrohr mit einem Cylinder verbunden, der bei der einen Versuchsreihe mit Bimstein, bei der andern Versuchsreihe mit Chlorcalcium gefüllt war. Im Tubus hatten brennende Lampen die Luft aus den Glocken getrieben, wobei von unten aus entweder trockene (Chlorcalcium) oder feuchte Luft eintreten musste.

Ergebniss: Die Resultate sind in folgender Tabelle zusammengestellt (s. S. 96).

Es hatte demnach trockene Luft die Bestockung angeregt, wobei aber in dem Masse, als sich die Triebe häuften, das Blatt derselben immer kürzer wurde. Die feucht gewachsenen Blätter sind zwar länger aber weniger breit. Sehr wesentlich verlängern sich im Feuchten: die Blattscheide, die Wurzeln und Stengel, wobei der Wasserreichthum der oberirdischen Organe nicht unbeträchtlich steigt.

---

[39]) Botan. Zeitung 1878, No. 1 u. 2.

	Pflanzen in trockener Luft		Pflanzen in feuchter Luft	
	Mittel	Schwankungen	Mittel	Schwankungen
Anzahl der Sprossen	2,77	2 — 3	2,37	1 — 3
Länge der oberirdischen Pflanze . .	11,5 cm	8,0 —15,0 cm	13,5 cm	9,0 —19,0 cm
Länge der Wurzel .	23,9 cm	17,5 —30,0 cm	26,8 cm	24,5 —30,2 cm
Zahl der Blätter . .	9,2	8 —11	8,3	7 —10
Länge der Blätter .	17,7 cm	16,1 —20,8 cm	17,9 cm	12,0 —23,2 cm
Grösste Breite des Blattes	7,33 mm	6,62 — 8,0 mm	6,74 mm	7,70 — 8,0 mm
Breite der Epidermiszellen	0,0250 mm	0,0234— 0,0268 mm	0,0248 mm̃	0,02 — 0,29 mm
Länge der Spaltöffnungen	0,0361 mm	0,0342— 0,371 mm	0,0386 mm	0,035 — 0,045 mm
Länge der Blattscheiden	8,18 cm	6,87 — 9,7 cm	9,26 cm	7,2 —12,0 cm
Trockengewicht der Stengel und Blätter	0,1642 g	0,135 — 0,1885 g	0,1243 g	0,103 — 0,150 g
Trockengewicht der Wurzel	0,0725 g	0,525 — 0,0920 g	0,0607 g	0,0425— 0,0770 g

Nach den Untersuchungen von Sachs[40]) und Dehérain[41]) hört die Transpiration selbst im völlig dampfgesättigten Raum nicht auf.

Sachs erklärt dies dadurch, dass das Innere der Pflanze wärmer ist, als die gesättigte Luft, „der in den Intercellularräumen entwickelte Dampf also eine höhere Spannung hat als der umgebende, folglich durch die Spaltöffnung austreten kann, um sich dann zu condensiren". Sachs hatte früher vorgeschlagen, die Transpiration im dampfgesättigten Raum als Mass für die Bestimmung der Eigenwärme zu benutzen. Doch betont Sachs selbst, dass in den Versuchen die Temperaturschwankungen in der Luft vermieden werden müssten. Bei der Erwärmung der Aroïdeenkolben, bei dem Keimprozess, kurz dort, wo energische Oxydationsprozesse in den Pflanzen vor sich gehen, ist die Eigenwärme grösser als die Temperatur der Umgebung.

Eder bestreitet die Möglichkeit der Transpiration im dampfgesättigten Raum. Wenn den Pflanzen Wasser in Ueberschuss zugeführt wird (unter ungünstigen Transpirationsbedingungen), so tritt das Wasser nicht in Dampfform, sondern als Tropfen aus der Blattspitze.

Eder[42]) konnte es nur auf kurze Zeit gelingen, einen absolut feuchten

[40]) Sachs: Experiment. Physiologie p. 227.

[41]) Compt. rend. Bd. 69, p. 381.

[42]) a. a. O.

Raum herzustellen. Die kleinste Temperaturerhöhung, jedes Zehntel eines Grades, bewirkte eine Abnahme der Feuchtigkeit um ca. 1 %. Eder leitet aus diesen Versuchschwierigkeiten die abweichenden Resultate der genannten Forscher ab.

Methode: Um auf eine gewisse Zeit die Pflanzen einer constant gesättigten Luft exponiren zu können, hat Eder den auf Seite 86 beschriebenen, in einer Glasglocke gestellten Apparat in ein mit Wasser gefülltes Gefäss gestellt und so den Innenraum der Glasglocke von der äusseren Luft abgeschlossen. In die Glasglocke stellte der Versuchsansteller einen Psychrometer. In Betreff der Psychrometerablesungen ist freilich vom Versuchsansteller selbst gesagt, dass das trockene Thermometer in der Glocke feucht wurde; es ist demnach fraglich, ob die Ablesungen richtig gewesen. Gelang es Eder die Feuchtigkeit der Luft auf ein Maximum zu bringen, so wurde die Transpiration ausserordentlich herabgedrückt. Wurde sie geringer, so trat aber auch sofort eine Steigerung der Transpiration ein.

Der Versuch mit Solidago odora (strauchartig beblätterter Zweig) exemplifizirt das Gesagte.

Menge des aufgenommenen Wassers ein Achtzehntel eines ccm, Barometerstand = 750 mm.

Beobachtungsstunde	Temperatur der Luft °C.	Relative Luftfeuchtigkeit	Transpiration pro Stunde	Bemerkungen
11,25 a. m.	28,0	42	—	Zweig von der Sonne beschienen.
12,25 p. m.	29,4	44	10	Desgl.
1,25 „ „	36,5	76	9	Desgl.
2,25 „ „	23,4	94	$3^6/_8$	Hell, ohne direktes Sonnenlicht.
4,25 „ „	20,0	100	$^1/_2$	Hell.
5,25 „ „	19,5	99	0	„
6,25 „ „	18,8	98	0	„
7,25 „ „	17,9	61	3	Dämmerung.

Schon aus Versuchen Eder's, über den Einfluss der Luftfeuchtigkeit, ist der Einfluss der Temperatur ersichtlich; es ist überhaupt nicht leicht, alle diese accessorischen Einflüsse getrennt zu studiren, weil, wie wir schon sahen, die Elimination derselben, bis auf einen, bedeutende experimentelle Schwierigkeiten bietet. **Einfluss der Temperatur.**

Es sind von Unger und später von jüngeren Forschern der Verdunstung Vergleiche zwischen einer freien Wasserfläche und den Pflanzen angestellt worden. Der Versuch von Unger möge hier seinen Platz finden:

Zeit der Beobachtung	Ein Blatt von Digitalis purpurea, von 5000 □ mm Oberfläche, transpirirt in 24 Stunden in g	Eine Wasseroberfläche von 5000 □ mm verdunstet in 24 Stunden in g	Der Wasserverlust der Pflanze = 1 gesetzt, so hat eine gleich grosse Wasserfläche verdunstet	Bewegung der Luft
Vom 6.—7. Juli	3,232	4,532	140	
„ 7.—8. „	2,080	3,084	148	
„ 8.—9. „	3,389	8,459	249	
„ 9.—10. „	2,438	5,199	213	
„ 10.—11. „	1,798	2,467	137	
„ 11.—12. „	2,813	5,904	209	
„ 12.—13. „	2,075	6,168	297	
„ 13.—14. „	2,680	4,758	177	
„ 14.—15. „	2,726	5,728	210	
„ 15.—16. „	2,729	8,107	355	
„ 16.—17. „	1,673	3,524	210	
„ 17.—18. „	1,496	4,846	323	
„ 18.—19. „	0,948	2,467	260	
„ 19.—20. „	1,751	3,348	191	Starker
„ 20.—21. „	1,782	7,578	425	Wind.

Unger findet also ein Verhältniss zwischen der Transpirationsmenge der Pflanzen und einer gleich grossen Wasseroberfläche 1 : 2,36.

Bedenkt man aber, dass von der gemessenen Blattoberfläche nicht in der That die Oberfläche, sondern die viel grössere Summe der Oberflächen der Intercellularräume verdunstet, so wird das Verhältniss ein ganz anderes. Sachs[43]), der annimmt, dass die Gesammtfläche der Intercellularräume 10fach so gross ist, als die der Cuticula desselben Blattes, erklärt die Langsamkeit der Verdunstung dadurch, dass die dampfgesättigten Intercellularräume wie die lebenden Zellen selbst das Wasser zurückhalten. Es ist in der That von Mohl, Nägeli, Just[44]) und anderen festgestellt, dass bei todten Pflanzentheilen die Verdunstung viel rascher vor sich geht.

Auch Eder[45]), der die Lufttemperatur (und Feuchtigkeit) mit Beziehung zur Transpiration prüft, hält den Transpirationsprozess für einen reinen physikalischen Prozess, der von denselben äusseren Verhältnissen abhängt, wie die freie Wasseroberfläche, aber durch die Kräfte im Innern der Pflanze: Strukturverhältnisse, Assimilationsverhältnisse, Bindung des Wassers als Organisationswasser, chemische Veränderungen und die Gewebespannung modifizirt wird.

[43]) Exper. Phys. p. 231.
[44]) Beiträge z. Biologie v. Cohn, 1875, Bd. I, p. 24.
[45]) Botan. Zeitung 1847, p. 232.

Unger[46]) hatte in einer Anzahl von Versuchen gefunden, dass sich in der Transpiration eine Periodizität in der Weise kennzeichnet, dass in derselben, trotz aller günstigen oder ungünstigen äusseren Einflüsse, innerhalb von 24 Stunden stets zwischen 12—2 h Tageszeit ein Maximum, und ein Minimum in den gleichen Nachtstunden eintritt.

Vergleicht man jedoch die Temperaturgrössen in der folgenden Tabelle des Eder'schen Versuchs an einem verholzten beblätterten Zweig von Aesculus, mit den Transpirationsgrössen (s. Tab. S. 100), so fällt nach Eder das Maximum der Transpiration immer in die Tagesstunden, den Temperatur- und Feuchtigkeitsverhältnissen entsprechend. Das Minimum fällt theils in die Nacht-, theils in die Morgenstunden, je nach den äusseren Verhältnissen.

In der Zeit zwischen Minimum und Maximum macht sich der Einfluss der Temperatur und Feuchtigkeit ebenfalls geltend.

Was aber hauptsächlich von Wichtigkeit, die Temperatur selbst ist nur insofern von Einfluss, als von ihr die absolute Feuchtigkeit abhängt.

Auch O. Comes[47]) fand bei Versuchen mit Magnolia grandiflora und Cineraria hybrida, dass das Feuchtigkeitsmaximum der Luft mit dem Transpirationsmaximum zusammenfiel, ohne dass das Temperaturmaximum erreicht war, woraus er schliesst, dass die Wärme indirekt durch Verminderung der relativen Feuchtigkeit die Transpiration beeinflusst.

Einfluss des Lichtes.

Wie bei allen bisherigen Versuchen der accessorischen Einflüsse auf die Transpiration, so ist auch hier in Folge der Schwierigkeit, alle anderen Faktoren, bis auf das Licht, zu eliminiren, die Prüfung eine missliche.

Sachs[48]) der die unleugbare Thatsache betont, dass ein Blatt oder eine Pflanze, abwechselnd dem direkten Sonnenlicht, Schatten oder der Finsterniss exponirt, schon in wenigen Minuten bei direktem Sonnenlicht eine merkliche Transpirationssteigerung zeigt, vermuthet aber, dass die Steigerung durch die Erwärmung des transpirirenden Gewebes bedingt ist.

Seine Versuche haben daher nur den Zweck zu zeigen, „wie, abgesehen von allen Bedenken (die Schwierigkeit der Herstellung gleicher Temperatur und Feuchtigkeit bei der Beobachtung im Finstern und im diffusen Licht), ungefähr die Transpiration durch Beleuchtung der Blätter und durch die Temperatur verändert wird.“

Die Beobachtungen an den in mit Erde gefüllten Glastöpfen erwachsenen Pflanzen wurden in einem geheizten Zimmer gemacht, wobei die Pflanzen

---

[46]) Sitzungsber. d. bair. Acad. Bd. I, p. 262.
[47]) Nach Jahrb. f. Agr.-Chem. 1879, p. 235.
[48]) Exper.-Phys. p. 229.

Tag der Beobachtung	Beobachtungsstunde	Lufttemperatur °C	Relative Luftfeuchtigkeit	Transpiration während 2 Stunden	Bemerkungen
18. Mai	2 p. m.	18,2	66	—	hell
	4 „ „	19,2	71,5	$4^2/_{12}$	„
	6 „ „	18,6	70,5	$4^7/_{12}$	„
	8 „ „	18,4	71	4	diffus bis Sonnenuntergang (7 h 51 m).
	10 „ „	18,3	72	$3^{11}/_{12}$	finster.
	12 „ „	—	—	$4^4/_{12}$	„
19. Mai	2 a. „	—	—	$3^8/_{12}$	„
	4 „ „	—	—	$3^6/_{12}$	finster bis Sonnenaufgang (4 h 1 m).
	6 „ „	—	—	$3^3/_{12}$	hell.
	8 „ „	17,8	72	$3^9/_{12}$	„
	10 „ „	18,15	70	$4^6/_{12}$	hell, Sonnenschein bis neben den Zweig seit 9 h 45 m.
	12 „ „	18,75	69,5	$3^6/_{12}$	desgl.
	2 p. „	19,2	68	$6^9/_{12}$	desgl.
	4 „ „	18,85	64	$6^3/_{12}$	hell.
	6 „ „	18,55	60,5	$5^7/_{12}$	„
	8 „ „	17,9	61,75	$5^1/_{12}$	diffus bis Sonnenuntergang (7 h 53 m).
	10 „ „	17,65	64,5	$4^8/_{12}$	finster.
	12 „ „	—	—	$4^4/_{12}$	„
20. Mai	2 a. „	—	—	4	„
	4 „ „	—	—	$3^1/_{12}$	finster bis Sonnenaufgang (3 h 59 m).
	6 „ „	17,0	64	$4^1/_{12}$	hell.
	8 „ „	17,1	64,25	4	„
	10 „ „	17,6	63	$4^5/_{12}$	hell, um 9 h 30 m wurde das Fenster geöffnet.
	12 „ „	18,35	52,85	7	hell, seit 10 h Sonnenschein bis neben den Zweig.
	2 p. „	18,5	52,5	9	desgl.
	4 „ „	18,2	52,5	$8^6/_{12}$	hell.
	6 „ „	18,1	51,5	$7^6/_{12}$	„
	8 „ „	18,1	56,5	$5^9/_{12}$	hell bis Sonnenuntergang (7 h 54 m).
	10 „ „	17,65	62,5	$4^{10}/_{12}$	finster, seit 8 h das Fenster geschlossen.
	12 „ „	—	—	$4^8/_{12}$	finster.
21. Mai	2 a. „	—	—	$4^4/_{12}$	„
	4 „ „	—	—	$4^2/_{12}$	finster bis Sonnenaufgang (3 h 58 m).
	6 „ „	17,7	66	$4^3/_{12}$	hell.
	8 „ „	17,3	63,75	$4^6/_{12}$	„
	10 „ „	18,05	63	5	hell, um 9 h wurde das Fenster geöffnet.
	12 „ „	18,50	61,25	8	hell, von 10—11 h Sonnenschein, bis neben den Zweig, dann trübe.
	2 p. „	18,95	60	$10^9/_{12}$	trübe.
	4 „ „	18,75	60,35	$10^6/_{12}$	„

während der Versuchsdauer auf der Wage verblieben. Das Thermometer hing an der Pflanze.

Brassica oleracea: November 1859.

Zeit	Beleuchtung	Temp. in Luft R°	Verdunstung der Pflanze per Stunde
5h ab. bis 8h fr.	finster	14—8,8	1,1 g
8h fr. bis 9h fr.	hell (diffus)	14,5	4,5 „
9h fr. bis 10h fr.	hell (diffus)	14,5	4,5 „
10h fr. bis 11h fr.	Insolation	18,5	13,0 „
11h fr. bis 12h m.	Insolation	16,6	17,0 „
12h m. bis 1½h nm.	hell (diffus)	15,2	7,6 „
1½h nm. bis 2½h nm.	hell (diffus)	15,0	8,0 „
2½h nm. bis 4h ab.	hell (diffus)	4—3,5	1,66 „
4h ab. bis 5h ab.	Dämmerung	11,8	1,5 „

Nicotiana Tabacum: November 1859.

8¼h fr. bis 9¼h fr.	hell (diffus)	12,9	0,30 g
9¼h fr. bis 10¼h fr.	Insolation	15,5	0,50 „
10¼h fr. bis 11¼h fr.	Insolation	18,5	0,75 „
11¼h fr. bis 11¾h fr.	Insolation	16,5	1,50 „
11¾h fr. bis 12¼h m.	hell (diffus)	15	0,60 „
12¼ m. bis 1½h nm.	hell (diffus)	15	0,24 „
1½ nm. bis 3h nm.	hell (diffus)	15	0,20 „
3h bis 4h nm.	hell (diffus)	12,5	0,20 „
4h ab bis 5h ab.	Dämmerung	11,3	0,10 „

Unger hält ebenfalls das Licht nur insofern für einen influirenden Faktor, als mit seiner Wirkung zugleich eine Temperaturerhöhung verbunden ist.

Eder, der, wie wir gesehen haben, die Temperatur und Luftfeuchtigkeit als massgebende Faktoren der Verdunstung hält, spricht dem Licht jede Betheiligung ab, wie aus nachstehender Tabelle, dem Resultat eines Versuches mit Lonicera tartarica ersichtlich ist. (Verholzter Zweig mit Blättern, Menge des aufgenommenen Wassers in Siebenzigstel eines ccm-Barometerstand = 752 hm s. Tab. S. 102.)

Diesen Versuchsresultaten entgegen stehen die auf Grund von Versuchen gewonnenen Anschauungen Hartig's, v. Höhnel's, Sorauer's.

Beobachtungsstunde	Temperatur der Luft °C.	Relative Luftfeuchtigkeit	Transpiration des Zweiges pr. Std.	Bemerkungen
7,20 a. m.	17,0	79	—	hell.
8,20 „ „	16,6	76	18	„
9,20 „ „	18,6	70	33½	¼ Std. lang wurde der Zweig von der Sonne beschienen.
10,20 „ „	19,2	71	24	hell.
11,20 „ „	19,2	75	24½	„
12,20 „ „	20,6	71	26½	„
1,20 „ „	21,2	70	28¼	„
2,20 „ „	22,0	69	28	„
3,20 „ „	20,6	66	25½	finster (unter einem Recipienten von Pappe).
4,20 „ „	20,2	66	23½	finster.
5,20 „ „	19,8	79	22½	„
6,20 „ „	19,3	74	19	„

Hartig's[49]) Versuche, die in folgender Zusammenstellung resultirt sind:

Pflanzen	Im Sonnenlichte		im Schatten
	Blattfläche qcm	Verdunstung in 1 Tagesstunde (8h—4h) pro 100 □ cm Blattfläche ccm	Verdunstung in 1 Tagesstunde (8h—4h) pro 100 □cm Blattfläche ccm
	1. Aufstellung.		
Rothbuche . . .	800	0,45	0,08
Fichte	1200	0,31	0,11
Eiche	540	0,22	0,20
Kiefer	800	0,24	0,25
	2. Aufstellung nach 24 Stunden.		
Rothbuche . . .	800	0,42	0,16
Fichte	1200	0,35	0,20
Eiche	540	0,37	0,10
Kiefer	800	0,52	0,01

Es stellte sich hiernach im Mittel der 4 Pflanzenarten die Verdunstung pro □m

im Licht = 0,30 ccm
= 0,41 „
im Schatten = 0,16 „
= 0,12 „

[49]) Jahrb. f. Agr.-Chem. 1879 p. 233.

sprechen einen von der Wärme unabhängigen Einfluss des Lichtes aus. Die Stunden der grössten Verdunstung fallen nicht mit denen der grössten Luftwärme zusammen.

v. Höhnel[50]) fand sogar, dass im Schatten erwachsene Pflanzen etwas mehr Wasser abgeben als Sonnenpflanzen.

Methode: v. Höhnel wählte 5—6 Jahr alte Bäumchen von durchschnittlich 70 cm Höhe, die in 16 cm hohe Gartentöpfe eingesetzt wurden. Jeder Topf war mit einem Zinkblechmantel umhüllt, der die Verdunstung des Bodens völlig verhinderte. Die Pflanzen standen so, dass auf 1 □m 35 oder auf 1 ha 352 600 Pflanzen zu stehen kämen.

Ein Theil derselben stand im Schatten grosser Kastanien an die Südseite eines Gartenhauses gestellt und von einem 2 m breiten Dachvorsprung bedeckt. Der andere Theil stand frei unter jungen Ailanthus- und anderen Pflanzenschulbäumchen. Die Bäumchen wurden 1—2 mal im Tag gewogen.

Ergebniss:

	Laubholz	Nadelholz
im Schatten	44 472 g	4778 g
in der Sonne	49 533 g	4990 g.

Aus diesem Gesammtresultat ist neben der bereits genannten Relation zwischen Transpiration und Licht noch das interessante Ergebniss ersichtlich, dass das Laubholz bedeutend stärker transpirirt als das Nadelholz, daher einen grösseren Einfluss auf die localklimatischen Verhältnisse ausüben muss.

Indessen, es ist nicht ganz unwahrscheinlich, wonach dieses Resultat mit der von Wiesner's[51]) constatirten Thatsache, dass etiolirte Pflanzen im Dunkeln etwas stärker transpirirten als in der Sonne erwachsene, im physiologischen Zusammenhang steht.

Sorauer[52]) hält das Licht für den wesentlichsten Faktor der Verdunstung. Er operirte mit zwei einjährigen, in Nährlösung erzogenen gleichgestaltigen Birnenkeimlingen, deren tägliche Verdunstungsgrössen gleich waren. Sie wurden unter eine farblose und unter eine mit schwarzem Glanzpapier dick überklebte Glasglocke gestellt, die Luft der oben tubulirten Glocken durch einen Sauger, dessen Luftkessel durch ein Kautschukrohr mit den Glocken verbunden gewesen, ausgesogen und von unten her durch neue Luft ersetzt.

---

[50]) Forsch. auf d. Geb. d. Agrikulturphysik, herausg. v. E. Wollny, Bd. II, p. 398.

[51]) Vgl. Jahrb. f. Agr.-Chem. 1875/76 p. 391 aus Sitzungsber. der Wiener Academie, 10. Juli 1876.

[52]) Vgl. Jahrb. f. Agr.-Chemie II, p. 159.

Datum.	Himmelsansicht.	Mitteltemperatur.	Verdunstung. Birne A.	B.
29. Juni	klar	25,5	16 g	15 g
30. „	bewölkt	25,3	14 „	14 „
1. Juli	klar	25,8	15 „	15 „
Die Pflanzen kommen jetzt in schwarze helle .Glocken.				
3. Juli	klar	24,3	27 g	25 g
4. „	bewölkt	24,1	11 „	30 g
5. „	klar	21,8	9 „	25 „
6. „	bewölkt	24,6	7 „	32 „
7. „	klar	23,8	7 „	43 „
8. „	klar	26,1	3 „	30 „
9. „	klar	22,1	5 „	47 „
10. „	Regen	18,0	3 „	51 „
11. „	bewölkt, windig	21,0	2 „	54 „
12. „	stark bewölkt	16,3	2 „	52 „

Sorauer schliesst aus diesem Resultate, dass das Licht als solches die Verdunstung beschleunige.

Endlich nach den Versuchen von Risler[53]), Dehérain[54]), Baranetzky[55]) und Wiesner[56]) dürfte wohl nunmehr diese Thatsache ausser Zweifel gestellt werden können[57]).

Wiesner stellte mit Mais und anderen Pflanzen Versuche an, indem er ganze Pflanzen oder Pflanzentheile in Wasser stellte, dessen Verdunstung durch eine aufgelegte Oelschicht verhindert wurde. Das Gefäss blieb während der Verdunstung auf der Wage.

Die verdunstete Wassermenge ist auf 100 □ cm berechnet, in Milligramm angegeben:

	Im Finstern	Im diffusen Tageslicht	Im Sonnenlicht
Zea Mais (etiolirt) . . .	106 mg	122 mg	290 mg
„ „ (grün)	97 „	114 „	785 „
Blüthe von Spartium junaeum	64 „	69 „	174 „
Malva arborea	23 „	28 „	70 „

53) a. a. O.

54) Compt. rend. 1868/69, II, p. 273.

55) Botan. Zeitung 1872, p. 97.

56) a. a. O.

57) Abgesehen von den Versuchen Miquels' u. Daubenus'.

Es ist zu ersehen, dass die Transpirationssteigerung im diffusen Licht nur eine geringe, während sie im Sonnenlicht beträchtlich wird.

Dieser Unterschied kann offenbar nur aus den Wärmestrahlen des Lichtes hervorgehen.

Einfluss de Lichtgattun

Ueber diese Frage sollen nun sofort die einschlagenden Versuche in kurzem referirt werden.

Risler leitet aus seinen Versuchen den Schluss ab, dass das Licht, unabhängig von der Wärme, die Transpiration beeinflusst, wobei er den rothen, violetten Strahlen die geringste, den gelben Strahlen die grösste Wirkung zuschreibt. Dehérain, den selbständigen Einfluss des Lichtes bestätigend, hält ebenfalls die leuchtenden Strahlen für die die Verdunstung am meisten influirenden Lichtstrahlen.

Den Einfluss des Lichtes erklärt Wiesner, dem wir die exactesten Versuche über diese Frage verdanken, dahin, dass er seinen Hauptgrund in der Absorption des Lichtes durch das Chlorophyll und in dem dabei stattfindenden Umsatz von Licht in Wärme habe, wobei in den Gasräumen der beleuchteten Pflanze die Spannkraft der Wasserdämpfe gesteigert, die relative Feuchtigkeit vermehrt und eine Abgabe von Wasserdampf verursacht wird.

Methode: Wiesner prüfte die Verdunstung

1. unter Glasglocken mit Chlorophylllösungen und im objektiven Spektrum (siehe Assimilationsversuche);
2. indem er übereinstimmende Pflanzen einmal mit Chlorophyll, das andere Mal im etiolirten Zustand verwendete.

Die Versuche der ersten Methode zeigten die Unrichtigkeit der Ansicht Dehérain's, dass die am meisten leuchtenden Strahlen die Transpiration begünstigen, sie bewiesen, dass im Gegentheil die den Absorptionsstreifen des Chlorphyllspektrums entsprechenden Lichtstrahlen die Funktion der Transpiration bedingen und die die Chlorophylllösung passirenden, nicht absorbirten Lichtstrahlen nur eine schwache Wirkung zeigen.

Die Versuche nach der zweiten Methode haben erwiesen, dass die Anwesenheit des Chlorophylls die Transpiration im Lichte in sehr energischem Masse begünstigt. (Siehe vorherstehende Tabelle.)

In gleicher Weise schliesst Comes[58]) aus seinen Versuchen mit farbigen Blüthen, dass die leuchtenden Strahlen, welche durch die färbende Substanz eines Organs absorbirt werden, ausschliesslich die Verdunstung dieses Organs begünstigen. Unter sonst gleichen Bedingungen wird demnach die Transpiration des gefärbten Organs das Minimum erreichen, wenn es dem gleichfarbigen Licht exponirt ist, dagegen das Maximum, wenn es unter der Einwirkung der complementären Farbe steht.

---

[58]) Compt. rend. XCI (1881), p. 335.

Einfluss der physikalischen und chemischen Beschaffenheit des Bodens.

Aus den bisher erörterten Versuchen über die accessorischen Einflüsse dürfte schon ersichtlich geworden sein, dass die Transpirationsgrösse von dem Wassergehalt des Bodens abhängig ist. Es ist fast selbstverständlich, dass hierbei die physikalische Beschaffenheit des Bodens wohl in erster Linie zu berücksichtigen ist.

J. Sachs war wohl der erste, der durch das Experiment erwies, dass die Wasseraufnahme durch die Wurzeln um so langsamer ist, je grösser die wasserhaltende Kraft des Bodens ist. Seine diesbezüglichen Versuche mit Tabackspflanzen in Lehm- und Sandboden hatten denn auch zum Resultat, dass die Pflanzen im ersteren mehr Wasser aufnehmen und daher auch mehr transpiriren als im Sandboden.

Wenn auch nach den Versuchen von Heinrich[59]), A. Mayer[60]) und v. Liebenberg[61]) das von J. Schübler[62]), Knop[63]), Trommer[64]) nachgewiesene und je nach Beschaffenheit verschieden grosse, aber in bündigen Bodenarten stets hohe Condensationsvermögen der Ackererde den Pflanzenwurzeln keinen direkten Nutzen bringt, so ist doch sicherlich die Transpiration der Pflanzen, in Bezug auf die Bodenbeschaffenheit, von dem Condensationsvermögen wenigstens insofern abhängig, als dieselben in ihren tieferen Schichten in dem Maasse weniger austrocknen, als das Condensationsvermögen des Bodens steigt. Denn es ist von Nessler[65]) dargethan, dass die Wasserverdunstung des Bodens von seiner Oberfläche ausgeht.

Dass das Condensationsvermögen in der That auf die Feuchtigkeit des Bodens keinen direkten Einfluss hat, mögen die Untersuchungen v. Liebenberg's darthun:

	Condensationsvermögen des Bodens bei 12° R. Vol. Proc.	Feuchtigkeit des Bodens beim Welken der Pflanzen Vol. Proc.
Mergel	3,389	6,91
Lehm	7,458	10,02
Granitboden	3,432	10,32
Sandmoorboden	6,175	12,49
Muschelkalkboden	5,886	9,15
Grober Diluvial-Sand	0,461	1,20
Mittelfeiner Tertiär-Sand	0,185	0,51

[59]) Vers.-Stat. XVIII, p. 281.

[60]) Fühlings Ztschr. 1875, p. 87.

[61]) Landw. Ctralbl. f. D. 1876, p. 419.

[62]) Sprengels Bodenkunde p. 275.

[63]) Ver.-Stat. VI, p. 281.

[64]) Bodenkunde p. 288.

[65]) Ber. üb d. Arb. d. Vers.-Stat. Karlsruh 1870, p. 1.

Dass ferner der Einfluss durch die Beschattung der Pflanzendecke auf den Wassergehalt des Bodens eine bedeutende Rolle spielt, haben die verdienstvollen Arbeiten Wollny's[66]) erwiesen. Sie haben dargethan, dass die Verdunstung keineswegs die durch Regenfall zugeführte Wassermenge so beträchtlich übersteigt, als dies vielfach angenommen wird. Da wo die Pflanze während ihrer Vegetation mehr verdunstet hat, als dem Regenfall entspricht, wurde das Deficit reichlich gedeckt durch die vor Beginn der Vegetation stattgefundenen Niederschläge.

Es ist dies aus folgender Tabelle ersichtlich:

Pflanzenart	Verdunstungsgrösse g	Producirte Trockensubstanz (1 Pfl.) g	Es berechnet sich für 1 g Trockensubstanz an Verdunstungswasser g	Regenmenge während der Vegetationszeit (auf Bodenfläche der Culturgefässe berechnet) g	Es betrug die Transpirationsgrösse mehr (+) oder weniger (—) g
Mais . . .	11212	48,05	233	14233	— 3021
Gerste . .	4919	6,35	774	3959	+ 1040
Hafer . . .	7130	10,72	665	5019	+ 2111
Hirse . . .	2346	5,25	447	3959	— 1613
Buchweizen	4133	6,40	646	4274	— 141
Erbsen . .	4176	9,80	416	5117	— 941
Raps . . .	4467	4,90	912	3959	+ 508
Senf . . .	4974	5,91	843	3959	+ 1015
Sonnenblumen . .	13659	27,80	490	13791	— 132

Seine weiteren Versuche haben ferner erwiesen, dass der Boden um so mehr an Wasser erschöpft wird, je dichter die Pflanzen stehen. Die Wassererschöpfung ist aber nicht proportional dem Pflanzenbestande. (Vergl. Keimungsversuche p. 34.) Die Pflanzenwurzeln schöpfen den Wasserbedarf vornehmlich in den 2—20 resp. 18 cm tiefgelegenen Bodenschichten.

Auch die chemischen Eigenschaften des Bodens beeinflussen die Transpiration der Pflanzen. Dies zeigte J. Sachs[67]) in Versuchen, deren Art und und Resultate in Tabelle S. 108 zum Ausdruck kommen.

Pflanzen, deren Standort mit reinem Wasser begossen wurde oder direkt reines Wasser war, verdunsteten somit in einer bestimmten Zeit unter sonst gleichen Bedingungen mehr als mit Salzlösungen behandelte. Die Pflanzen blieben aber in beiden Fällen frisch.

Die Salzlösungen haben somit als Regulatoren gewirkt, indem sie die Wasseraufnahme verlangsamen, damit den Boden länger feucht erhalten.

66) Forschungen auf d. Geb. d. Agr.-Physik Bd. III, H. 1.

67) Landw. Vers.-Stat. Bd. I, p. 203.

Name der Pflanze	Zeit des Versuches	Reines Wasser hierbei verdunstet g	Salzlösung: Art derselben	Salzlösung: Verdunstete Wassermenge g	Art des Bodens
Vicia faba (Saubohne)	15.—21. Aug.	54,6	1% Salpeterlös.	32,9	?
Cucurbita Pepo (Kürbis)	16.—26. „	171,6	„ „ „	157,35	Humoser Sandboden.
Cucurbita Pepo (Kürbis) . . .	16.—24. „	82,15	1% schwefelsaure Ammoniaklösung	65,35	Humoser Sandboden.
Junge Tabakspflanze	20.—31. „	339,1	1% Salpeterlös.	267,3	Schwarzer Humus und grober Sand.
„ „	9.—11. Sept.	30,7	1/8% Gypslösung	14,6	Reicher Buchenhumus.
Junge Maipflanze .	19.—25. Aug.	18,15	0,33% schwefels. Ammoniaklösung	7,0	Wasser.
„ „	19.—22. „	18,15	0,5%	6,5	„
Kürbis	4.—7. Sept.	17,5	0,5% Kochsalzlös.	4,6	„

Bürgerstein's[68]) Versuche bestätigten die Angaben Sachs's mit Nährlösungen vollständig. Auch er fand, dass Säuren die Transpiration beschleunigen, die Alkalien dagegen retardirend wirken. Einzelne Salze steigern oder setzen die Transpiration je nach ihrer Konzentration herab, während vollständige Nährstofflösung die Transpiration stets verringert.

Einfluss der Erschütterung.

Es ist endlich hier noch eines Einflusses auf die Pflanzentranspiration Erwähnung zu thun.

J. B. Baranetzky[69]) fand in seinen Versuchen über die Transpiration, dass eine Erschütterung unmittelbar eine Transpirationserhöhung zur Folge hat, der alsdann eine Verminderung auf dem Fusse folgt. Ja, wiederholte Erschütterungen beeinflussen die Transpiration derart, dass sie für einige Zeit ganz sistirt wird.

Die Transpirationssteigerung ist alsdann eine Folge davon, dass stellenweise die Intercellularräume comprimirt und dampfgesättigte Luft ausgepresst wird; bei dauernder Erschütterung sollen die Spaltöffnungen in einer geringeren Oeffnungsweite verharren und dadurch die Transpiration verhindern.

Ein solcher Versuch mit Inula helenium möge hier in seinen Resultaten wiedergegeben werden (s. Tab. S. 109).

Ob die Thatsache, dass Pflanzen im Freien besser gedeihen als in geschlossenen Räumen, mit dem eventuellen aber nicht erwiesenen Vortheil der Erschütterungen (dieselben sollen in vortheilhafter Weise die Luft

[68]) Sitzungsber. der kaiserl. Acad. d. Wissensch. LXXIII, 1. Abth. Märzheft 1876.

[69]) Vergl. Jahrb. f. Agr.-Chem. II. Bd. p. 159.

der Intercellularräume wiederholt erneuern) zusammenhängt, ist, wenn auch die Annahme hierfür verführerisch, immerhin sehr fraglich.

Zeit der Beobachtung (Morgens)	Transpirationsmenge g	Luftemperatur °C.	Luftfeuchtigkeit %
7 Uhr 40 Min. ruhig . . .	0,50	22,1	76
8 „ 10 „ „ . . .	0,52	22,2	76
8 „ 40 „ erschüttert .	0,68	22,4	76
9 „ 10 „ „			
9 „ 40 „ ruhig . . .	0,47	22,5	76
10 „ 10 „ „ . . .	0,55	22,7	77
10 „ 40 „ „ . . .	0,54	22,9	76
11 „ 10 „ erschüttert .	0,59	23,1	76
11 „ 40 „ ruhig . . .	0,45	23,3	75
12 „ 10 „ „ . . .	0,52	23,4	76

5. Ernährungsversuche.

A. Culturversuche.

Die Cultur- oder Vegetationsversuche haben ihre Aufgabe nach zwei Richtungen hin erstreckt. Einmal soll das erhaltene Pflanzenprodukt das sinnliche beweisende Moment für die Entbehrlichkeit oder Unentbehrlichkeit eines Pflanzennährstoffes liefern, nach der andern Richtung zeigen, dass, im Falle der Pflanze sämmtliche Nährstoffe zur Disposition standen, diese auf künstliche, besser gesagt chemisch-theoretische Weise ernährte Pflanze in Betreff der Massenproduktion organischer Substanz, der chemischen Zusammensetzung und formalen Ausbildung einer unter natürlichen Verhältnissen gewachsenen Pflanze nicht nur gleichkommt, sondern sie bei genauer Berücksichtigung der physiologischen Anforderungen überholen muss. Die Versuche nach beiden Richtungen sind demnach Ernährungsversuche und unterscheiden sich blos in der Wahl der Methode, in der Wahl des Nährmediums. Es sind demnach auf dem Gebiete der Erforschung der Pflanzenernährung folgende Versuchsarten zu verzeichnen:

1. Versuche mit Boden in Kästen,
2. Versuche mit künstlichen Nährgemischen,
3. Versuche mit ausgewaschenem Sand, der mit Nährstofflösung durchtränkt ist,
4. Versuche mit Nährstofflösungen.

Es ist mir hier des Raumes und des praktischen Zielpunktes wegen nicht gestattet, die Versuche der Reihe nach zu beschreiben und werde ich mich daher in Betreff der Beschreibung der Methode hier lediglich auf die Versuche mit Nährstofflösungen zu beschränken haben.

Dort wo eine Beschreibung der unter 1. 2. und 3. genannten Methoden wegen grundlegender Ideen nothwendig ist, wird dieselbe den betreffenden Versuchen gleich angeschlossen.

Es ist das grosse Verdienst von J. Sachs, die Experimente Duhamels, der in Flusswasser Eichen mit reifen Früchten in einer Vegetationszeit von 8 Jahren zog, an das Tageslicht gebracht und die Möglichkeit gezeigt zu haben, Pflanzen in destillirtem Wasser mit Zuschuss von Nährstoffen zu ziehen. Geschichtlic

Die Culturversuche wurden alsdann von Knop, Wolf, Stohmann, Nobbe, Henneberg, Hellriegel und anderen mit wachsendem Erfolge fortgeführt. Wer die Nobbe'schen (in der Hallenser Gewerbeausstellung 1881 ausgestellten) drei- und vierjährigen Erlenbäume zu sehen Gelegenheit gefunden, wird nicht mehr an der noch nicht vor gar langer Zeit angefochtenen Möglichkeit der Wassercultur (Nährlösungscultur) zu zweifeln im Stande sein. Eine vierjährige Erle hat vorigen Herbst männliche Blüthen und das Jahr darauf Früchte von fast abnormer Grösse in grosser Menge geliefert. Während von Nobbe die Wassercultur auf ihre höchste Blüthe gebracht wurde, ist andererseits von Hellriegel die Sandcultur ausgebildet worden[1]).

Die beiden Methoden der Cultur unterscheiden sich darin, dass bei erster nur destillirtes Wasser verwendet wird, in welchem die Nährstoffe theils gelöst, theils suspendirt sind, während bei der Sandcultur mit Nährstoffen durchtränkter ausgewaschener Sand als Medium zur Verwendung gelangt.

Die Wassercultur hat aber immerhin gegenüber der andern den Vorzug, dass sie mit absolut reinen Materialien arbeitet. Hellriegel giebt der Sandcultur den Vorzug, weil sie zwei Wachsthumsfaktoren, dem Wasser und dem Raum, Rechnung trägt; ferner lasse sich die Produktion einer Pflanze durch den Raum dirigiren[2]). Dem entgegnet Nobbe[3]), dass allerdings die Wirkung der Feuchtigkeitsprozente des Bodens auf das Wachsthum durch die Wassercultur nicht berücksichtigt werden könne, dass aber auch ein Mangel an Turgescenz, der auf zu geringe Wasseraufnahme hindeute, bei den in Wasser gezogenen Pflanzen vorkommt, dass endlich auch bei den Wasserculturen sich der Wurzelraum bestimmen lasse. Dagegen ist das Verhältniss zwischen Wasseraufnahme und Wasserverbrauch (durch Transpiration) in der Wassercultur genauer controlirbar[3a]).

---

1) Landw. Vers.-Stat. Bd. X, p. 103, 114.

2) Vgl. Landw. Vers.-Stat. Bd. XI, p. 111.

3) Daselbst p. 113.

3a) Das Erscheinen des neuen Hellriegel'schen Werkes über die Sandculturen fällt leider zu spät in eine Zeit, die mir ein eingehendes Studium und Verwerthen desselben für die vorliegende Zusammenstellung nicht mehr gestattete.

Methode der Wasserculturen.

Methode[3b]): Die Samen werden, bevor sie in die eigentlichen Culturgefässe gelangen, vorgekeimt, indem man sie in Sägespänen, feuchtem Sand oder in einem Keimapparat keimen lässt. Der Gebrauch der Sägespäne ist nicht zu empfehlen, weil die Wurzeln mit diesen verwachsen und die Entfernung ohne Verwundungen, die erst heilen müssen, bevor die Cultur beginnt, fast nicht möglich ist. Das beste ist, — man entgeht damit der Möglichkeit, dass bei Ernährungsversuchen schon aus dem Keimbette Nährstoffe in die Pflanze eintreten, — dass man den Samen auf durchlöchertem Pergamentpapier oder einem Rosshaarnetz oder noch besser auf einem Gazetuch keimen lässt, das über ein mit destillirtem Wasser gefülltes kleines Glasgefäss gespannt ist. Ist die Keimwurzel einige Centimeter lang

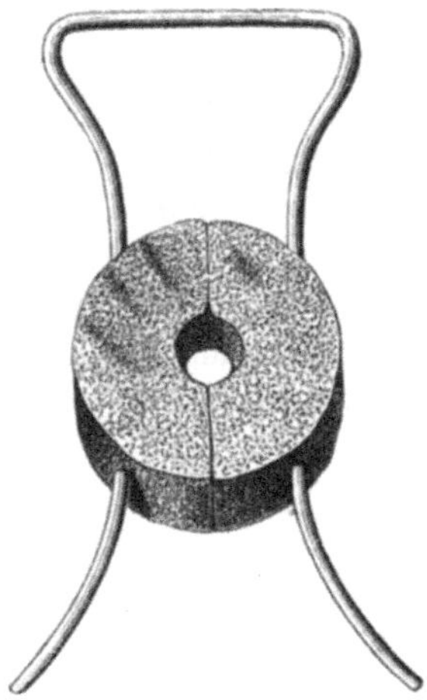

Nach Nobbe.

und die Plumula vollends entfaltet, so kommt jede Pflanze in ein cylindrisches Nährstoffgefäss aus Glas, das mit einem leicht abhebbaren, aus Eisenblech verfertigten Deckel versehen ist, dessen Ränder die Gefässwand nach aussen umspannen. Der Deckel hat drei kreisrunde Oeffnungen, eine in der Mitte, zu beiden Seiten die beiden andern. Bei Versuchen aber, in denen es nothwendig ist jede Berührung der Flüssigkeit mit dem Eisen zu vermeiden, sind Deckel aus Zinkblech, die mit einem schwarzen Lack bestrichen, vorzuziehen. Die junge Pflanze wird zunächst in die Bohrung einer Korkscheibe gesteckt, die durch einen Messingdraht in der durch die Zeichnung veranschaulichten Weise festgehalten ist, so dass das Ganze

3b) Die Angaben beziehen sich sämmtlich auf die in der Tharander Pflanzenphysiologischen-Versuchsstation (Abtheilung: Wassercultur) üblichen Einrichtungen.

eine einfache Klammer darstellt. Die in dem Kork sitzende Pflanze wird in die Deckelöffnung eingefügt. Um jedoch einen zu starken Druck der Korkscheibe auf die Pflanze zu verhindern (die Pflanze muss immerhin einen festen Halt haben), wird zwischen dem Stamm der Pflanze und der Korkscheibe etwas Watte eingeschoben, die Durchbohrung später eventuell etwas erweitert. Um die Nährlösung in das Gefäss stets nachfüllen zu können, ist der Deckel vom Centrum nach dem Umfang hin mehr oder weniger weit durchschlitzt. Die Gefässe werden von einer schwarzen Pappendeckelmanchette, die mittelst zwei an den Rändern befestigter Bändchen um das Gefäss festgebunden werden, vollständig eingeschlossen; wenn ferner der Schlitz des Deckels ebenfalls mit einem Pappendeckelstreifen bedeckt ist, so ist ein ausreichender Lichtabschluss gewonnen. Die Manchette kann behufs Controle der Flüssigkeit wie Beobachtung des Wurzelwachsthums einfach durch Aufknüpfen der Masche beliebig entfernt werden.

Sind die Pflanzen grösser geworden, so müssen sie in grössere Gefässe umgesetzt werden, wobei natürlich der Durchmesser des Deckels, die mittlere Deckelöffnung sowie der Schlitz zum Nachfüllen, entsprechend vergrössert sein muss. Für Pflanzen, die so gross geworden, dass sie wegen ihrer Schwere in der Deckelöffnung ihren Halt verlieren, werden in den beiden seitlichen Deckelöffnungen Korke eingeklemmt, in deren Bohrungen lange Stäbe eingefügt werden; dieselben, durch kleine Querstäbchen gespreitzt, bilden alsdann eine Art kleiner Spaliere. Vielleicht ist hier die Verbesserung anzubringen, dass man einen festen Messingdraht von einer Seite des Deckels zur anderen spannt. Die Holzstäbe fallen beim Umsetzen der Pflanzen nur allzu leicht heraus.

Die Montirungsverhältnisse der Culturgefässe, die ich hier mit Absicht etwas weitläufiger behandle, weil mir die Plackereien mit dem Umfallen der Pflanzen und dergleichen wohl bekannt, sind in der nachstehenden Figur veranschaulicht.

Eine Station, die sich die Wassercultur zur Aufgabe gestellt, wird am besten thun, sich in drei verschiedenen Grössenverhältnissen hergerichtete Culturgefässe mit den entsprechenden Deckeln stets vorräthig zu halten.

Die Grösse der Gefässe würde demnach am besten folgendermassen zu wählen sein (nach der Tharander Usance):

1. Kleine Gefässe mit Gaze verschlossen, auf welchem die zwölfstündig gequollenen und dann auf Fliesspapier gekeimten Körner gelegt werden. Sie werden mit destillirtem Wasser angefüllt. Die Keimpflanzen gelangen alsdann jede für sich in ein
2. Opodeldokgläschen und werden in demselben mittelst der erwähnten und abgebildeten Korkklammer im Halse festgehalten. Dieselben enthalten bereits die entsprechende Lösung;
3. 1 Litergefäss, Lösung 1. p. m.;

4. 2 Litergefässe;

5. 3 Litergefässe. Dieselben genügen bereits für alle Culturen[4]).

Die Grösse der Versuchsgefässe ist nämlich nicht ohne Einfluss auf die absolute Massenbildung der Pflanzen. „Wiewohl eine Steigerung der organischen Produktion einer Pflanze im höheren Masse die oberirdischen Organe als die Wurzeln zu treffen pflegt, sofern nicht letztere, wie bei den Wurzelgewächsen, ein Secretionsorgan für Reservestoffe sind“[5]), so ist es doch rathsam, aus Gründen, die später zur Erörterung gelangen, möglichst geräumige Gefässe zu verwenden.

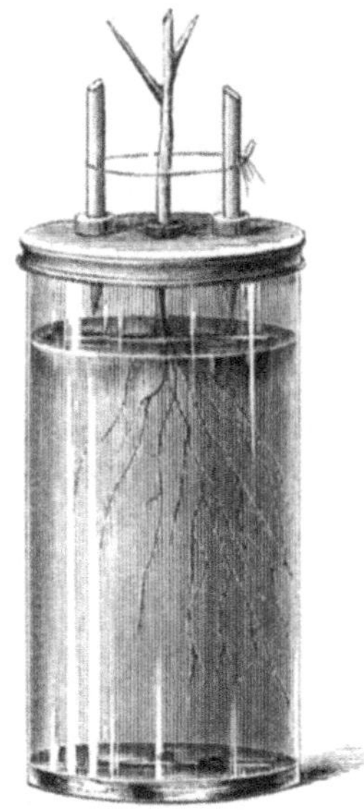

Nach Nobbe.

Die Züchtung von Pflanzen in Nährlösungen erfordert eine peinliche und constante Aufmerksamkeit. Einmal ist andauernd darauf zu sehen, dass die Pflanzen mit einem gewissen „Eigenhalt“ im Korke sitzen, ohne dass sie gedrückt werden. Tritt letzteres ein, so hat es zur Folge, dass der Stamm Verdickungen, überwallungsartige Wülste bildet, und dass dann der Deckel zwischen Wurzelstock und dem verbreiterten Stamm festsitzt. Eine solche Pflanze ist für die weitere Cultur verloren.

Namentlich tritt beim Mais der Fall häufig ein, dass die Kron- oder Stammwurzeln über den Kork heraus- oder an den Deckel festwachsen,

---

[4]) Für Culturen, z. B. der Erlen, würde natürlich der Rauminhalt nicht entsprechen. Die berühmt gewordenen „Erlenculturen“ stehen in hölzernen Gefässen von über 80 l Rauminhalt.

[5]) Nobbe, Landw. Vers.-Stat. Bd. VII, p. 71.

so dass das Umsetzen der Pflanzen nicht mehr möglich wird. Ferner ist darauf zu sehen, dass das Gefäss nicht zu hoch angefüllt ist, aber auch nicht zu wenig Wasser enthält; der Stamm darf auf keinen Fall im Wasser stehen, ebenso wie es für die Cultur nachtheilig ist, wenn der Wurzelkörper von Wasser entblösst ist. Schon aus diesen Gründen ist ein häufiges, ja unausgesetztes Umsetzen der Pflanzen, ein beständiges Controliren des Wasserstandes im Gefässe unbedingt nothwendig. Die Pflanzen sind aber noch anderen Fährlichkeiten ausgesetzt. In der Nährstofflösung findet nämlich häufig, d. h. dann, wenn nicht die gehörigen Vorsichtsmassregeln getroffen werden, namentlich gegen Ende der Vegetationszeit, ein Eingriff der Wurzeln in die Nährstofflösung derart ein, dass sich in letzterer in Folge der Anwesenheit des Schwefels ein Niederschlag von Schwefeleisen, der von einem penetranten Geruch von Schwefelwasserstoff begleitet ist, bildet. Letzterer schwärzt die Wurzeln, schliesst sie vollständig ab und bewirkt ihre Zersetzung, so dass dieselben alsbald absterben.

Ich konnte stets bemerken, dass die Färbung der Lösung successive aber doch rasch vom Gefässboden nach dem Niveau hin fortschreitet. Nach Stohmann[6]) soll das Eintreten alkalischer Reaktion in der Lösung die Ursache der besagten Erscheinung sein, und die Wurzeln selbst sollen die saure Lösung alkalisch machen. Sachs hat diesen Reduktionsvorgang zuerst beschrieben[7]). Auch hier ist das sofortige Umsetzen der Pflanzen und zwar in frisches Wasser und dann in eine neue Lösung, unbedingt nothwendig, aber auch von sofort sichtlicher vortheilhafter Wirkung. Ebenso wie das Entstehen des Schwefeleisenniederschlags ist das Auftreten von Gährungs- und schliesslich Zersetzungserscheinungen an der Wurzel von der verderblichsten Wirkung. Die ersteren charakterisiren sich sofort dadurch, dass die Wurzeln sich schleimig anfühlen und beim Herausheben der Pflanze an derselben lange schleimige Fäden haften bleiben. Auch diese Erscheinung begleitet in der Regel ein mehr oder weniger übler Geruch. Der Inspicirende hat von seinem Geruchsorgan häufig Gebrauch zu machen und es ist am besten, beim Auftreten jedes fremden Geruches, das Umsetzen der Pflanze sofort vorzunehmen. Derartige Erscheinungen sind stets Folgen von Sauerstoffmangel in dem Lösungswasser. Die schleimigen Fäden sind eingeschleimte Spaltpilzvegetationen, wie überhaupt ein solches Wasser ein nur zu günstiges Objekt zum Studium der mannigfaltigsten Organismen darstellt. Bei grossen, sehr reich bewurzelten Pflanzen (Erlen etc.), demgemäss grossen Vegetationsgefässen, ist die Gefahr eine um so grössere, als ein häufiges Umwechseln der Lösung mit grossen Kosten verbunden ist. Indessen es müsste nicht schwer fallen, Einrichtungen treffen zu

---

[6]) Landw. Vers.-Stat. Bd. X.

[7]) Sachs, Handb. d. Physiologie p. 123.

können, die es ermöglichen, die Luft in den Gefässen continuirlich zu erneuern.

Endlich möchte ich noch auf das von den Gewächshäusern her bekannte oft plötzliche und massenhafte Auftreten von Blattläusen und weissen Milben hinweisen, gegen welches kein anderes Mittel vorhanden als beständiges Waschen der Blätter mit angefeuchteter Baumwolle; als Waschflüssigkeit kann man unbedenklich einen Tabackextrakt verwenden. Namentlich so lange die Läuse und Milben noch vereinzelt auftreten, sind dieselben mittelst der Pincette abzulösen und zu tödten. Hat man das in dieser Zeit versäumt, ist man später kaum im Stande, derselben Herr zu werden.

Zu so ausgebreiteten Vegetationsversuchen (oft über 200 Vegetationsexemplare) wie sie in der Tharander pflanzenphysiologischen Versuchsstation ausgeführt werden, ist ein geräumiges, zweckentsprechendes Vegetationshaus ein unabweisbares Bedürfniss. Ein solches steht daselbt schon seit dem 23. Juni 1869.

Vegetationshaus für Wasserculturen.

Die Beschreibung desselben lasse ich nach Nobbe's Wortlaut folgen[8]:

Betreffend den Bau des Vegetationshauses aus Glas und Eisen, so wurde dessen Ausführung Herrn Maschinenfabrikanten J. S. Petzholdt zu Döhlen übertragen und innerhalb der kurzen Frist von sieben Wochen zum kontraktmässigen Gesammtpreis von 1075 Thalern und zur vollen Befriedigung des Kuratoriums hergestellt. Die inzwischen begonnenen Vegetationen fanden während der Dauer des Baues ein interimistisches freundliches Asyl in dem so geräumigen wie lichten Rundbau einer dem Akademiegebäude benachbarten Villa, deren gefällige Ueberlassung für beregte Zwecke uns dem Besitzer, Herrn Advokat F. A. Schmidt zu Dresden, zu aufrichtigem Danke verpflichtet, da wir auf diese Weise in die angenehme Lage versetzt waren, bei der Uebergabe des Vegetationshauses, am 23. Juni, mit einer stattlichen Reihe von circa 150 Versuchspflanzen verschiedener Gattungen, welche sämmtlich in wässerigen Lösungen cultivirt wurden, einziehen zu können.

Der Plan, nach welchem das Vegetationshaus erbaut worden, ist in seinen wesentlichen Grundzügen bereits vor sechs Jahren von dem Referenten entworfen und, durch Risse veranschaulicht, höheren Orts vorgelegt worden, ohne dass bis jetzt Gelegenheit zu dessen praktischer Ausführung vorhanden gewesen wäre.

Ein Glashaus für Pflanzenculturen zu wissenschaftlichen Zwecken ist kein Gewächshaus im gärtnerischen Sinne. Weder die Kalt- noch Warmhäuser können ein Muster für dessen Einrichtung darbieten. Nur während der Sommermonate soll es bei der Erziehung von solchen Pflanzen dienen,

---

[8]) Landw. Vers.-Stat. Bd. XII, 1869, p. 478.

welchen ein Vollgenuss von Sonnenlicht und freier Luft zur freudigen Entfaltung und Massenproduktion Bedürfniss ist, den letzteren einen gelegentlichen Schutz gegen störende Eingriffe von Witterungsunbilden etc. darbieten. Als massgebendes Princip für die Einrichtung einer derartigen Baulichkeit muss daher festgehalten werden, dass die in einem künstlichen Boden, wie es das mit Nährstoffen versetzte Wasser ist, zu erziehen, den Pflanzen in allen Beziehungen, bis auf das abweichende Wurzelmedium, den im freien Felde wachsenden Pflanzen ihrer Art gleichgestellt, also den Einwirkungen von Licht, Luft, Wärme und Feuchtigkeit gleich jenen exponirt werden.

Die mit Sandsteinfliesen belegte Sohle des Tharander Vegetationshauses ist um nahezu 1 m gegen die umgebende Bodenfläche vertieft; sechs Stufen aus Sandstein führen zu ihr hinab; die Stellagen, welche den Versuchspflanzen als Unterlage dienen, haben mit dem Niveau des umliegenden Terrains gleiche Höhe. Da es unter allen Umständen mit hohen Schwierigkeiten verknüpft ist, die Lüftung eines Glashauses in der Art zu organisiren, dass nicht eine erhöhte, das gesunde Wachsthum gefährdende Temperatur im Innern des Raumes sich ansammle, während zugleich eine Schwächung der leuchtenden, verschiedene Akte des Pflanzenlebens bedingenden Strahlen des Sonnenlichtes durch das Fensterglas herbeigeführt wird, so haben wir eine Einrichtung im Princip adoptirt, welche zuerst in Dahme in Anwendung gebracht worden, und die sich auch bei uns mit einigen durch die anderweiten Einrichtungen unseres Hauses bedingten Abänderungen als zweckmässig bewährt. Diese Einrichtung besteht in der Anlage von Eisenbahnschienen auf der Sohle des Hauses, welche in zwei parallelen 1,8 m entfernten Strängen die Längsmitte des Hauses durchlaufen und in eine 7,5 m lange und 2,25 m breite Ausfahrt einmünden, die bei uns selbstverständlich gleichfalls um ca. 1 m vertieft liegt. Der eiserne Wagen, welcher auf drei hölzernen Tischplatten die Pflanzen trägt und mit den letzteren eine Last von gegen 100 Centner repräsentirt, lässt sich gleichwohl mittelst einer Kurbel und eines Bewegungsapparats von gezahnten Transmissions-Rädern u. s. w., welcher am hinteren Ende des Wagens selbst, bezw. unterhalb der letzten Abtheilung desselben befestigt ist, mit einem sehr geringen Kraftaufwand an der Kurbel so leise und stetig aus dem Gebäude ins Freie und wieder zurück rollen, dass die Pflanzen kaum die mindeste Erschütterung erfahren. Die Theilung der Tragfläche des Wagens hat den Zweck, zwei 0,55 m breite Zwischengänge zu schaffen, welche die Möglichkeit gewähren, mit sämmtlichen Versuchspflanzen in bequemer Weise zu manipuliren, einzelne herauszuheben, ohne die nicht eben in Arbeit zu nehmenden stören zu müssen. Die Flächen einer jeden der drei mit einer Randumfassung armirten Tischplatten beträgt 2,3 qm, so dass 150—200 Standgefässe zu je drei Liter Inhalt auf-

denselben Platz finden. Der sehr sauber und solid gearbeitete 4,5 m lange, 2 m breite Wagen sammt den zugehörigen Tragplatten, den Seilrollen von Eisen mit Lagern, Bolzen, Seilwalze, conischem Getriebe, Griffrade, Seil und Anstrich, ist beiläufig für 118 Thaler hergestellt.

Die Pflanzen befinden sich hiernach während der Tageszeit in der Regel im Freien und werden nur des Nachts und bei ungünstiger Witterung (zum Schutz gegen Regen, Hagel und Thau, welcher letztere nach Befinden durch Besprengen der Pflanzen mit destillirtem Wasser aus einer feinen Brause in seiner physikalischen Wirkung ersetzt wird) in das Vegetationshaus zurückgeführt. Dass das Gebäude trotzdem, namentlich im Hochsommer, nach Möglichkeit zu lüften und durch Sprengen mit Wasser, durch geeignete Beschaffung auf eine gemässigte Temperatur zu bringen, versteht sich von selbst.

Das Vegetationshaus erstreckt sich nahezu von S. nach N. in einer (inneren) Länge von 7,1 m und einer Breite von 4,9 m. Die First des unter einem Winkel von 130° zusammenstossenden Satteldaches ist 2,8 m über dem äusseren Terrain und 3,7 m über der Sohle des Hauses erhaben. Die Umfassungsmauern bis zur Terrainhöhe, sowie die Umfassung der Ausfuhr sind von Bruchstein, die 0,47 m starken Giebelwände von Ziegelstein errichtet, der Beleg sowohl der Giebelwände als auch der Umfassungsmauer an beiden Längsseiten des Hauses und an der Wagenausfuhr besteht, wie der der Treppe, aus Sandstein. Das Sparrwerk des Daches mit seinen Sprengeln, desgl. das Skelett des Daches und der Seitenwände für den Glaseinsatz sind von Eisen. Die Glastafeln sind 2340 qcm gross, so dass für jede Seitenwand 36 (in 3 übereinander liegenden Reihen), für jede Dachfläche 78 (6 Reihen) Tafeln erforderlich waren. Für die 72 Seitenfenster ist doppelte, für die 156 Dachfenster dreifache Stärke des Glases gewählt worden. In der hinteren (nördlichen) Giebelwand aus Ziegelsteinen sind zwei grössere Schränke eingelassen zur zeitweiligen Aufnahme von Glasgefässen, Reagentien, Ernteprodukten etc. An der vorderen Giebelseite befindet sich die 2,6 m hohe und 2,15 m breite hölzerne Thoröffnung (zugleich Eingangsthüre), deren Oeffnung durch Auseinanderschieben beider Flügel mittelst Laufschienen und Rollen bewerkstelligt wird.

Durch vier eiserne Fensterflügel an den Seitenwänden und das in der Regel geöffnete Thor wird für Luftcirculation gesorgt; wie sich herausgestellt hat, in ungenügender Weise. Es kann in dieser Hinsicht nicht leicht zu viel geschehen, und sind für die bevorstehende Vegetationsperiode verbesserte Einrichtungen in Aussicht genommen.

Bereitung d. Nährstofflösu

Bei der Bereitung der Nährstofflösungen ist am besten so zu verfahren, dass man sich vorher die gewünschte Quantität genau titrirter Lösungen der einzelnen Salze, die man verwenden will, herstellt. Mit einer Pipette nimmt man daraus die nöthige Anzahl von Cubikcentimetern heraus, mischt das Gemenge mit dem nöthigen Quantum Wasser[9]). Es ist natürlich, dass sich in Folge der sich bildenden Niederschläge und Suspendirungen von phosphorsaurem Eisen, dessen Berücksichtigung bei der Herstellung der Lösung am umständlichsten, die Lösungen trüben. Es haben die zahlreichen Versuche von Stohmann, Nobbe und anderen gezeigt, dass das auf die Züchtung der Pflanzen keinen wesentlichen Einfluss übt.

Will man reine, von Niederschlägen freie Lösungen herstellen, so hat man zwei Methoden hierzu: Die eine ist die von Sachs eingeführte Methode der „fraktionirten Lösungen", nach welcher man die einzelnen Salze so in zwei oder mehrere Gruppen vertheilt, dass sie bei einer Gesammtkonzentration von 3—4 p. m. keine Niederschläge geben. Die Pflanzen werden alsdann abwechselnd in einer oder der anderen Lösung gezüchtet[10]). Auf diese Weise konnte Sachs Mais und Bohnen bis zur Beendigung des vollen Entwickelungszyclus und zur Produktion von namhaften Massen organischer Substanz bringen, ein Beweis zugleich, dass die Pflanzen die verschiedenen Nährstoffe nicht auf einmal aufzunehmen brauchen. Nach den Versuchen von J. Vesque[11]) ist die Fraktionirung sogar vortheilhafter. Die Umsetzungen in die verschiedenen Lösungen, müssen nach verhältnissmässig kurzer Zeit erfolgen.

Die zweite Methode besteht einfach darin, dass man das Nährlösungswasser schwach ansäuert.

Konzentrati der Nährlösı

Was die Konzentration der zu der Wassercultur verwendeten Lösung betrifft, so hat Lucanus und Birner[12]) durch Versuche mit 3, 2 und 1 p. m. Lösungen gezeigt, dass das Verhältniss der Körner zu den Halmen und Spelzen mit steigender Konzentration zu Ungunsten der letzteren herabgedrückt, das Eisenoxyd in allen oberirdischen Theilen relativ verringert wird, Kalk zunimmt, Magnesia abnimmt, dagegen Kali, Schwefelsäure, Salpetersäure steigt, ohne jedoch in bestimmten Verhältnissen zu der Konzentration zu stehen.

Die Versuche Beyer's zeigen ganz ähnliche Verhältnisse[13]).

Wenn auch die Konzentration ohne Nachtheil für die Pflanzen schwan-

---

[9]) Vgl. Sachs, Handb. der Pflanzenphysiologie p. 123.

[10]) Ebendaselbst.

[11]) Annales de l'Institut agronomique No. 4.

[12]) Landw. Vers.-Stat. Bd. VIII, 1868, p. 134.

[13]) Landw. Vers.-Stat. Bd. XI, 1869.

ken darf, so hat doch Nobbe[14]) gezeigt, dass in einer bestimmten Nährlösung mit einem Gehalt von $^1/_{10}$ p. m. Buchweizen schlecht fortkam, während derselbe bei einer Lösung von 5 p. m. die grösste Masse pruduzirte. Bei anderen Pflanzen haben sich dagegen die höheren Konzentrationen als schädlich gezeigt, „indem sie den Zellsaft mit mineralischen Nährstoffen überladen.“ Dies zeigt sich durch eine verminderte Wasserverdunstung und jenes Auftreten von Salzauswitterungen am Stamm, den Blattstielen und Blättern. Schon Lösungen von 3 p. m., sogar 2 p. m. Konzentration zeigen, wenn auch im schwächeren Grade, die genannten Effloreszenzen und sind dann schon als zu hoch zu bezeichnen[15]).

Bei ausschliesslicher Züchtung der Pflanzen in wässriger Lösung ist daher vortheilhaft die Lösung zu einer Konzentration von $^1/_2$ p. m. oder 1 p. m. anzuwenden, dabei aber „durch Anwendung sehr grosser Gefässe oder durch hinlängliche Erneuerungen einer Veränderung der Urlösung zu begegnen und auf diese Weise annähernd das auszuführen, was der Ackerboden durch sein mannigfach regulatorisches Absorptionsvermögen bewirkt“[16]).

Zusammensetzung der Normalnährstofflösung in der pflanzen-physiologischen Station zu Tharand.

4 Moleküle	KCl
4 „	$Ca(NO_3)_2$
1 „	$MgSO_4 + 7H_2O$
0,133	$Fe_2(PO_4)_2$
0,033	KH_2PO_4

1 l Nährflüssigkeit enthält demnach:

KCl	0,20711
$Ca(NO_3)_2$	0,45592
$MgSO_4$	0,17097
$Fe_2(PO_4)_2$	0,13300
KH_2PO_4	0,03300.

Die Bedingungen des Kohlenstoffs, Sauerstoffs und Wasserstoffs zum Leben der Pflanze sind bereits in den vorhergehenden Versuchskapiteln (Assimilation, Athmung, Transpiration) besprochen worden. Wiewohl der Stickstoff durch seine constitutionelle Beziehung zum Plasma der Zelle selbstverständlich als unentbehrlicher Pflanzennährstoff gelten muss, so muss derselbe doch hier in seiner Eigenschaft als Pflanzennährstoff näher in's Auge gefasst werden.

---

14) Landw. Vers.-Stat. Bd. VI, p. 40 u. 543.

15) Vgl. Landw. Vers.-Stat. Bd. VI, p. 44.

16) Ebendas. p. 45.

Nach den ältesten Versuchen von Prestley[17]) und Ingenhouss[18]), deren Wahrnehmungen, dass alle Pflanzen, die im Stickstoffgase vegetirten, binnen wenigen Stunden gewisse Mengen von denselben aufnahmen, durch die Versuche Saussure's[19]), der niemals eine Stickstoffabnahme im Versuchsraum, ja eine Stickstoffvermehrung in demselben bemerkte, negirt wurden, und nachdem später von Liebig[20]), auf theoretische Gründe gestützt, angenommen wurde, dass die nächste Stickstoffquelle in den Ammoniakverbindungen oder vielmehr in den aus diesen entstehenden salpetersauren Verbindungen der Luft zu suchen sei, ist es erst Boussingault[21]) gewesen, der in exakt experimenteller Weise durch eine ganze Reihe schöner Versuche die schwebende Frage verneinend beantwortete und den Satz aufstellte, dass die Pflanzen den freien Stickstoff zur Vermehrung ihrer stickstoffhaltigen Substanz zu verwenden nicht im Stande sind. J. Sachs beschreibt in seinem Handbuch der Experimentalphysiologie (p. 134) einen dieser Versuche. Da erst in allerjüngster Zeit durch einige im folgenden Kapitel zur Erörterung gelangende Feldversuche die Frage des Stickstoffbedarfs wiederum in den Vordergrund tritt, ist eine Reproduktion dieses Versuchs, abgesehen von der vorgenommenen Absicht, der Versuchsmethode besonderes Augenmerk zu schenken, geboten. Die Benutzung des Wortlautes und der Apparatzeichnung, die sich in dem genannten grundlegenden Werke des berühmten Forschers vorfindet, ist darum schon von Vortheil, weil letztere der Originalzeichnung gegenüber graphisch vereinfacht ist. Stickstoff.

Methode: In dem Glaskäfig *A* (p. 122) von 124 l Inhalt, stehen die Blumentöpfe von 4 Deciliter Inhalt in Untersätzen auf einem Marmorsockel. Die Blumentöpfe enthalten als Boden geglühten Bimstein, der mit Asche gemengt und mit reinem (destillirten) Wasser befeuchtet ist. In diesen stickstofflosen Boden werden die Samen gelegt. Bei *B* ist die Glasscheibe des Käfigs 20 cm über dem Untersatze durch eine mit Firniss überzogene Eisenbarre unterbrochen (auch der die Glasscheibe zusammenhaltende Rahmen von Eisen ist gefirnisst). In dieser Barre befinden sich die Löcher

---

[17]) Versuche und Beobachtungen über verschiedene Gattungen der Luft, 1780. Th. II, p. 89 und Th. III, p. 229—291.

[18]) Ueber die Ernährung der Gewächse und die Fruchtbarkeit des Bodens, deutsch von Fischer, 1798, p. 45—116.

[19]) Chemische Untersuchungen über die Vegetation, übersetzt v. Voigt, Leipzig 1805, p. 148—168.

[20]) Chemie in ihrer Anwendung auf Agricultur u. Physiologie.

[21]) Compt. rend. I, 39, p. 601. Vgl. auch 4. Bd. oder Supplementband der „Landwirthschaft in ihren Beziehungen z. Chemie, Physik u. Meteorologie“, deutsch v. Grajen, 1856.

c, *d*, *e* mit Tüllen, welche Pfropfen aufnehmen, die mit Unschlitt imprägnirt sind. Durch *c* lässt man kohlensaures Gas, durch *d* atmosphärische Luft eintreten; durch *e* können die Pflanzen begossen werden, zugleich nimmt man durch diese Oeffnung abfallende Blätter weg. Die kleine Scheibe *F* ist mit Kitt so befestigt, dass sie leicht weggenommen und wieder eingesetzt werden kann, sie dient als Thür bei dem Einsetzen und Wegnehmen der Pflanzen. Die Seite *G* ist ebenfalls durch eine gefirnisste Eisenbarre getheilt, in welcher ein Rohr *o* befestigt ist, das seinerseits mit einem Aspirator von 500 l (in der Nähe einer Quelle) in Verbindung steht. Die atmosphärische Luft, welche bei der Thätigkeit des Aspirators durch die Oeffnung *d* in den Käfig tritt, wird bei *h* geschöpft; sie durchsetzt das Rohr *h*, welches mit groben Bimsteinstücken, die mit Schwefelsäure

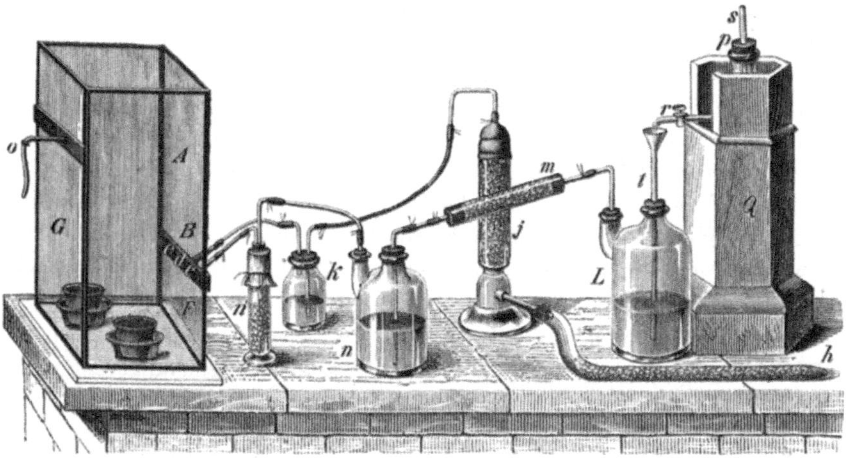

Nach Sachs.

getränkt sind, gefüllt ist, um das Ammoniak der Luft zu binden und atmosphärischen organischen Staub zu zerstören, sodann das Standglas *j*, welches mit schwefelsäurehaltigem Bimstein gefüllt ist, dessen Schwefelsäure unten ablaufen kann; von dort gelangt die atmosphärische Luft in die Waschflasche *k*, wo sie in destillirtes Wasser eintritt, um sich hier mit neuem Wasserdampf zu beladen, den sie in dem schwefelsäurehaltigen Bimstein verloren hatte (die Weglänge in letzterem ist 150 cm); ausserdem hat die Waschflasche *k* den Zweck, zu sehen, ob der Apparat luftdicht schliesst und ob nur solche Luft, die vorher durch *h* und *i* gegangen ist, in den Käfig eintritt. Um dies zu erfahren, hält man den Finger vor *h*, wobei der Blasendurchtritt in *k*, während der Aspirator fungirt, aufhören muss. — Die durch *c* eintretende Kohlensäure wird in der Flasche *L* erzeugt;

sie geht zunächst durch die Röhre *m*, die mit Kreidestücken gefüllt ist, um die mit dem Gas fortgerissene Säure zurückzuhalten; sodann gelangt sie in der Flasche *n* in eine Auflösung von doppeltkohlensaurem Natron, wo das Gas gewaschen wird und der grösseren Sicherheit wegen tritt es noch durch das Gefäss n^1, worin sich Bimstein befindet, der mit derselben Lösung getränkt wurde. Das dazu benutzte doppeltkohlensaure Natron wurde mit zum Rothglühen erhitztem Natroncarbonat bereitet, weil das käufliche Bicarbonat selten frei von Ammoniak ist, was hier durchaus zu vermeiden war. Aus demselben Grunde wurde auch die spanische Kreide erhitzt, welche zur Bereitung des Kittes für die Scheibe *F* diente, und dann wurde dieser Kitt noch mit Talg überstrichen. Die Anwendung des Glaserkitts wurde so viel als möglich vermieden, da dieser immer organische Substanz enthält, die bei der Zersetzung kohlensaures Ammoniak liefert. Das kohlensaure Gas wurde in der Flasche *L* erzeugt, entweder dadurch, dass man verdünnte Salzsäure auf Kalk oder Schwefelsäure auf Natronbicarbonat (in *L*) einwirken liess. Es kam darauf an, im Käfig *A* beständig 2—3 Volumprozente Kohlensäure zu haben; es musste daher dieses Gas beständig mit einer dem Eintritt der atmosphärischen Luft korrespondirenden Geschwindigkeit entwickelt werden, was folgendermassen erreicht wurde: es wurde vorläufig bestimmt, wie viel Kohlensäure durch 100 ccm der angewandten Säure im konzentrirten Zustande entbunden wurden, sodann wurde diese Säure mit Wasser auf 2 l verdünnt und damit die Flasche *p* auf dem Stativ *Q* gefüllt; der Ausfluss der Säure wurde durch ein Mariottesches Rohr *S* regulirt, dessen unteres Ende 1 cm über der Horizontale des Hahnes *r* sich befand. Die Säure fiel tropfenweise in das Rohr *t*; der Hahn *r* wurde so gedreht, dass das Auslaufen der Säure eine bestimmte Anzahl Stunden dauerte. Durch den Stand des Säuregefässes in dem Sandsteinblock *Q* wurde nicht nur ein fester Stand, sondern auch Schutz vor der Sonnenwärme erzielt, die hier einen rascheren Ausfluss bewirkt haben würde. Die feste Stellung und Schutz gegen das Zerbrechen der übrigen Gläser wurde durch Umlagerung mit Ziegeln bewirkt. So fand im Laufe von 4 Monaten unter freiem Himmel kein Schaden statt. — Vor jedem Versuche wurden die Töpfe und der Bimstein zum Rothglühen erhitzt und unter einer Glocke in Gegenwart von Schwefelsäure abgekühlt, um die Absorption von Ammoniak aus der Luft zu vermeiden. Die als Nährsubstanz angewandte Asche wurde von Lupinen und Bohnenpflanzen gewonnen, zuweilen mit ausgelaugter Mistasche gemengt; die Asche wurde nur in völlig kohlenfreiem und stickstofffreiem Zustand angewendet.

Aus dem prozentisch bestimmten Stickstoff der gleichartig ausgesuchten Samen wurde der absolute Stickstoffgehalt der zum Versuch verwendeten Samen berechnet. Nach der Vegetationszeit, in welcher in einem

Versuch mit Phaseolus nanus 54000 l Luft durch den Apparat gingen, wurde die cultivirte Pflanze gewogen und dabei eine vierfache Trockensubstanzzunahme konstatirt. Trotzdem ergab die Stickstoffbilanz zwischen der Ernte und dem Samen nur einen in die 10,000stel gehenden Bruchtheil an Stickstoff, demnach die Pflanze in der ganzen Vegetationszeit keinen merklichen Stickstoff der Luft entnommen hat. Die organische Substanz also nimmt in Folge der assimilirenden Thätigkeit der Blätter zu, aber die Entwickelung der Pflanze schreitet nur so lange weiter, als noch Stickstoffmaterial im Samen vorhanden, ist dieses zu Ende, so hört dann auch bald die Vegetation auf. Boussingault erhielt darum geradezu Zwergpflänzchen und die zuerst entwickelten ergrünten Blätter vergelbten alsdann und starben ab.

Die Resultate[22]) seiner sämmtlichen Versuche sind in folgender Tabelle zusammengestellt:

Pflanzen	Dauer des Wachsthums	Zahl der Samenkörner	Gewicht der Aussaat g	Gewicht d. geernteten Pfl. trocken g	Stickstoff im Samen g	Stickstoff d. Ernte im Boden g	Gewinn u. Verlust an Stickstoff während der Vegetation g
Zwergbohne	2 Monate	1 Samenkorn	0,780	1,87	0,0349	0,0340	— 0,0009
Hafer . . .	2 „	10 „	0,377	0,54	0,0078	0,0067	— 0,0011
Flageoletbohne	3 „	1 „	0,530	0,89	0,0210	0,0189	— 0,0021
„	3 „	1 „	0,618	1,13	0,0245	0,0226	— 0,0019
Hafer . . .	2½ „	4 „	0,139	0,44	0,0031	0,0030	— 0,0001
Weisse Lupine	6 Wochen	2 „	0,825	1,82	0,0480	0,0483	+ 0,0003
„ „	2 Monate	6 „	2,202	6,73	0,1282	0,1246	— 0,0036
„ „	7 Wochen	2 „	0,600	1,95	0,0349	0,0339	— 0,0010
„ „	6 „	1 „	0,343	1,05	0,0200	0,0204	+ 0,0004
„ „	6 „	2 „	0,686	1,53	0,0399	0,0397	— 0,0002
Zwergbohne .	2 Monate	1 „	0,792	2,35	0,0354	0,0360	+ 0,0006
„	2½ „	1 „	0,665	2,80	0,0298	0,0277	— 0,0021
Gartenkresse	3½ „	3 „	0,008	} 0,65	0,0013	0,0013	0,0000
„	als Dünger	10 „	0,026				
Weisse Lupine	5 Monate	2 „	0,627	} 5,76	0,1827	0,1697	0,0130
„ „	als Dünger	8 „	2,512				

Ville[23]) experimentirte folgendermassen:

Methode. In einem Glaskasten, dessen Luft vermittelst eines Aspirators täglich erneuert wurde, nachdem sie Gefässe durchstrich, welche behufs Ent-

[22]) Die Landwirthschaft in ihren Beziehungen zur Chemie, Physik und Meteorologie 4. Bd. oder Supplementband p. 311.

[23]) Compt. rend. T. 35 p. 464, T. 41 p. 757, T. 57 p. 270.

fernung des Ammoniak mit Schwefelsäure getränktem Bimstein und ferner, um die Salpetersäure zu entfernen, mit einer Lösung von doppeltkohlensaurem Natron gefüllt waren, wurden Tabackspflanzen, Sonnenblumen und Weizen zur Vegetation gebracht und erhielt man in der Ernte der 3 Sonnenblumen und 2 Tabackpflanzen einen Stickstoffgewinn von 0,481 g
des Weizens „ „ „ 0,036 „
Aus diesem Resultat zog Ville den Schluss, dass die Pflanzen im Gegensatz zu den Boussingault'schen Resultaten wohl die Fähigkeit besässen, den ungebundenen Stickstoff der Luft zu assimiliren.

Indessen die Richtigkeit des Ville'schen Resultates wird, und wohl mit Recht, bezweifelt, nachdem die von Cloez[24]) und Péligot ausgeführten Analysen des Begiessungswassers (es wurden allmählig 60 l verbraucht) ergaben, dass dasselbe (die 60 l) nach dem Versuche 0,0322 g Ammoniak mehr enthielt, als vor dem Versuch, also in dem Ville'schen Apparat die Bedingungen zur Ammoniakbildung vorhanden gewesen sind. In der That fand denn auch Chloez in Versuchen, die er ganz analog den Versuchen Ville's ausführte, dass Stickstoff gebunden werden konnte. Ville andrerseits bezweifelt, dass die Boussingault'schen Versuche entscheidend wären, weil in denselben die Pflanzen wegen Mangel an erneuerter Luft unter nicht normalen Verhältnissen vegetirten.

Die ausführlichen Versuche von Lawes, Gilbert und Pugh, die Samen, deren Stickstoff bestimmt war, in einer von Ammoniak und Salpetersäure befreiten Atmosphäre und in stickstofffreiem Boden, dann aber auch in einem Boden, der neben den Mineralsubstanzen auch gebundenen Stickstoff in Form von schwefelsaurem Ammoniak enthielt, keimen und vegetiren liessen, unter Anwendung der Boussingault'schen wie Ville'schen Methode, bestätigten jedoch die Boussingault'schen Versuche. Sowohl bei Gramineen wie Leguminosen und Buchweizen konnten diese Forscher niemals eine Aufnahme von freien Stickstoff wahrnehmen[25]).

In Betreff der wichtigen Frage, in welcher Form der Stickstoff von den Pflanzen aufgenommen wird, ist wohl zunächst Boussingault zu erwähnen. Form d Sticksto

Derselbe stellte eine Reihe der sorgfältigsten Vegetationsversuche mit Lupinen-, Sonnenblumen- und Kressensamen an, die er in Töpfen mit aus- Salpetersä

[24]) Compt. rend. T. 41 p. 935.

[25]) Philosophical Transactions. London. Vol. 151, P. II, p. 431—579. Vgl. ferner:

Ueber die Quellen des Stickstoffs in den Pflanzen, mit besonderer Berücksichtigung der Frage, ob die Pflanzen freien Stickstoff aufnehmen können.

Proceedings of the Royal Society of London. Vol. X, p. 544 u. Journ. Chem. Soc. Eng. Bd. XVI, der neuen Folge Bd. I.

geglühtem und mit Düngerasche gedüngtem Boden cultivirte. Die im Freien stehenden Töpfe wurden mit kohlensäurehaltigem Wasser begossen und vor Regen geschützt. Die nachstehend vereinfachte Tabelle veranschaulicht die Resultate[26]):

Samenart	Stickstoff-düngung	a Samengewicht	b Erntegew. wasserfrei	a : b	Stickstoff im Dünger	Stickstoff an Samen	Stickstoff in Summa	Stickstoff der Ernte	Gewinn oder Verlust an Stickstoff	Rest des Stickstoffs im Boden	Pflanzenstand
1. 1 Lupinensamen	keine	0.302	1,415	1 : 5	—	0,0170	0,0170	0,0166	+ 0,0035	0,0039	14 cm hoch, 14 Blätter.
2. 2 Sonnenblumens.	keine	0,068	0,325	1 : 5	—	0,0021	0,0021	0,0022	+ 0,0033	0,0032	6—8 cm hoch, à 2 Blätter.
3. dito	1,11 g Salpeter	0,062	6,685	1 : 108	0,1536	0,0019	0,1555	0,1126	+ 0,0023	0,0452	50 u. 72 cm hoch, 15 u. 17 Blätter.
4. 21 Kressensamen	keine	—	0,11	2 : 7	—	0,0025	0,0015	0,0016	+ 0,0021	0,0030	im Ganzen 12 Pflanzen.
5. 50 dito	Gartenerde (stark gedüngt)	—	1,580	1 : 70	—	—	—	—	—	—	—
6. 16 dito	0,216 g Natronsalpeter	—	0,831	1 : 22	0,0357	0,0019	0,0376	0,0254	— 0,0034	0,0088	16 Pflanzen, die geschosst haben.

Die Gewichte in Grammen.

Es ist somit die günstige Wirkung der salpetersauren Salze erwiesen. Dieselben genügen als einzige Stickstoffquelle, um ein bestimmtes Quantum stickstoffhaltiger Verbindungen in der Pflanze zu produziren.

Gleiche Resultate ergaben die Versuche des Fürsten Salm-Holstmar[27]).

Sachs[28]) erzog eine Pflanze von Phaseolus nanus mit 6 keimfähigen Samen und 18,4687 g Trockengewicht in einer Nährlösung, in welcher der Stickstoff in Form von Kalisalpeter verabreicht war; ebenso eine Maispflanze von 29,875 g Trockengewicht, die 42 reife Körner entwickelte (das atmosphärische Ammoniak war nicht ausgeschlossen).

Ville[29]) bestätigte die Versuche Boussingaults freilich mit der nicht berechtigten Nebenschlussfolgerung, dass in salpetersauren Salzen erzogene Pflanzen das Vermögen besässen, ungebundenen Stickstoff der Luft zu entnehmen.

Knop[30]), Nobbe[31]) und Stohmann[32]) erzogen ebenfalls mit alleiniger Zugabe von salpetersauren Salzen Pflanzen von bedeutenden Trockenge-

---

[26]) Wilda, landw. Centralbl. 1856, p. 96—104.

[27]) Versuche u. Resultate über die Nahrung der Pflanzen, Braunschweig 1856, p. 26.

[28]) Handbuch d. Experimentalphysiologie p. 139.

[29]) Compt. rend. T. 41 p. 938 u. p. 987, T. 43 p. 85—89, p. 612 u. 832.

[30]) Vers.-Stat. Bd. I, p. 181, Bd. II, p. 65, 87, 93, 268, Bd. III, p. 295, Bd. IV, p. 173.

[31]) Vers.-Stat. 1862, p. 339.

[32]) Agronomische Zeitung 1864, p. 323.

wichten, und Hässelbarth[33]) wie Bayer[34]) kommen in ihren Versuchen an Gersten- resp. Haferpflanzen zu dem Schluss, dass dieselben ihren Bedarf an Stickstoff nur aus Nitraten zu schöpfen vermögen. Hässelbarth erzog die Pflanzen in nährstofffreiem Sande unter Zusatz von Nährstofflösungen nach Hellriegel'scher Methode.

Schon aus den Boussingault'schen und Ville'schen Versuchen, wo die Umsetzung der Salpetersäure in Ammoniak vielleicht fast unmöglich gewesen und die Pflanzen in Folge der Salpeterdüngung doch ausgezeichnet wuchsen, ist der Schluss nicht geradezu gewagt, dass die Salpetersäure als solche von den Pflanzen aufgenommen wurde. Berücksichtigt man aber die Thatsachen der allgemeinsten Verbreitung der Salpetersäure im Pflanzenkörper in den verschiedensten Stadien seiner Entwicklung, der Bildung von Salpetersäure durch Zersetzung organischer stickstoffhaltiger Körper in Gegenwart starker Basen, durch Verbrennung kohlenwasserstoffhaltiger organischer Körper in der atmosphärischen Luft (Ammoniak) durch die Einwirkung letzterer auf lockere Erde (bei Anwesenheit starker Basen) und endlich durch die Oxydation des Ammoniak im Boden, so bedarf es kaum weiterer Versuche und Beweise.

Eine fernere Stickstoffquelle ist das Ammoniak, das an Säuren gebunden am häufigsten als kohlensaures, dann als salpetersaures und salpetrigsaures Ammoniak, dann als Salze der Mineral- und Humussäuren allgemein verbreitet ist. Ammoniak

Die von Ville angestellten Versuche in Betreff der Fähigkeit der Pflanzen, Ammoniak direkt aufnehmen zu können, zeigen allerdings, dass die Weizenpflanzen, denen Salmiak oder andere Ammoniaksalze als alleinige Stickstoffquelle zu Gebote standen, wobei die Bedingungen zur Salpeterbildung fehlten, zu einer gewissen Entwicklung gelangten, wie folgende Tabelle zeigt:

Angewendete stickstoffhaltige Düngstoffe	Gewicht der Ernte an		Gesammtgewicht. Mittel aus 2 Vers.	Stickstoff der Ernte	Stickstoff der Ernte. Mittel aus je 2 Versuchen
	Stroh u. Wurzeln	Körner			
	g	g	g	g	g
1. keine	A 6,25	1,38	8,13	0,057	0,058
	B 6,75	1,88		0,059	
2. Salmiak (0,419 g)	A 15,10	4,93	18,83	0,161	0,142
	B 17,34	3,54		0,124	
3. Salpetersaures Ammoniak (0,314 g)	A 12,20	3,72	18,32	0,118	0,133
	B 14,87	5,86		0,149	
4. Phosphorsaures Ammoniak (0,850 g)	A 12,96	3,77	18,40	0,116	0,133
	B 15,82	4,34		0,150	

33) Nach Jahrb. f. Agr.-Chem. 1875/76, p. 252.

34) a. a. O.

Die Versuche waren in Töpfen mit geglühtem Sande, dem die mineralischen Nährstoffe beigemengt waren, ausgeführt worden. Jede Düngung enthielt 0,11 g Stickstoff.

Aus den Versuchen Lehmanns[35]) mit Mais, Taback, Lupinen in Nährlösungen oder Sand cultivirt, lässt sich kein direkter Schluss über die Verwendbarkeit und Nichtverwendbarkeit der Ammoniaksalze ziehen.

Beim Mais wurden anfangs die Salpetersäure-Pflanzen kümmerlich und bleichsüchtig gegenüber der üppigen Entwicklung der Ammoniakpflanzen. Aber nach einer Vegetationszeit von 41 Tagen drehte sich das Verhältniss um, die Salpetersäure-Pflanzen wurden und blieben gesund und kräftig, während die Ammoniakpflanzen verkümmerten und auch elend blieben.

Beim Taback hatten sich die Ammoniakpflanzen während der ganzen Vegetationsdauer üppiger präsentirt als die Salpetersäurepflanzen, die sich allerdings, nachdem sie in der ersten Hälfte der Versuchsdauer hinter den Ammoniakpflanzen zurückblieben, ebenfalls erholten, ohne aber am Schluss das Trockengewicht derselben zu erzielen.

Bei Lupinen hatten sich die Ammoniakpflanzen nach anfänglich dürftigem Wachsthum doch normal entwickeln können.

Es ist hier somit nun der Schluss erlaubt, dass die Pflanzen an sich nicht allein auf die Düngung mit Ammoniaksalzen verschieden reagiren, sondern auch in ihrer Reaktion von ihrer Entwicklungszeit beeinflusst werden. In dem einen Fall sind sie in der einen Periode ihres Wachsthums für die Ammoniakdüngung empfänglich, in der andern gegen dieselbe empfindlich; in einem andern Fall ist es umgekehrt.

G. Kühn[36]) erhielt in Nährlösungsculturen, in welchen Ammoniak als Stickstoffquelle zu Gebote stand, schwächliche Maispflanzen, die allerdings reife Körner zur Entwicklung brachten.

Eine Anzahl von Düngungsversuchen, namentlich die Versuche von Heyden in Pommeritz[37]), deren nähere Berücksichtigung im Kapitel der Feldversuche erfolgen wird, haben gleiche Resultate und stehen somit zu den folgenden Nährlösungsculturen im Widerspruch:

Stohmann, Rautenberg und Kühn[38]) erhielten zum Resultat, dass bei Culturen von Mais und Bohnen das Ammoniak in Form von schwefelsaurem Ammoniak und Salmiak der Stickstoffbedarf nicht gedeckt werden konnte. Ebenso in Versuchen von Birner und Lucanus[39]) bei Erbsen mit schwefelsaurem und saurem phosphorsauren Ammoniak. Beyer[40]) gelang

[35]) Vgl. unten Note 43 p. 129.

[36]) Vgl. unten Note 38.

[37]) Vgl. Feldversuche p. 175.

[38]) Hennebergs Journal f. Landw. Bd. 9, 1864, p. 107.

[39]) Vers.-Stat. Bd. 8, p. 128.

[40]) Vers.-Stat. Bd. IX, p. 480 u. Bd. XI, p. 267.

es unter gleichen Verhältnissen ebenfalls nicht, normale Haferpflanzen zu erzielen. Ebensowenig Wagner[41]) und Hampe[42]); nach ersterem ist kohlensaures Ammoniak nicht verwendbar, während das phosphorsaure Ammon für eine gewisse Zeit des Wachsthums nicht zuträglich war. Die Pflanzen sollen Krankheitssymptome der Chlorose gezeigt haben, die aber vermindert werden konnten, wenn die Pflanzen künstliche Bodenmischungen als Nährmedien erhielten.

Lehmann[43]), der, wie bereits erwähnt, bei Mais, Taback und Lupinen günstige Resultate erzielte, konnte jedoch Buchweizen in Lösungen, denen der Stickstoff in Form von Ammoniak zugesetzt war, nicht zur vollen Entwicklung bringen, im Gegensatz zum Stickstoff in Form von Salpetersäure.

Mit anderen Stickstoffquellen, wie Hippursäure, operirten Hampe, Beyer, Wagner[44]) und erhielten günstige Resultate; doch ist zu bemerken, dass in den zurückbleibenden Lösungen Zersetzungsprodukte wie Ammoniak (!), Benzoesäure und Salpetersäure (!) constatirt worden waren. **Andere Stickstoffquellen.**

Es ist bereits nachgewiesen worden, dass der atmosphärische Stickstoff in ungebundener Form von den Pflanzen nicht aufgenommen werden kann. Der Stickstoff in gebundener Form wird in Form von Nitraten, Ammoniaksalzen durch die Pflanzenwurzel aufgenommen. Dies bedarf hier keines Beweises.

Es ist hier die Frage zu erörtern, ob nun die oberirdischen Organe befähigt sind, das Ammoniak aufzunehmen.

J. Sachs[45]) bediente sich zur Beantwortung dieser Frage folgenden Apparats:

M e t h o d e. In einer mit der Unterlage luftdicht verkitteten, mit 2 Glasröhren versehenen Glasglocke, von denen die eine zur Zuleitung des Luftgemenges, die andre zur Ableitung der Glockenluft dient, befinden sich blos die oberirdischen Organe der Pflanzen, während die Wurzeln dem freien Luftzutritt ausgesetzt sind. In mit grobem Flusssand gefüllten thönernen Töpfen kamen zwei Keimpflanzen der Schminkbohne, nachdem sie ihre Keimblätter entfaltet hatten und die Cotyledonen abgeschnitten waren (da sie noch mit Nährstoffen gefüllt), in je einen Apparat. No. 1 erhielt eine Luft von 4—5$\%$ Kohlensäure, nachdem erstere Wasser durchstreichen musste. No. 2 erhielt neben der gleichen Menge Luft und Kohlensäure täglich so viel kohlensaures Ammoniak, dass die Luft Lackmuspapier merklich bläute.

---

[41]) Ebendas. p. 267.

[42]) Ebendas. X, p. 175.

[43]) Zeitschrift d. landw. Vereins in Bayern 1874, p. 451.

[44]) In den vorhin zitirten Arbeiten.

[45]) Chemischer Ackersmann 1860, p. 159.

Ergebniss: Sachs[46]) erhielt folgendes Ernteresultat:

	Gewicht der Trockenmasse g	Gehalt an Asche g	Gehalt an Stickstoff g
No. 1	4,140	0,616	0,106
No. 2	6,740	1,078	0,208

Somit wurde in No. 2 (der kohlensaures Ammoniak enthaltenden Glocke) 62% Trockenmasse, 75% Asche und 96% Stickstoff mehr erzeugt, und damit unzweifelhaft bewiesen, dass durch die Blätter das kohlensaure Ammoniak aufgenommen und nicht allein der Stickstoffgehalt der Pflanze vermehrt, sondern auch eine Erhöhung der Gesammt-Produktion an Pflanzenmasse angeregt wurde.

Ad. Mayer[47]) verfuhr in seinen Versuchen nach zweifacher Methode: er liess erstens die Pflanzen in ammoniakalischer Luft vegetiren, und zweitens stellte er, ohne den Pflanzenwurzeln eine Stickstoffnahrung darzubieten, die experimentelle Möglichkeit, den Blättern eine direkte Ammoniakquelle zu verschaffen, dadurch her, dass er sie mittelst eines Pinsels mit kohlensaurem Ammoniak bestrich.

Ergebniss: Wenn auch nach beiden Methoden ein völlig normales Gedeihen der Pflanzen im Ganzen nicht zu erzielen war, so hat doch die Aufnehmbarkeit der genannten Stickstoffform durch die Blätter als solche konstatirt werden können. A. Mayer hat aber auf diese Quelle nicht viel Werth gelegt, weil der Gehalt der Luft zu arm an Ammoniak sei, um für die Pflanzenernährung auf dem genannten Wege von Bedeutung sein zu können. Die Versuche von A. Mayer wurden von Schlösing[48]) bestätigt.

Wenn nun auch durch zahlreiche nicht hierher gehörende Arbeiten eines Boussingault, Wille, Kulmann, Wolff, Schulz und anderer erwiesen sein dürfte, dass der atmosphärische Stickstoff in gebundener Form nicht ausreichend sei, um den Bedarf der Pflanzen an diesen Stoffen zu decken und darum eine Zufuhr von stickstoffhaltigen Stoffen nothwendig wird, so wird sich nach den Düngungsversuchen Heydens, aus welchen, was an dieser Stelle nicht ausser Acht zu lassen, der Versuchsansteller schliesst, dass die Pflanzen in der That den Stickstoff aus dem Ammoniaksalz entnommen haben müssen, und nach der ebenfalls in den Feldversuchen zu

---

[46]) Chemischer Ackersmann 1860, p. 159.

[47]) Landw. Vers.-Stat. 1862, Bd. 17, Heft XII, p. 339.

[48]) Compt. rend. 1874, p. 1700.

erörternden Theorie von Schulz-Lupitz der Gedanke ableiten lassen können, dass der Bedarf direkter Stickstoffzufuhr im Boden doch gedeckt werden könne, wenn nur für eine entsprechende Fruchtfolge von Blatt- und Halmpflanzen und damit für ein Haushalten mit dem Stickstoffkapital gesorgt wird Dass v. Liebig eine Verwendbarkeit der Ammoniaksalze aus theoretischen Gründen zuerst angenommen hat, ist schon Eingangs erwähnt worden.

Immerhin ist durch den neuen Hinweis auf obige Versuche und die unanfechtbaren Thatsachen, die Schulz-Lupitz vorführt, bei aller und voller Würdigung der obengenannten Versuche, eine neue Inangriffnahme der Versuche und zwar für die verschiedensten Pflanzen, nach der freilich unmassgeblichen Meinung des Verfassers, vielleicht ein dringendes Bedürfniss.

Aus den genannten Versuchen über die Stickstoffquellen und deren Verwendbarkeit für die Pflanzen, geht hervor, dass die Verbindungen der Salpetersäure im Allgemeinen die zuträglichsten und besten Stickstoffquellen sind, ohne auszuschliessen, dass in besonderen Fällen, vielleicht in besonderen Pflanzen und in gewissen Vegetationszeiten die Ammoniakverbindungen von gleich günstiger Wirkung sein können.

Schwefel und Phosphor.

Dieselben sind Konstitutionselemente der Proteïnstoffe, somit selbstverständlich unentbehrliche Nährstoffe für die Produktion vegetabilischer Substanz. Ersterer wird den Pflanzen in Form von schwefelsauren Salzen zugeführt. Ohne Zugabe von phosphorsauren Salzen lässt sich niemals eine gesunde Pflanze erzielen[49]).

Kali.

Die Thatsache, dass alle Pflanzen, die in bestimmten Organen (Knollen, verdickten Wurzeln) eine grosse Menge Kohlehydrate (Stärke, bezw. Zucker) deponiren, überhaupt reich an Kohlehydraten sind, zu ihrer gesunden Entwicklung auch eine grosse Menge Kali erfordern (sie führen ja bekanntlich den Namen Kalipflanzen), legt die Beziehung des Kali zu der Konstituirung der Kohlehydrate ziemlich nahe. Nachdem durch E. Wolff[50]), Lucanus und Birner, Nobbe, Knop, Stohmann die Nothwendigkeit des Kali erkannt worden, haben erst die gemeinschaftlichen Untersuchungen Nobbe's, Schröder's und Erdmann's[51]) diese Beziehung zu klären gesucht. Aus einer Anzahl von Vegetationsversuchen, in welchen japanischer Buch-

[49]) Vgl. E. Wolff, Landw. Vers.-Stat. XVII, 138 und Petersen, Agr.-chem, Centralbl. 1876, II, p. 194 oder Jahresbericht d. Agr.-Chem. 1875/76, p. 251.

[50]) E. Wolff gebührt das Verdienst, auf das chemische Verhalten der Salze in der Nährlösung aufmerksam gemacht zu haben. Seine Arbeiten: Möckern I. Bericht 79, 92, Landw. Vers.-Stat. V 193, VI 203, VII 345.

[51]) Nobbe, J. Schroeder, R. Erdmann, Landw. Vers.-Stat. XIII p. 321.

weizen in kalifreier und kalihaltiger Nährlösung gezogen wurde (wobei die aus ersterer resultirenden Pflanzen, obwohl sie dem Licht exponirt waren, den keimpflanzenartigen Charakter behielten, in den Chlorophyllkörnern keine Stärke entwickelten, also einfach wegen mangelnder Assimilationsthätigkeit sich nicht entwickeln konnten, während die in der kalihaltigen Lösung gezüchteten Pflanzen normal und kräftig wuchsen), ging hervor, dass das „Kalium ein zur Stärkebildung nothwendiger Faktor sein müsste". Es scheint somit eine chlorophyllhaltige Pflanze ohne Kali nicht produzirt werden zu können, und es liegt dies auf der Hand, wenn man bedenkt, dass die Assimilation nichts anderes ist als eine durch die bekannten Assim.-Faktoren bedingte Erzeugung von Stärke.

Diese Wirkung liegt in einer weiteren, von Nobbe wahrscheinlich gemachten Beziehung des Chlors zur Pflanzenvegetation.

Brasch und Rabe[52]) erhielten in ihren Versuchen in einer Lösung von schwefelsaurem Magnesia, phosphorsaurem Eisenoxyd und salpetersaurem Kalk, welchen das Kali in folgenden Formen gegeben wurde, folgende Ernte:

	Zahl der keimfähig. Körner	Gewicht d. Körner	Trocken-gewicht d. Strohs	Trocken-gewicht d. Wurzeln
Mit salpetersaurem Kali . . .	150	4,19	4,6	1,2
„ saurem phosphorsauren Kali	184	5,48	3,7	1,0
„ schwefelsaurem Kali . . .	147	4,33	3,7	1,2
„ Chlorkalium	387	9,99	16,5	3,7

Auf Grund der obenerwähnten Arbeit suchte J. Pierre[53]) über die Wanderung des Kaliums in den einzelnen Organen der Weizenpflanze ein Bild zu erhalten.

Methode: Der Verfasser hat in den verschiedensten Vegetationsperioden Kalibestimmungen ausgeführt und zwar:

1. Vor dem Schossen (1. Mai);
2. In der Zeit des Schossens (3. Juni);
3. Ende der Blüthe (22. Juni);
4. Im leicht zerdrückbaren, noch weichen Korn (6. Juli);
5. In der Zeit der Ernte (25. Juli).

Ergebniss: Während nach Pierre für die ganze Pflanze die Kaliaufnahme bis zur Blüthezeit als beendet gelten konnte, findet dann noch eine Bewegung und Wanderung in den einzelnen Pflanzenorganen derart statt, dass das Kali aus Blättern, Internodien und Knoten nach den oberen

---

[52]) Aus Just's botan. Jahresber. 1876, p. 889. Centralbl. f. Agr.-Chem. 1876, I, p. 122.

[53]) Die Wanderung des Kali in den Weizenpflanzen, Annales agronomiques T. II, p. 59.

Theilen strömt und sich schliesslich im Samenkorn ablagert, wonach letzteres einen Reservebehälter für Kaliverbindungen darstellt.

Einen ebenso interessanten Beleg zu der Wanderung der Mineralbestandtheile giebt (wiewohl die Arbeit nicht in das Kapitel der Culturversuche gehört, kann sie hier nicht unerwähnt bleiben), J. Schröder[54]) in den Untersuchungen der Streumaterialien. Nach Schröder erscheint jede von den Waldbäumen zur Streu gelieferte organische Substanz, im abgestorbenen Zustande, an Kali und Phosphorsäure erschöpft, so dass also dieselben aus Blattorganen der Laub- und Nadelhölzer in die Aeste und Rindentheile zurückwandern und dem Stoffwechsel zum grössten Theil erhalten bleiben. Die anderen Aschenbestandtheile wie Kieselsäure und Kalk verbleiben im Abfall der Bäume.

Chlor.

Die Analysen der Pflanzenasche zeigten einen (und häufig einen reichen) Gehalt an Chloriden. Es muss das um so mehr auffallen, als die Vegetationsversuche von Knop[55]), Brasch und Rabe[56]) für die Bedeutung des Chlors stets negative Resultate ergaben. Die genannten Autoren erzielten Buchweizenpflanzen mit zur Reife gebrachten Früchten in chlorfreien Lösungen. Knop berichtet sogar, dass seine Maispflanzen in chlorfreien Lösungen am besten gediehen sind, aber er bemerkte, dass das Chlor eine starke Depression auf die Kalkaufnahme ausübe, ohne dass der Kalk dabei durch Kali ersetzt werde.

Nobbe weist dagegen die Unentbehrlichkeit des Chlors für die Fruchtbildung der Buchweizenpflanze nach[57]). Die Blüthen schlugen in chlorfreien Nährlösungen fehl, eine Fruchtbildung konnte nicht eintreten. Eine andere interessante Erscheinung führte ferner zur Annahme einer besonderen physiologischen Funktion des Chlors.

Die Blätter chlorfrei erzogener Buchweizenpflanzen zeichneten sich nämlich eigenthümlicher Weise dadurch aus, dass die Gewebe derselben derart mit Stärke angehäuft waren, dass sie, mit Jodlösung bestrichen, schon makroskopisch eine tiefe Bläuung (Jodreaktion) zeigten, während die Blätter normal, d. h. in Chlor, gezogener Pflanzen durch Jod nur gelblich gefärbt wurden. Das heist, die Stärke ist in den in Chlor erzogenen Pflanzen aus den Blättern ausgewandert. Nobbe schliesst daraus, dass das Chlor in einer nicht näher bekannten Weise zur Translokation des

54) Tharander forstliches Jahrbuch Bd. XXV, p. 29.

55) Bericht d. königl. sächs. Gesellsch. d. Wissenschaft v. 6. Februar 1869: dito 1875 p. 29.

56) Siehe Note 52.

57) Landw. Vers.-Stat. IV p. 318, V p. 116, VI p. 168, VII p. 371, VIII p. 187.

Stärkemehls nothwendig sei, dass also dasselbe in den chlorfrei erzogenen Pflanzen in Folge des Verlustes seiner Wanderungsfähigkeit sich in den Blättern anhäuft und dass dadurch, dass den Infloreszenzen assimilirte Stoffe nicht zugeführt werden, die Blüthen fehlschlagen. Es ist darum auch klar, warum bei den Versuchen über die Bedeutung des Kaliums für die Ernährung der Pflanzen sich das Chlorkalium am vortheilhaftesten bewies. Das Kalium des betreffenden Salzes ist nothwendig für die Bildung des Stärkemehls und das Chlor des Salzes sorgt für seine Translokation.

Die öfters beobachtete, aber doch nicht bewiesene Schädlichkeit des Chlorcalciums und Chlormagnesiums für die Pflanzen, die Angaben, dass Kartoffeln und Rüben durch chlorhaltige Düngungen zwar in der Quantität der Ernte erhöht, in der Qualität jedoch verringert werden (vgl. Düngungsversuche p. 201), sowie endlich die Behauptung, dass eine Kochsalzlösung Equisetum arvense auf Wiesen und Feldern vertilgt, haben vielleicht mit der oben besprochenen theoretisch physiologischen Funktion des Chlors nichts zu thun: wollte man jene praktischen, übrigens physiologisch nicht erklärten, ja nicht einmal so recht erwiesenen Erscheinungen als Gegenbeweis ins Feld führen, so wäre erst der an der Hand liegende Hinweis auf die Salinenpflanzen als theoretisch hinfällig abzuweisen, was bisher nicht geschehen ist.

Birner und Lucanus[58]) fanden zwar mit den anfangs genannten Forschern die Entbehrlichkeit des Chlors für die Ernährung der Pflanze. Dagegen wurden die Nobbe'schen Resultate von Beyer[59]) an Culturen mit der Erbse völlig bestätigt, nur dass bei der Erbse die Erscheinungen der gestörten Entwicklung noch vor der Blüthenentwicklung auftraten.

Calcium.

In allen von den bisher genannten Forschern ausgeführten Culturversuchen hat es sich gezeigt, dass die Abwesenheit des Kalkes in der Nährstofflösung Kränklichkeit, ja den Tod der Pflanzen verursacht. Aus dem vorwiegenden Vorkommen des Kalks in den Geweben der Stengel und Blätter, in welchen derselbe durch Oxalsäure gebunden ist (Krystallbildungen) und der Thatsache, dass die sogenannten Kalkpflanzen besonders blattreich sind (Papillonaceen, Tabak), ist der Schluss nahe gelegt, dass der Kalk als der Träger der Schwefelsäure, Phosphorsäure, an welche derselbe im Boden in der That gebunden ist, fungirt, nach Beendigung seiner Transporteurrolle aber im Blatt und Stengel durch die Oxalsäure in der Krystall-Gestalt des oxalsauren Kalks als nicht weiter verwendbarer Ballast dingfest gemacht worden. Der Kalk ist denn auch in den

---

[58]) a. a. O.

[59]) Landw. Vers.-Stat. XI, p. 262.

abgefallenen Blättern der ihr Laub periodisch abwerfenden Gewächse in grosser Menge vorhanden. Böhm[60]) jedoch diktirt auch dem Kalk, im ähnlichen Sinne wie es Nobbe für Chlor that, eine translozirende, nicht näher begründete Rolle zu. Der Gedanke ist auf folgenden interessanten Versuch gegründet:

Böhm erzog Keimpflanzen der Feuerbohne, einmal in destillirtem, das andere mal in kalksalzhaltigem Wasser. Es zeigte sich, dass die Keimpflanzen (Stengel und Primordialblätter waren eben entwickelt) beider Zuchten gleich viel Aschenbestandtheile enthielten. Die nicht in Kalk erzogene Pflanze starb jedoch noch vor dem Verbrauch der Reservestoffe des Samens ab, und zwar fand alsdann Böhm in dem Mark und der Rinde des ersten Internodiums der erkrankten Pflanze die Stärke dick aufgehäuft, zum Unterschiede der mit Kalk ernährten Keimpflanze, die, wenn auch das Reservematerial der Kotyledonen noch nicht aufgezehrt gewesen, blos in der Stärkescheide (Stärkering) der Gefässbündel der unteren Theile des Stengels Stärke führte. Der Kalkmangel verhindert also nach Böhm nicht die Assimilation in den grünen Blättern, sondern stört die Transportation der Stärke aus den Kotyledonen in die Vegetationsspitze.

R. Heinrich untersuchte Weizenkörner in verschiedenen Entwicklungsstadien und fand ein konstantes Verhältniss zwischen Kalk und Zellstoff, welches mit Ausnahme des jüngsten Stadiums der Körner sich wie 1 : 41 — 43 verhielt[61]). Die Versuche wurden später von v. Raumer und Kellermann ebenfalls ausgeführt. v. Liebenberg fand, dass nicht allein der Kalk, sondern alle Nährstoffe für die Entwicklung der Keimlinge vortheilhaft sind. Doch ist noch abzuwarten, ob sich die Schlussfolgerungen, die auf nicht ganz bestimmten Symptomen basiren, werden halten können[62]).

Magnesium.

Die Culturversuche haben bewiesen, dass eine Trockengewichtszunahme der Pflanzen ohne Magnesium nicht stattfinden könne. Das Vorkommen von Magnesiumverbindungen in den Alenuronkörnern ist ein Anzeichen, dass ihre physiologische Rolle, wohl auch von translocirendem Charakter, mit dem Plasma in gewisser, noch ganz unbekannter Beziehung stehen dürfte.

Eisen.

Das Fehlen des Eisens in der Nährstofflösung bedingt eine ganz charakteristische Krankheitserscheinung; dieselbe ist unter den Namen

---

60) Sitzungsber. d. Akad. d. Wissensch., Wien, 15. April 1875.

61) Jahresbericht der Agr.-Chem. 1870—72, Bd. II, p. 121 u. 1879, p. 256.

62) Sitzungsber. d. kgl. Akad. d. Wissensch. zu Wien, Abth. I, Bd. 84, 1881. Vgl. botan. Centralbl. 1882, p. 417.

Gelbsucht und Bleichsucht bekannt. Eine gelbsüchtige Pflanze unterscheidet sich aber in der Veränderungserscheinung des Chlorophylls, denn auf dieses wirkt der Eisenmangel — von der bleichsüchtigen. Eine gelbsüchtige Pflanze hat ein sonst ganz normales Aussehen, nur dass der Chlorophyllfarbstoff in den Chlorophyllkörnern fehlt, wodurch das Blatt eben das gelbe Aussehen erhält; der Zellinhalt bleichsüchtiger Pflanzen ist dagegen ziemlich durchgreifend verändert, er ist farblos, reich an Zellsaft und plasmaarm. Frank[63]) hebt in seiner Pflanzenpathologie[64]) hervor, dass „diese beiden Krankheitsformen, die schon Meyer richtig charakterisirte, nothwendig festzuhalten sind". Die beiden Gris haben festgestellt, dass gelbsüchtige Pflanzen dadurch geheilt werden, d. h. die Blätter derselben wieder ergrünen, wenn man die Wurzeln der chlorotischen Pflanzen in die Lösung eines Eisensalzes stellt. A. Gris hat die mikroskopisch wahrnehmbaren Vorgänge beobachtet, die eintraten, nachdem er Theile chlorotischer Blätter mit Eisenlösungen (schwefelsaurem Eisenoxyd) bestrich[65]). Diese Theile ergrünten schon nach 3 Tagen. In den Zellen der chlorotischen Blatttheile fand sich ein Ueberzug von granulirtem gelblichem Plasma, oder eine wolkige körnige Masse. In den Zellen der in Folge des Bestreichens ergrünten Hälfte des Blattes sah man verschiedene Entwicklungszustände der sich konstituirenden Chlorophyllkörner[66]).

Die Untersuchungen des Fürsten zu Salm-Holstmar[67]), Pfaundler[68]) haben ergeben, dass man die Chlorose künstlich dadurch erzeugen kann, dass man die Nährstoffgemenge eisenfrei lässt.

J. Sachs[69]) hat alsdann die von Knop lebhaft bestrittene Wirkung des Eisens auf die Vegetation durch ausgedehnte Vegetationsversuche nach allen Seiten hin bestätigt und konstatirt, dass die Chlorose erst dann eintritt, wenn sich alle Keimtheile auf Kosten der Samenstoffe entwickelt haben. Die ersten 3—4 Blätter werden auch in eisenfreien Lösungen grün, während die folgenden Blätter nur im oberen Theil ergrünen, bis endlich die nächsten Blätter vollkommen weiss zur Entwicklung gelangen. Diese Erscheinungen treten jedoch bei verschiedenen Pflanzen verschieden stark hervor; bei Phaseolus z. B. erhielt Sachs niemals ganz weisse Blätter, die späteren waren nur äusserst hellgrün und durchscheinend. In allen Fällen genügten schon ein paar Tropfen Eisenlösung, um nach 24 bis

---

[63]) Krankheiten der Pflanzen p. 319.
[64]) Pflanzenpathologie p. 282 c. daselbst.
[65]) Ann. des scienc. 1857, p. 201.
[66]) Vgl. Sachs Pflanzenphysiol. p. 144.
[67]) Versuche u. Resultate über die Nahrung der Pflanzen 1856.
[68]) Ann. der Chemie u. Pharmacie Bd. XII, p. 37.
[69]) Landw. Vers.-Stat. 1880, H. VI, p. 259 u. Experimentalphysik p. 144.

48 Stunden deutliches Ergrünen und nach 3—4 Tagen ein sattes normales Grün in den chlorotischen Blättern zu erzeugen[70]).

Stohmann's[71]) exakte Versuche bestätigte diese Wirkng und fand, dass die vorher gelblich weissen Blätter nach Zusatz von Eisen, „von den Rippen ausgehend, eine schöne grüne Farbe annahmen".

Von den übrigen als für die Pflanzenvegetation entbehrlich erkannten feuerfesten Stoffen sind hier noch zwei derselben, das Natrium und Silicium etwas näher ins Auge zu fassen, weil der Beweis ihrer Entbehrlichkeit im auffallenden Contrast steht zu ihrem oft reichen Vorkommen in den Pflanzenaschen.

Natrium.

Es ist zwar vom Fürsten Holstmar[72]) beobachtet worden, dass das Natron für die Fruchtbildung des Weizen unentbehrlich sei, und ebenso bezweifeln Sachs[73]) und Stohmann[74]) die Entbehrlichkeit des Natron; doch hat sich das Natrium mit Sicherheit für eine Anzahl ven Landculturpflanzen als entbehrlich erwiesen[75]). Eine noch offene Frage ist die Beziehung desselben zur Vegetation von Meer-, Salinen- und Salzsteppenpflanzen.

Silicium.

Das reiche Vorkommen desselben in den Aschen gewisser Pflanzen (es fehlt, wenn auch zuweilen vorkommend, in geringerem Masse in keiner Pflanze), hat zur Bezeichnung „Kieselpflanzen" geführt, indem man meinte, dass ihr Gedeihen lediglich vom Gehalt der Kieselsäure im Boden abhängt. Für unsere Culturgramineen ist es jedoch Sachs[76]) und Knop[77]) gelungen, solche in siliciumfreien Lösungen zur vollen Entwicklung zu bringen, wobei allerdings die Asche derselben nur Spuren von Kieselsäure enthielt. Es lag auf der Hand, die von den Landwirthen gefürchtete Erscheinung des Lagerns des Getreides aus einem zu geringen Gehalt an Kieselsäure im Boden zu erklären. Es haben aber die Untersuchungen L. Koch's und die Culturversuche Sachs gezeigt, dass ein gelagerter wie kieselfrei erzogener Getreidehalm an Kieselsäure nicht ärmer ist als ein normaler und dass bei Ausschluss von Kieselsäure ebenso mechanisch feste Getreidehalme erzogen werden. Die Untersuchungen

---

[70]) Ebendas. p. 144.

[71]) Agron. Zeitung v. Hamm. 1864, p. 325, vgl. v. C. p. 145.

[72]) a. a. O.

[73]) Pflanzenphysiol. p. 149.

[74]) Agron. Zeitung (v. Hamm) 1864, p. 325.

[75]) Vgl. Nobbe's u. Knop's citirte Arbeiten in den Landw. Vers.-Stat.

[76]) Experimentalphysiol. p. 151.

[77]) Kreislauf des Stoffes I, p. 221.

des früher genannten Forschers haben bis zur Evidenz erwiesen, dass das Lagern durch eine Etiolirungserscheinung bedingt ist. Dichte Saat und zu stickstoffreiche Düngung (Stallmistdüngung in 1. Tracht) bedingen eine stärkere Belaubung, somit Verfinsterung der sich geil streckenden Internodienstücke. Aus alle dem resultirt die Entbehrlichkeit des Silicium.

Sie wird bestätigt durch v. Höhnel[78]), der Lithospermum arvense ohne Kieselsäure zur völligen Fruchtreife erzog. Die Mericarpien der Frucht, die unter normalen Verhältnissen sehr kieselhaltige Aussenflächen hatten, waren kieselsäurefrei geworden. v. Höhnel schliesst daraus, dass Kieselsäure in den Mericarpien durch kohlensauren Kalk, zum Theil durch organische Zellhautstoffe ersetzt werden könne. Ein Schluss, der auf eigentlichen Beweisen nicht ruht.

Eine eigenthümliche Rolle wird auf Grund 14jähriger Nährlösungsculturversuche dem Silicium durch E. v. Wolff[79]) zuertheilt, die darin besteht, das rechtzeitige Absterben der Blattorgane und dadurch eine Wanderung der in denselben enthaltenen Mineralstoffe nach den Fruchtorganen zu bewirken. Es blieben in den Culturen die Haferkörner taub, wenn nicht ein grosser Ueberschuss von Phosphorsäure dargeboten wurde. Bei Zusatz von Kieselsäure steigerte sich der Körnerertrag, woraus der berühmte Forscher schliesst, dass ein übermässiger Nähraufwand an Phosphor, eine Luxuskomsumtion durch die Kieselsäure verhindert, oder ihm vorgebeugt wird[80]).

B. Düngungsversuche.

I. Methoden.

Wenn auch im grossen Ganzen zwischen einem induktiven und empirischen Versuch Uebergangsformen bestehen, die in der Behandlung des Stoffes eine Trennung zwischen einem streng wissenschaftlichen Cultur- oder Vegetationsversuch und einem Düngungsversuch erschwert, so hat sich doch von selbst eine gewisse wenn auch verschiebbare Grenze zwischen beiden Versuchsarten herausgebildet.

Bei gleichen Endzwecken unterscheiden sie sich wohl im Wesen darin, dass im Culturversuch alle Wachsthumsbedingungen bis auf den zu prü-

---

[78]) Abnorme Aenderungen wachsender Pflanzenorgane durch Beschattung.

[79]) Experimentalphysiol. p. 150.

[80]) Nach Jahrb. f. Agr.-Chem. aus Tageblatt der 53. Versammlung deutscher Naturforscher u. Aerzte in Danzig 1880, p. 225.

fenden Wachsthumsfaktor mit möglichster Exaktheit gleich gemacht werden sollen. Man prüft ein Pflanzenindividuum oder eine beschränkte leicht controlirbare Zahl von Pflanzen. Das Wurzelmedium und alle Wachsthumsfaktoren sind gleichgestellt. Es ist dann gleichgültig, ob die Pflanzen in Sand, Wasser oder Torfpulver, denen man die Düngung in Nährlösungsform giebt, vegetiren, es sind immer Medien, in denen man alle Nährstoffe bis auf den zu prüfenden beliebig gleich machen kann.

Das gelang bisher aus leicht verständlichen Gründen am besten vermittelst der Methode der Nährlösungscultur, und sind darum auch dieser unsere Kenntnisse über die Bedeutung und Nothwendigkeit der Nährstoffe entsprungen, wie andererseits für die Erkenntniss und Kenntniss des Wasserbedürfnisses der Pflanzen die Hellriegel'sche Sandcultur sich besonders eignet, womit wir etwa nicht sagen wollen, dass dieselbe für die Erforschung des Nährbedürfnisses untauglich wäre.

Wir erhalten aber stets gewissermassen theoretische Resultate. Denn der schüchternste Versuch einer Uebertragung des Resultats ins Grosse, in die Praxis, scheitert an der „Ziffer“, die — für ein „Minimum“ richtig — wenn auf grosse Verhältnisse übertragen, ein fehlerhaftes Ergebnis herbeiführen wird. Der Versuchsansteller läuft dieselbe Gefahr wie der Geometer, der sich hüten muss ein kleines Zirkelmass wiederholt aufzutragen, weil schon nach wenigen Messungen die anfangs unsichtbare Massdifferenz mit jedem neuen Auftragen wächst.

Anders im Düngungsversuch. Wenn auch hier das ferne Endziel ein gleiches ist, in erster Linie will die Praxis das Resultat in Anspruch nehmen. Die accessorischen Einflüsse sowohl wie die weiteren aus der vielfachen Combination der Nährbestandtheile wie den physikalischen Differenzen resultirenden Wachsthumsfaktoren können nicht eliminirt werden und müssen vielmehr calculatorisch in Rechnung gezogen werden.

Die Düngungsversuche können nach der Form und Grösse des Nährbettes in

Feldversuche,
Kastenversuche,
Topfversuche

eingetheilt werden. Immer unterscheiden sie sich von den Culturversuchen vornehmlich durch die Benutzung von normalen Erden, wobei es vorderhand gleichgültig erscheint, ob sie in ihrer natürlichen Form, auf dem Felde, oder nach einer Durchmischung zur Verwendung gelangen.

Berücksichtigt man den praktischen Zweck der Düngungsversuche, so ist aber auch klar, dass mit der Verkleinerung des Nährbettes und der damit verbundenen Beschränkung der Pflanzenzahl das Erreichen desselben schwieriger wird. Es stehen einerseits die Derivate der Feldversuche, die Kasten- und Topfversuche in der Erreichung des nächsten Zieles den Feldversuchen bedeutend nach, während sie andererseits in Betreff der theoretischen Zwecke niemals die Nährlösungsculturen erreichen können.

Wir werden uns daher in der vorliegenden Zusammenstellung stets mehr an Versuchen halten, die den Charakter der Feldversuche haben, und nur dort die Topf- und Kastenversuche zu erwähnen haben, wenn dieselben einen besonderen Zweck erreichen wollen.

Die ursprünglichen Düngungsversuche waren nur Topf- und Kastenversuche. Da man ein Nährmedium haben wollte, das man in seinem Nährstoffverhältniss beliebig organisiren kann, so musste man mit nährstofffreien möglichst extremen oder künstlich präparirten Nährmedien, als Torfpulver, Sand oder Thon, denen man die Düngungsmittel in der fraglichen von der Absorptionskraft des Nährmediums abhängenden Form beigab, operiren. Da solche Experimente kostspielig, musste man sich in Betreff der Ausdehnung auf Kasten beschränken. Derart waren die Versuchsgedanken, wie sie in den 60er Jahren in den Düngungsversuchsvorschlägen zum Ausdruck kamen. Sie trugen sämmtlich den Charakter der induktiven Versuchsmethode, ohne sich jedoch zu rein wissenschaftlichen Versuchen zu erheben.

Bretschneider[1]) gab den Impuls zu den auf die landwirthschaftliche Praxis direkt bezogenen Düngungsversuchen. Er machte darauf aufmerksam, dass man nicht extreme Bodenarten wählen dürfe, sondern unabhängig von der Grösse des Versuchsfeldes auf Ländereien die Versuche anstellen soll, auf welchen seit Jahren eine geeignete Fruchtfolge eingeführt und auch in regelmässigen Intervallen gedüngt worden ist, dass ferner die Prüfung der Dungmaterialien auf wenige beschränkt werden müsse.

Damit war freilich der Kastenversuch beseitigt, die Wahl und Grösse der Versuchsparzellen den einzelnen an den gemeinschaftlichen Versuchen sich betheiligenden Versuchsstationen überlassen worden. Nun schwoll die Literatur der Düngungsversuche in bedenklicher Weise. Die Versuche selbst waren mehr oder weniger der Ausdruck eines empirischen Hin-und-Her. Um so bemerkenswerther sind die seinerzeit von Grouven[2]) gegen die planlosen Düngungsversuche gerichteten Worte: „Man weiss nämlich, dass ein auf irgend einem Felde angestellter Düngungsversuch Resultate giebt, welche im wesentlichen Punkte abweichen von denjenigen, welche man bei sonst gleichen Versuchsverhältnissen auf

---

[1]) Landw. Vers.-Stat. VII, p. 26.

[2]) Landw. Vers.-Stat. Bd. VII.

einem blos eine Stunde entfernt gelegenen Felde bekommt und dass, wenn die Felder in verschiedene Provinzen oder Länder vertheilt sind, die Unterschiede der Resultate sich bis zu den schroffsten Widersprüchen mehren. Man folgert daraus mit Recht, dass der einzelne Düngungsversuch in seinen Resultaten nur gültig sein kann für die nächste Oertlichkeit, in der er angestellt wurde, sein Werth ist und bleibt ein beschränkt localer, er hat keinen allgemein theoretischen Werth".

Die sich mit überwältigender Raschheit mehrenden Düngungsversuche haben demnach keinen klärenden Einfluss sowohl in landwirthschaftlich praktischer, als in theoretischer Hinsicht auszuüben vermocht und wurden vom Landwirth wie vom Theoretiker scheel angesehen.

Erst die umfassenden Versuche Märckers haben nun das in Deutschland platzgreifende dauernde Betonen des negativen Werthes der Feldversuche zum Schweigen gebracht, während in England an dem einmal festgesetzten Plan der Feldversuche mit Zähigkeit festgehalten wurde. Mit unzureichenden Mitteln, sagt Märcker[3]), „ohne die nothwendige Kenntniss der praktischen Verhältnisse des Feldbaus führte man oftmals Versuche im Kleinen aus und wollte die erhaltenen Resultate auf die Praxis der Landwirthschaft übertragen. Es kann nicht Wunder nehmen, dass man dabei manchen verhängnissvollen Irrthum beging, der sich in der Praxis schwer rächte und gewiss nicht dazu beitrug, das Ansehen der Versuchsstationen bei dem praktischen Landwirth zu erhöhen. Gewiss hat der Landwirth das Recht des Raths betreffs der Anwendung der Düngemittel, und ein Feldversuch, denn dieser kann nur den Rath ertheilen, soll ja die Forschung bewahrheiten."

Märcker verzichtet von vornherein darauf, aus einem einseitigen Localversuch allgemein gültige Düngungsgesetze zu geben, und macht darauf aufmerksam, dass bei vorsichtiger Auswahl der Bodenarten bei mehrjähriger Wiederholung des Versuches, wenn die exakt gezogenen Schlüsse nur auf bestimmte Localität für gültig erklärt werden, die Feldversuche bei allgemeiner Betheiligung doch schliesslich auch allgemeines Interesse gewinnen müssen. Mit der Märcker'schen Bemerkung, dass die Feldversuche nicht zur Ergründung von Naturgesetzen, wohl aber zur Erforschung von wirthschaftlichen Fragen angestellt werden sollen, ist den Versuchsstationen ein segensreiches Feld der Thätigkeit, für den Praktiker der Grundstein zu einem wissenschaftlich praktischen Institut gegeben, aus welchem er alsdann nicht mehr Antworten von so ausgesprochen delphischem Spruch-Charakter als bisher erhalten dürfte.

Mit Recht hat man gegen alle Feldversuchsresultate das Bedenken er-

---

3) Zeitschrift des landw. Centralvereins der Prov. Sachsen 1876, p. 193. Vgl. landw. Jahrbücher Bd. IX, 1880.

hoben, dass ein einzelner Feldversuch, möge er noch so sorgsam und peinlich ausgeführt worden sein, niemals allgemeine Schlüsse zu ziehen erlauben wird, da sie durch die vielen accessorischen Einflüsse stets relativer und niemals positiver Natur sein können. Nun lassen sich zwar die accessorischen Einflüsse auf zwei beschränken, die aber dann um so weniger ausser Acht gelassen werden können. Es sind 1) Physikalität, Düngezustand, kurz die Beschaffenheit des Bodens und 2) die Witterungseinflüsse und klimatische Lage. Von einer positiven Elimination dieser beiden Einflüsse kann natürlich bei Feldversuchen nicht die Rede sein. Wir können aber die Grösse dieser beiden Einflüsse bei Gewinnung der Resultate in Rechnung ziehen, indem wir denselben Feldversuch constant wiederholen und „die Macht der Durchschnittszahlen" reden lassen.

Es haben sich zwei verschiedene Methoden der Feldversuche ausgebildet: die eine, wir wollen sie die deutsche nennen, von Märcker betrieben und vertreten, die andere in England von Lawes und Gilbert schon seit einer langen Reihe von Jahren gebraucht. Beide Methoden haben die Durchschnittszahl als gemeinsames Beweismittel, und die Versuchswiederholung ist bei beiden das Mittel für die Durchschnittszahl.

Märckers statistische Methode.

Nach der Märcker'schen Methode wird ein und derselbe Versuch zunächst auf den mannigfaltigst heterogenen Bodenarten, dann aber auch auf Bodenarten von ungefähr gleicher Beschaffenheit mehrere Jahre hindurch wiederholt. Einmal werden durch die Wiederholung des Versuches die Fehlergrenzen eingeengt, dann aber ist der Versuchsführer, nachdem er die Resultate des wiederholten Versuchs zusammengestellt, im Stande abwägen zu können, inwieweit einerseits die Ernte einer bestimmten Culturpflanze von der Düngwirkung des verwendeten Düngmaterials, andrerseits von der Bodenbeschaffenheit beeinflusst gewesen. Schwierig ist's, den Witterungseinfluss in Rechnung zu ziehen, denn zunächst können die Versuche doch immer nur auf beschränkten Complexen, deren klimatische Verhältnisse doch kaum ausschlaggebend differiren können, ausgeführt werden, so dass man nur sagen kann, innerhalb dieser Provinz ist der und der Theil für die Anwendung dieses oder jenes Düngmittels für diese oder jene Feldfrüchte geeignet. Bei der eminent organisatorischen Thätigkeit Märcker's ist aber mit Sicherheit zu hoffen, dass auch in Betreff dieses schwierigen Versuchspunktes, durch allgemeine Theilnahme sämmtlicher deutscher Versuchsstationen an den Versuchen nach einem einheitlichen Plane einstens mehr Klarheit herrschen wird. Aber auch innerhalb des localen Versuchs ist die Berücksichtigung der Witterung absolut nothwendig, denn es ist offenbar nicht gleichgültig, ob man es bei gleicher Düngart und gleicher Düngstärke mit einem trocknen oder feuchten Jahr zu thun hat, und es wäre wohl kein geringer Beobachtungsfehler, wollte man die Resultate des trocknen oder feuchten Jahres, als für jede Zeit gültige hinstellen. Doch, der Einfluss der localen Witterung wird schon in Betracht gezogen durch die Wiederholung des Versuches in verschiedenen Jahrgängen. Auf Anregung Märckers hat sich Sachsen, das ja durch seine verschiedene Bodenqualität bekannt, mit mehr als 100 Wirthschaften an den Versuchen betheiligt, eine Zahl, die schon eine Reihe von Faktoren, Höhenverhältnisse, Feldlagen, Belichtungsgrad, Untergrundszustand, Feuchtigkeits- und Wärmeverhältnisse und endlich Art der Bewirthschaftung zur Berücksichtigung giebt. Diese von Behrend als „eminent praktische Versuchsmethode" bezeichnete Methode schliesst folgende Untersuchungsarbeiten und Erwägungen ein:

1. Sorgfältige Wahl des Versuchsfeldes.
2. Chemische Analyse des Bodens.
3. Mechanische Analyse des Bodens.
4. Geologische Beschaffenheit des Bodens.
5. Berücksichtigung der Vorfrucht, der Düngung in der dem Versuch vorangehenden Tracht.
6. Prüfung des Untergrundes.
7. Wahl der Düngemittel.
8. Combination derselben in Betracht der prozentischen Gabe der Nährstoffe.
9. Unterbringung des Versuchsdüngers.

Die Grösse der Versuchsparzellen (je 2 zu $1/2$ Morgen) betrug insgesammt 1 Morgen. Sie wurden, damit die Verschiedenheiten des Bodens innerhalb des Morgens möglichst zum Ausdruck gelangen, sehr lang und schmal abgesteckt.

Wir wollen im Nachstehenden eine Beschreibung der Kartoffeldüngungsversuche folgen lassen. Da es jedoch zu weit führen würde, jede einzelne der zu den Versuchen benutzten Wirthschaften hier anzuführen, und es eben nur eines Beispiels bedarf, mögen hier die Angaben der Versuchsbeobachtungen in klimatologischer und in Hinsicht der Bodenbeschaffenheit wie Fruchtfolge auf der Wirthschaft Niemberg nach Märcker wiedergegeben werden:

1. Niemberg, Herr Rittergutsbesitzer Weste.

Der Boden des Versuchsfeldes war milder, humoser Lehmboden, nach der Bonitirung im Saalkreise zur 2. Klasse geschätzt.

Auf 70 cm Tiefe fand sich unter demselben Diluvialsand. Die mechanische Analyse[4]) ergab folgende Resultate:

---

[4]) Die mechanische Analyse ist mit dem Bennigsen'schen Schlemmcylinder ausgeführt.

Hygroskopische Feuchtigkeit	2,73	Proc.
Organische Substanz	3,04	„
Feinerde	54,02	„
Sand in Summa	40,21	„
Sand über 3,0 mm	0,10	„
„ „ 2,0 „	0,21	„
„ „ 1,5 „	0,12	„
„ „ 1,0 „	0,48	„
„ „ 0,5 „	2,97	„
„ unter 0,5 „	36,33	„

Unkräuter des Bodens: Equisetum arvense, Polygonum lapathifolium, Brombeeren, Hederich, Ackerwinde.

Notizen: Die Kartoffeln wurden am 28. April bei ca. + 10° R. bestellt.

29. April: leichter Regen.

30. „ : kleiner Regenschauer.

2. Mai: Spuren von Reif.

8.—9. Mai: Regentage.

10. Mai: durchdringender Gewitterregen.

19. „ : leichter Gewitterregen.

22. „ : Nachts Gewitterregen.

23. „ : die Kartoffeln konnten als gleichmässig und vollständig aufgegangen bezeichnet werden.

27. Mai: dieselben wurden bei etwas nasser Witterung angepflügt.

Bis 29. Mai: Wetter trübe, nebelig und windig.

„ 4. Juni: sehr schön und warm.

„ 10. „ : fruchtbare warme Witterung mit verschiedenen Regengüssen, von da ab mehrere Tage windiges, nasskaltes Wetter.

16.—20. Juni: Regentage.

24. Juni: Gewitterregen.

Bis 9. Juli: heisses, sonniges Wetter.

9.—13. Juli: Regenschauer bei kühlem Wetter.

20. Juli: leichter Sprühregen bei warmem Wetter.

23. „ : heftiger Gewitterregen.

24. „ : Regentag.

Bis 29. Juli: Wetter klar und warm, dann

„ 5. August: kühl und trübe.

„ 12. „ : heiss und sonnig.

14. August: Regen, dann schönes Wetter mit Ausnahme einiger feuchter Tage bis 25. August.

28. August: Regen mit darauffolgender schwüler Witterung bei bedecktem Himmel.

Das Ernteresultat wurde in der Weise ermittelt, dass auf jede Parzelle eine Kette Leute mit einem genau tarirten Messkorbe kam, die Anzahl der Körbe wurde genau notirt. Der allerwesentlichste Fortschritt in der Märker'schen Versuchsmethode bestand aber darin, dass stets constatirt wurde, innerhalb welcher Grenzen sich die möglichen Fehler der Versuche bewegen. Darüber lässt sich Märcker in folgender Weise aus: Die Berechnung des Mehrertrags geschah so, „dass von dem Ertrage der ungedüngten Parzellen ausgegangen und das, was darüber ist, der Düngung zu Gute gerechnet wird.

Diese Rechnung würde absolut zuverlässig sein, wenn die Garantie vorläge, dass die Parzellen, deren Ertrag mit der Düngung festgestellt wurde, in ungedüngtem Zustande genau so viel tragen würden, als die ungedüngten Parzellen, die man als Mass zwischen den gedüngten liegen liess.

Stimmten nun sämmtliche ungedüngte Parzellen mit ihren Erträgen überein, so würde das Verfahren unserer Berechnung vorwurfsfrei sein. Zeigten sie aber Abweichungen, so konnten unsere Versuche mit so grossen Unrichtigkeiten belastet sein, als sich die Erträge der einzelnen ungedüngten Parzellen von dem zur Berechnung gezogenen Mittel der ungedüngten Parzellen entfernten.

Wenn z. B. in Emersleben per Hektar ungedüngt geerntet wurde

1. Parzelle	18836	Kilo	Kartoffeln,
2. „	19607	„	„
3. „	18915	„	„
4. „	19130	„	„
5. „	19120	„	„

so weichen diese Zahlen von dem Mittel 19121 Kilo ab

1. Parzelle	— 285	Kilo,
2. „	+ 486	„
3. „	— 207	„
4. „	+ 9	„
5. „	+ 1	„

ab. Ein Versuch, welcher z. B. 486 Kilo per Hektar mehr gäbe als das Mittel der ungedüngten Versuche, könnte also noch innerhalb der Fehlergrenze liegen und ein Schluss aus demselben könnte zu Irrthümern führen.

Die Fehlergrenze für die übrigen Versuche stellt sich folgendermassen:

Niemberg. Abweichung vom Mittel.

Ungedüngte	Parzelle	1 + 432.
„	„	2 + 0.
„	„	3 + 0.
„	„	4 — 432.

Siegersleben. Abweichung vom Mittel.

Ungedüngte Parzelle	1	— 588.
„ „	2	— 196.
„ „	3	— 196.
„ „	4	+ 980.

Schlomsted. Abweichung vom Mittel.

Ungedüngte Parzelle	1	+ 780.
„ „	2	+ 159.
„ „	3	+ 809.
„ „	4	— 1148.

Zur Discussion konnten im Folgenden daher nur Versuche, welche ausserhalb der Fehlergrenzen lagen, herangezogen werden.

Ein anderer Fehler kann sich durch die Schwankungen des Stärkemehlgehaltes einschleichen, und auch hier müssen wir die Fehlergrenze feststellen.

Es erreichen vom Mittel der ungedüngten Parzellen ab:

Emersleben	— 0,3	Proc. Stärkemehl.
„	+ 0,4	„ „
„	— 1,3	„ „
„	— 1,3	„ „
„	+ 1,6	„ „
Niemberg	+ 0,7	„ „
„	— 0,3	„ „
„	— 0,1	„ „
„	— 0,3	„ „
Siegersleben	+ 0,1	„ „
„	+ 0,1	„ „
„	— 0,6	„ „
„	+ 0,4	„ „
Schlomstedt	+ 0,2	„ „
„	+ 0,4	„ „
„	— 0,3	„ „
„	— 0,1	„ „

Der Gehalt an Stärkemehl, mit Ausnahme der Emerslebener Kartoffeln ist relativ sehr geringen Schwankungen ausgesetzt und die Fehlergrenze daher eine sehr geringe.“

Eine Berechnung der grössten Abweichung einer gedüngten Parzelle von dem betreffenden Durchschnittsertrage, in Prozenten des Ertrages ausgedrückt, ist in folgender Tabelle wiedergegeben.

		Anzahl der ungedüngten Parzellen	Grösste Abweichung des Ertrages einer ungedüngten Parzelle von dem betreffenden Durchschnittsertrage, ausgedrückt in Prozenten des Ertrages			
			a) auf Kartoffelertrag bezogen		b) auf Stärkeertrag bezogen	
			+	—	+	—
1875	Niemberg	4	2,1	2,1	5,3	4,4
	Emmersleben . .	5	2,5	1,4	6,2	7,1
	Siegersleben . . .	4	5,1	3,7	7,4	3,9
	Schlanstedt . . .	4	4,4	6,2	4,7	11,3
1876	Niemberg	3	8,3	5,7	—	—
	Schlanstedt . . .	3	9,6	5,3	7,4	5,2
	Emmersleben . . .	2	0,5	0,5	3,9	4,1
	Benkendorf . . .	3	10,4	12,3	11,1	17,1
	Westeregeln . . .	3	0,6	1,2	2,6	3,1
	Calvörde	3	15,7	25,4	13,3	35,9
	Siegersleben . . .	3	4,5	6,6	3,3	2,4
	Göthewitz	2	0,5	0,6	1,4	1,5
1877	Emmersleben . .	3	4,3	5,6	5,9	8,6
	Emmersleben . .	3	13,3	5,6	10,3	6,1
	Schlanstedt . . .	4	3,4	3,2	—	—
	Niemberg	4	3,2	4,1	—	—
	Westeregeln . . .	3	2,9	2,1	3,2	5,1
	Calvörde	3	3,3	2,9	4,3	5,7
	Röderhof	3	1,9	0,7	4,1	1,7
	Rohlau	3	1,2	1,9	3,3	4,6
	Siegersleben . . .	3	6,2	6,2	5,8	6,6
	Warmsdorf . . .	3	0,5	0,4	1,4	0,4

Lawes und Gilbert'sche Rotations-Methode.

Im Gegensatz zu der jetzt in Deutschland üblichen Methode steht die durch die Behrend'sche Schrift[5]) jetzt erst genauer bekannt gewordene englische Methode. Lawes und Gilbert, die mit so grosser Heftigkeit Liebigs Mineraltheorie bekämpften, führten eben zu dem Zweck, die Theorie Liebigs ad absurdum zu führen, seit dem Jahre 1843 nach einer im Prinzip verschiedenen Methode bis auf den heutigen Tag Feldversuche aus, die fast auf sämmtliche in England erbauten Feldfrüchte erstreckt wurden.

Die englische Methode beruht auf dem Prinzip, dass ein und derselbe Versuch eine lange Reihe von Jahren auf demselben Acker und stets unter denselben Versuchsbedingungen wiederholt wird. Es ist also gerade

[5]) Die Resultate der hauptsächlichsten Felddüngungsversuche v. Lawes und Gilbert in England u. ihre Bedeutung f. d. deutsche Landwirthsch.

der umgekehrte Weg der deutschen Versuchsmethode. Da das Versuchsfeld hier durch einen langen Zeitraum konstant, unbeweglich, so ist man im Stande durch ausführliche, durch die Konstanz des Versuchsfeldes erleichterte meteorologische Beobachtungen auszuführen, die den Vortheil haben, den Einfluss einer bestimmten monatlichen oder jährlichen Regenmenge und Temperatur auf die Dungwirkung des Düngmaterials zu bestimmen. Es liegt auf der Hand, dass bei einer vieljährigen Durchführung des Versuches die Durchschnittszahlen der Düngwirkungen abnormer Jahre ein richtiges Dungwirkungsbild überhaupt eines abnormen Jahres ergeben werden, natürlich bezüglich der betreffenden Lokalität und Bodenbeschaffenheit. Von erhöhtem theoretischen Interesse ist aber der Umstand, dass diese Methode die Möglichkeit einschliesst, zu erkennen, inwieweit auch die

Fig. a.

Nach Behrend.

Fruchtfolge, frühere Dungkraft und Dungart auf das Versuchsresultat beeinflussend gewirkt. Hier konnte ein genaues Bild des Fruchtbarkeitszustandes jeder Versuchsparzelle dadurch erhalten werden, dass lange Zeitperioden hindurch (bis über 40 Jahre) die Zu- und Ausfuhr sämmtlicher Nährstoffe genau, zahlengemäss konstatirt und theoretisch festgestellt werden konnte, welche Mineralpflanzennährstoffe absolut nothwendig und welche entbehrlich oder indirekt wirksam sind. Behrend nennt diese Versuche zum Gegensatz der „eminent praktisch“ genannten Märcker'schen Versuche, theoretische, weil sie in Rothamsted nicht aus der Initiative in Angriff genommen worden, etwa die billigste Form für den Anbau einer gewissen Feldfrucht ausfindig zu machen. Die Art der Versuchsführung wird aus den Düngungsversuchen, die zu besprechen wir häufig Gelegenheit erhalten werden, hervorgehen.

Hier möge nur noch folgendes erwähnt werden:

Dadurch, dass das Versuchsfeld ein unverrückbares ist, konnten die meteorologischen Beobachtungen mit agriculturphysikalischen verbunden werden. Es dienten hierzu Einrichtungen von höchst sinnreicher Konstruktion. Die der Behrend'schen Schrift entnommenen Abbildungen und nachfolgenden Erläuterungen mögen diese Einrichtungen, die einer weiteren Verbreitung wohl würdig sind, klar machen:

„Auf einem Felde von Rothamsted war einerseits ein Regenmesser aufgestellt, der eine Oberfläche von genau $^1/_{1000}$ englischem Acre besass. Die unterhalb desselben aufgesellten Vorrichtungen zum Sammeln des

Fig. b.

Nach Behrend.

Regenwassers, auf die hier nicht näher eingegangen werden kann, erlauben eine ungewöhnlich genaue Ablesung des Regenquantums. Um zu bestimmen, wie viel von den überhaupt gefallenen Regenmengen der Verdunstung anheimfällt und wie viel in die tieferen Schichten der Ackererde eindringt, wurden drei ähnliche ebenfalls $^1/_{1000}$ Acre Oberfläche haltende Regenmesser konstruirt, bei denen jedoch dem Regenwasser Gelegenheit gegeben wurde, durch Ackererdschichten von 20 resp. 40 und 60 englischen Zollen Mächtigkeit zu gehen, ehe es in den Reservoirs gesammelt wurde. Die Konstruktion dieser Apparate war nicht so einfach, wie man vielleicht denken könnte. Man könnte sich vorstellen, dass es genügte, sich einen Ombrometer zu konstruiren und über denselben 20, 40 oder 60 Zoll Ackererde zu schichten. Wollte man aber die in solchem Apparate gewonnenen Resultate als Grundlage für die Verfolgung des Schicksals des Regenwassers benutzen, so würde man zu vollständig irrigen Schlüssen gelangen. Lawes und Gilbert konstatiren nämlich, dass es nicht möglich ist, eine ausgegrabene Schicht Erde durch mechanische Mittel wieder auf das Volumen zu bringen, welches sie vorher im Boden eingenommen hatte, oder mit anderen Worten: 1 cbm ausgegrabene Erde lässt sich nicht wieder auf 1 cbm zusammenpressen. Schichtet man daher ausgegrabene Erde auf einen Regenmesser, so wird diese Erde stets lockerer geschichtet sein, als sie es ursprünglich war und das Bild, welches man über die Wasserverdunstung innerhalb des Bodens in solchen Apparaten erhält, muss ein trügerisches werden. Es blieb also nichts anderes übrig als durch kostspielige und mühsame Arbeiten das Erdreich in der beabsichtigten Tiefe zu unterminiren und unter der Erdschicht einen Regenmesser zu konstruiren. Die von dem Regen zu passirende Erdschicht wurde dann in den gewünschten Grenzen eines $^1/_{1000}$ Acre durch Glaswände abgegrenzt. Beifolgende Zeichnungen geben ein Bild in Fig. *a* des Regenmessers ohne Erdschicht, Fig. *b* eines solchen mit darüberliegender Erdschicht."

Wagners experiment. Methode.

Den von Lawes und Gilbert einerseits und Märker andererseits bei ihren Versuchsanstellungen zu Grunde gelegten Methoden gegenüber bringt P. Wagner[6]) eine völlig entgegengesetzten Versuchsideen entspringende Methode zum Vorschlag. Während die erstgenannten Forscher bemüht sind, dem Feldversuch zu einer gesunden Empirie zu verhelfen, kehrt Wagner zu dem Kasten-versuche zurück, den er zu einem exakten Experiment zu erheben bemüht ist. Er macht an der Hand recht schlagender Beispiele aus der grossen Reihe von Düngungsversuchen darauf aufmerksam, dass die meisten derselben aller Zuverlässigkeit entbehren, weil nicht dafür gesorgt sei, dass sämmtliche Ertragsfaktoren auf allen Versuchsparzellen gleichgemacht seien, dass, mit Ausnahme der Märcker'schen Versuche, nicht einmal an eine Feststellung des Grades der Gleichstellung derselben gedacht werde. Doch auch die Versuche Märckers werden von Wagner beanstandet. Wenn er auch zugiebt, dass Märcker in verdienstvollster Weise der erste gewesen, der den Einfluss der Ertragsfaktoren auf die Erträge der Versuchsparzellen durch Feststellung der Fehlergrenzen in ernste Berücksichtigung nahm, so meint er doch, dass die Art der Ermittlung nicht

---

6) Beiträge zur Begründung und Ausbildung einer exakten Methode der Düngungsversuche. Unter Mitwirkung von Dr. W. Rohn; Journal für Landwirthschaft XXVIII, Jahrg. 1881, p. 9—58.

exakt genug sei. Dieselbe müsse nicht indirekt aus den ungedüngten, sondern direkt aus den gedüngten Parzellen ermittelt werden. Man habe keinen Grund anzunehmen, dass die Ertragsdifferenzen sowohl der gedüngten wie auch der ungedüngten Parzellen gleich sein müssten, weil Ertragsfaktoren auf beide nicht in gleicher Weise wirkten. Es werde die Wirkung derjenigen Ertragsfaktoren, die wegen ihrer Ungleichheit die Ertragsdifferenzen verursachen, „durch die Düngung in ungleicher Weise alterirt[7])“. Auf einer an Nährstoffen reicheren Parzelle trete beispielsweise die physikalische Beschaffenheit des Bodens mehr in den Vordergrund, als auf der an Nährstoffen ärmeren Parzelle, es werde daher die Physikalität des Bodens auf der gedüngten Parzelle mehr zum Ausdruck kommen als auf der ungedüngten, während z. B. andererseits der Ertragsfaktor: Feuchtigkeit bei nicht gleich feuchten Parzellen die weniger feuchte Parzelle benachtheiligen, bei der anderen Parzelle dagegen die Düngung zur vollen Wirksamkeit gelangen könne u. s. w. Wagner betont ferner, dass die Ertragsfehler der Märker'schen Kartoffeldüngungsversuche die + und — Abweichungen vom Durchschnittsertrag im Mittel ± 5 % des Kartoffelertrages und ± 6½ % des Stärkeertrages ausmachen, demnach zur „Erforschung von Düngungsgesetzen zu gross sind“.

Von der Idee ausgehend, dass es gelingen müsse, eine Methode der Düngungsversuche zu finden, „welche nachweisbar ebenso genaue als zuverlässige Resultate liefert als unsere wohl studirten chemisch analytischen Bestimmungsmethoden, deren Fehler höchstens 1 % beträgt[8])“, calculirte Wagner auf 2fache Weise. Entweder muss:

1. der Ertragsfehler einer jeden einzelnen Parzelle genau ermittelt und nach Massgabe desselben der Bruttoertrag in Nettoertrag umgerechnet werden, oder

2. es muss der Ertragsfehler selbst durch geeignete Massregeln bis auf 1 % herab verkleinert werden, so dass er vernachlässigt werden kann.

Nach der ersten Idee müssten sämmtliche Parzellen, deren doppelt so viel angelegt sind, als die Düngung variirt werden soll, in dem 1. Jahr gleichartig gedüngt werden. Nachdem der Ertrag jeder einzelnen Parzelle bestimmt, sind die Abweichungen derselben vom Durchschnittsertrag festzustellen und in dem nächsten Jahre bei den eigentlichen Düngungsversuchen, wo dann je 2 Parzellen die gleiche Düngung erhalten, in Rechnung zu ziehen. Ein unrichtiges Verfahren, wenn man bedenkt, dass die Fehlerquellen in den verschiedenen Jahren quantitativ und qualitativ verschieden sein können.

Dieses Bedenken voll würdigend, suchte nun Wagner — und damit

---

7) Ebendas. p. 19.

8) Ebendas. p. 22.

kommen wir auf den Kernpunkt seiner vorgeschlagenen Methode — auf dem andern Wege zum Ziele zu gelangen.

Es wird vor allem darauf ankommen, auf den Versuchsparzellen eine möglichste Gleichheit aller Ertragsfaktoren herzustellen. Ein Gedanke, den schon Hanamann[9]), wenn auch in unzureichender Weise, dadurch zur Ausführung zu bringen suchte, dass er durch unterirdische Cementwände begrenzte Dungparzellen mit gemischter Erde ausfüllte, mit abgezählten Saatkörnern besäte und Schutzvorrichtungen nach aussen anbrachte. Von einer Kontrolle der Resultate durch Parallelparzellen ist hier freilich nicht die Rede[10]).

Wagner ist indess zur Ueberzeugung gelangt, dass es wegen der äusserst feinen Reaktion der Pflanzen gegen Differenzen der Wachsthumsfaktoren nicht gelingen könne, 2 oder mehrere Parzellen derart herzurichten, dass die Einzelerträge um nicht mehr als 1 % vom Durchschnittsertrag abweichen. Er betont jedoch, dass dies möglich würde, durch den Hinweis auf die Manipulation des Chemikers, der behufs einer Bodenanalyse

---

[9]) Sechsjährige Vegetationsversuche und Düngungsversuche, Prag 1873.

[10]) Hanamann verfuhr in folgender Weise:

„Je 10 Gruben wurden mit wohlgemischter Erde von einer bestimmten Stelle ein und desselben Feldes gefüllt und auf diese Weise mit noch 10 anderen Erdarten sehr verschiedener Felder verfahren, so dass im Ganzen 110 Erdwürfel entstanden, die auf gleiche Art behandelt werden konnten. Diese 11 den meisten Culturpflanzen physikalisch zusagenden Bodenarten, meist Weizenböden, gehören der Formation der Kreide, des Basaltes, des Rothliegenden, des Diluvium und des Alluvium Nordböhmens an, standen unter gleicher Bestellungsart, gleicher, blos animalischer Düngung und gleicher Fruchtfolgen." Die Bodenarten wurden eingehend geprüft und zwar: die abschlämmbaren Theilchen mit dem Nobbe'schen Apparat, die capillare Sättigungscapacität, das Wasserabsorptionsvermögen, die Wasserverdunstung, das absolute Gewicht, der Absorptionscoefficient, der Wasser-, Kohlensaure-Phosphorsäuregehalt, der in Essigsäure lösliche Bodenantheil, die organischen Stoffe, die Alkalien, der Gehalt an zeolitischer Kieselsäure und Stickstoff wurden bestimmt. Ausserdem: meteorologische Beobachtungen, solche mit dem Psychrometer, Evaporimeter, Regenmesser und Bodenthermometer. Jede Bodenart erhielt 10 Kästen. Je ein Kasten jeder Bodenart blieb in 2 Versuchsreihen ungedüngt, die übrigen 4 erhielten verschiedene Düngungen, alljährlich wechselnd, theils aus künstlichen Düngungsmitteln, theils Stallmist.

Die beiden Versuchsreihen (2 × 5 Kästen) unterschieden sich durch die Fruchtfolge:

1. 4mal Halmfrüchte, 2mal Rüben;
2. Das umgekehrte.

Die Düngemittel waren: Stallmist, Chilisalpeter, Knochenmehl, Peruguano, Superphosphat und Kalisalze.

Vgl. Biedermann's Centralblatt f. Agr.-Chem. Bd. VI, 1874, p. 22.

eine Mittelprobe sich dadurch herstellt, dass er aus mehreren gleichmässig auf der Fläche vertheilt liegenden Stellen gleich grosse Parzellen herausnimmt und mischt. Der Versuchsansteller müsste sich auf gleiche Weise Durchschnittsparzellen konstruiren, indem er mehrere auf dem Gesammtversuchsfelde gleichmässig vertheilt liegende und gleich grosse Parzellen bestellt, die Erträge summirt und durch Vergleichung je zweier Erträge die Ausgleichung der Ertragsdifferenzen prüft.

Die Exaktheit der auf Grund obiger Ideen ausgedachten Versuche, kann, das ist von vornherein klar, nur dann erreicht werden, wenn die Parzellen so klein werden müssen, dass eine „subtile“ Bestellung derselben geschehen könne, Differenzen im Nährstoffgehalt durch Mischen der Erde ausgeglichen, ein und derselbe Versuch mit verschiedenen Bodenarten unter gleichen Witterungs- und klimatischen Verhältnissen ausgeführt, die Bodenmischungen beliebig verändert und, was bei diesen Versuchsideen ein unbedingtes Erforderniss, innerhalb einer relativ sehr grossen Anzahl Parzellen mehrere derselben nebeneinander geprüft werden können.

Bevor ich auf die Beschreibung der Versuchsführung eingehe, möchte ich die Bedenken erwähnen, die gegen diese Methode geltend gemacht werden können und auch wohl gemacht wurden.

Zunächst ist zu bemerken, dass wir es nach der Wagner'schen Methode nicht mehr mit Felddüngungsversuchen zu thun haben. Es sind Düngungsexperimente, deren Resultate doch nur immer mit Vorsicht auf das Ganze übertragen werden können, weil ein Fehler sich bei einer solchen Probeziehung alsdann in vielfacher Weise multiplizirt. Ferner sind die Bedenken in Betreff der

1. Grösse der Parzellen,
2. der Bodenmischung,
3. der Zahl der geprüften Pflanzen

wohl nicht ganz grundlos.

Wenn auch, in Betreff der Parzellengrösse, der Hauptertragsfaktor: Boden durch die Bodenmischung möglichst gleich gemacht ist, so ergeben sich doch andere Verschiedenheiten, die in Folge der Kleinheit der Parzellen von grossem Einfluss sind. Was die Bodenmischung anbelangt, so ist doch der Boden im Grunde genommen durch die Mischung kein natürlicher. Dem kann man freilich entgegensetzen, dass derselbe auch im Grossen durch die üblichen Bodenbearbeitungsmethoden in einen ähnlichen Lockerungszustand gebracht wird. Immerhin ist aber durch das Wagner'sche, später zu erörternde Bodenmischungsverfahren der Boden physikalisch durchgreifender verändert, als dies im Grossen geschieht. Das Hauptbedenken liegt aber in der Beeinflussung des Resultates durch den in Folge der geringen Parzellengrösse eintretenden Faktor: Pflanzenindividualität. Bei den kleinkörnigen Felderzeugnissen ist die gleichmässige Auswahl, wegen des grösseren Quantums (z. B. Gräser), schwierig, bei den Wurzel- und Knollenfrüchten ist dagegen bei verhältnissmässig leicht durchführbarer Auswahl wiederum die Zahl der Pflanzenindividuen in so kleinen Parzellen eine bedenklich geringe. Wird der Ertrag von solchen Parzellen auf Hektare umgerechnet, so erhält die Praxis ungefähr dieselbe fehlerhafte Ziffer, wie z. B. der Samenhändler, wenn man ihm aus der in 5 g gefundenen Zahl von Seidekörnern die auf ein Kilogramm berechnete Ziffer angiebt. Und zugestanden, dass in Praxi diese Ziffer nicht erreicht zu werden brauche und nur eine „Werthziffer" darstellen soll, was soll der Landwirth mit dieser Ziffer beginnen? Oder wenn A. Mayer meint[11]), dass den Zahlen ein Reduktionskoeffizient angehängt werden müsse, wie gross soll dieser Koeffizient sein?

Würde es Wagner in der That gelingen (dies ist nicht so ohne weiteres anzunehmen), nach seiner Methode diese Ertragsfaktoren bis zu 1 % ± Abweichung vom Gesammtertrage auszugleichen, so würde man allerdings ein den Nährlösungsculturen koordinirtes, wenn auch in manchen Beziehungen erstere nicht erreichendes Verfahren erhalten: Düngungsgesetze erforschen zu können, neben welchen eine versuchsstatistische Bearbeitung der Düngungsfragen, wie sie in so grossem Massstabe von Märcker in Angriff genommen, sehr wohl zu Recht bestehen könnte.

Doch nun zu den Versuchsausführungen, die ich mit des Autors eigenen Worten im Folgenden wiedergebe:

„In der Mitte einer seit 8 Jahren unbebaut gelegenen, mit einer Bretterwand umfriedigten Graslandfläche von 33 m Länge und 18 m Breite wurden Anfangs März 1877 Gräben von 0,55 m Tiefe ausgehoben und darin Backsteinmauern von 12,5 cm Breite und 0,55 m Höhe derart aufgeführt, dass genau 1 qm bezw. 2,25 qm (Lichtmass) grosse Zellen entstanden, welche nach Fertigstellung der Mauern mit der ausgehobenen und gemischten Erde ausgefüllt wurden. Als Mörtel diente sogenannter hydraulischer Kalk, ein Gemenge von sogenanntem „blauen Kalk", Sand und Cement, wie solcher in hiesiger Gegend vielfach für unterirdische Bauten Verwendung findet; auch die Innenfläche der Wände wurde $1^1/_2$ bis 2 cm stark mit genannter Mischung überkleidet.

Die humusartige Schicht des ursprünglichen Bodens war 15 — 20 cm mächtig, sie bestand aus humosem Sand und lagerte auf hellgelb gefärbtem sterilem Quarzsand. Das Mischen der Erdmasse (Humusschicht und Untergrund blieb dabei selbstverständlich getrennt) geschah in folgender Weise: Die ausgehobene Erde wurde in Karren geladen, auf die Mitte einer ausserhalb des Versuchsgartens befindlichen, mit kurzem Rasen überwachsenen, abgesteckten runden Fläche geschoben, hier nach Ent-

[11]) Vgl. p. 161 Note 13.

leerung jedes einzelnen Karrens auseinander geworfen und gleichmässig auf der Fläche vertheilt, wobei mit Hülfe eiserner Rechen grössere Zusammenballungen der Erde vertheilt und Fremdartiges — Wurzelreste, Steine und vor Allem Engerlinge — so sorgfältig wie möglich ausgelesen wurden. Der auf solche Weise entstehende aus gleichartigen Horizontalschichten gebildete Erdhaufen von ca. 100 qm Fläche und 40—50 cm Höhe wurde jetzt behufs Ausfüllens der gemauerten Zellen und zugleich weiterer Vermischung der Erdmassen abgebaut. In jede Zelle wurde zunächst eine Karre geworfen, diese Erde wurde alsdann — um die Mischung zu vollenden — zu einer Horizontalschicht gleichmässig ausgebreitet, überall und gleichmässig festgetreten, alsdann aufs Neue in jede Zelle eine Karre Erde gebracht, dieselbe ebenfalls ausgebreitet, festgetreten und so mit der Füllung der Zellen fortgefahren. Bei jedem Umschaufeln, Ein- und Ausfüllen und Ausbreiten der Erde wurde sorgfältigst nach Insektenlarven gesucht.

Die Humusschicht der Parzellen erhielt eine Mächtigkeit von 20 cm. Bis zu 12 cm unter der Oberfläche wurde die eingefüllte Erde festgetreten, von da an aber nur lose aufgeworfen und mit dem Rechen ausgebreitet.

Auf die vorstehend beschriebene Weise wurden im Ganzen drei Doppelreihen, und zwar zwei Doppelreihen von je 40 Parzellen à 1 qm Grösse und eine Doppelreihe von 28 Parzellen à 2,25 qm Grösse, im Ganzen also 108 Parzellen hergerichtet. Die Lage der Parzellen ist aus nachstehendem Schema ersichtlich (siehe S. 156).

Wir haben jetzt über die Art zu berichten, in welcher der Dünger (Pulverdünger) vertheilt und untergebracht wurde. Da es bezüglich der Wirkung der Handelsdünger nicht gleichgültig ist, wie tief dieselben in den Boden gebracht werden, wie fein sie gepulvert sind, und wie gleichmässig sie mit der Krume vermengt werden, so war es unsere Aufgabe, diese drei Faktoren auf allen mit einander zu vergleichenden Parzellen gleichzustellen. Die Düngung geschah daher *a*) auf den kleineren 1 qm grossen und *b*) auf den grösseren 2,25 qm grossen Parzellen in der folgenden Weise:

a) Bis zu 4,5 cm Tiefe wurde die Erde der Parzelle abgehoben und damit zwei Kasten gefüllt, von denen der eine 30 Liter, der andere 15 Liter fasste. Die 30 Liter wurden alsdann in einen Mischkasten (ein vorn offener, mit Handgriffen versehener Holzkasten, dessen Hinterwand 1 m lang und 40 cm hoch ist, dessen Seitenwände je 1 m lang sind und da, wo sie die vordere Oeffnung des Kastens, welche eine Länge von 70 cm hat, einschliessen, 25 cm Höhe haben) geschüttet, ausgebreitet und mit dem durch ein Sieb von 2 mm Durchmesser geschlagenen Düngepulver bestreut. Nachdem durch Umschaufeln eine sorgfältige Mischung des Düngers mit der Erde hergestellt war, wurde die gedüngte Erde auf

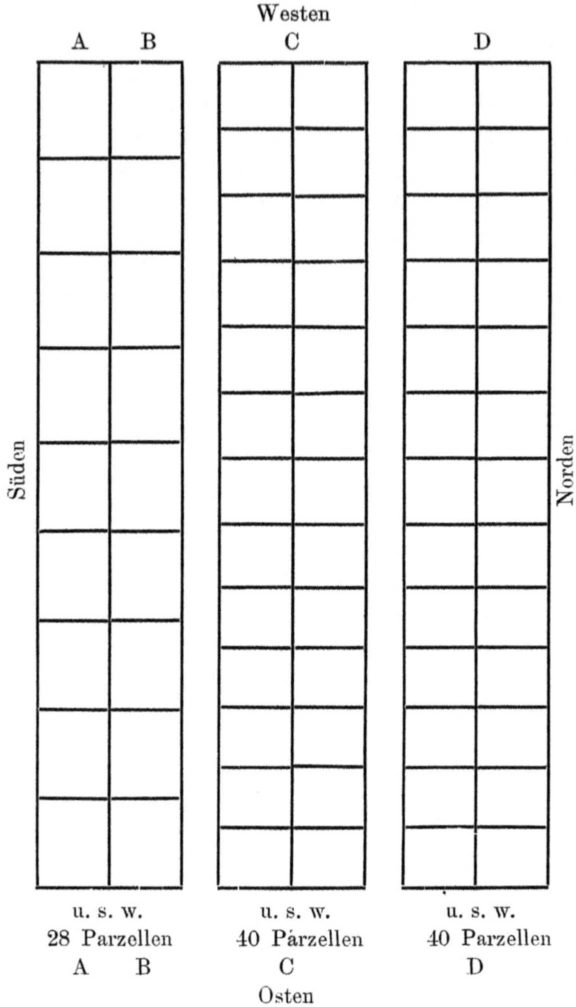

die zuvor sorgfältig horizontal gelegte und geebnete Erdoberfläche der Parzelle zurückgebracht, gleichmässig ausgebreitet, geebnet und alsdann mit dem in dem kleineren Kasten abgemessenen, 15 Liter betragenden Erdquantum gleichmässig überdeckt. Auf diese Weise wurde also das Düngepulver genau und überall gleichmässig mit einer 3 cm mächtigen und 1,5 cm tief unter der Oberfläche liegenden Bodenschicht gemengt und genau auf diese Schicht begrenzt.

b) Das Düngepulver wurde mit so viel Erde vermischt, dass das auszustreuende Quantum für jede Parzelle 200 g betrug. Diese Mischung wurde auf der geebneten Erdoberfläche möglichst gleichmässig vertheilt und alsdann mittelst eines eisernen Rechens untergebracht, wobei selbstverständlich grosse Sorgfalt darauf verwendet wurde, dass diese Operation auf allen Parzellen möglichst gleichmässig zur Ausführung kam. Die unter *a*) beschriebene Art des Düngens ist unserer Ansicht nach bei diesen grösseren Parzellen nicht zu empfehlen, da ein gleichmässiges Ausbreiten der mit Düngepulver vermischten Erde hier der grösseren Fläche wegen zu schwierig ist.

Wir haben jetzt über die Ausführung des Bepflanzens der Parzellen zu berichten, wobei die folgenden Forderungen zu erfüllen waren:

1. Gleichmässige Beschaffenheit des Saatguts, 2. gleiche Pflanztiefe, 3. gleiche Pflanzweite und 4. gleiche Anzahl der Pflanzen auf allen Parzellen. Die Parzellen der Reihe *A* wurden mit je 12 Kartoffeln bepflanzt, indem ausgesuchte Knollen von genau gleicher Grösse, unzerschnitten, mit der Krone nach oben in 7—8 cm tiefe Löcher von genau gleicher Entfernung von einander gelegt wurden. Die Parzellen der Doppelreihe *D*[12]) wurden mit zweizeiliger Gerste bepflanzt und zwar in folgender Weise. Es wurde ein „Markirbrett" hergerichtet, d. h. ein Brett von 48 cm im Quadrat, welches auf der einen Seite mit einem aufrechtstehenden Handgriff von 50 cm Höhe, auf der anderen mit kleinen konisch geformten Holzzäpfchen von $3^1/_2$ cm Länge versehen war. Die Holzzäpfchen standen $6^1/_2$ cm im Quadrat von einander entfernt. Mit Hülfe dieses Markirbrettes wurde jede Parzelle mit 225 gleich weit von einander entfernten und gleich tiefen Pflanzlöchern versehen. Zur Saat dienten ausgelesene Körner, von denen der Controle halber für jede Parzelle 225 Stück abgezählt wurden. In jedes Pflanzloch wurde ein Korn geworfen, worauf jedes Loch einzeln mit einem geeigneten runden Holz zugedrückt und darauf die ganze Parzelle mit einem umgekehrten Rechen vorsichtig geebnet wurde.

Die Forderung einer gleichen Anzahl von Pflanzen auf jeder Parzelle aber hatten wir durch das Einlegen einer überall gleichen Anzahl von Saatkörnern noch nicht erfüllt, denn mehrere Körner auf jeder Parzelle gingen nicht auf und einige junge Pflänzchen wurden durch unterirdische Insekten derart beschädigt, dass sie welkten und abstarben, so dass die Anzahl der Pflanzen auf den verschiedenen Parzellen bald differirte. Eine bis zur Tödtung der Pflanzen gehende Beschädigung durch unterirdische Insekten aber findet bekanntlich nur in der ersten Jugend der Pflanzen statt,

---

[12]) Die Reihe *B* wurde mit Zuckerrüben, *C* mit Rothklee und Gerste als Deckfrucht bepflanzt; da diese Culturen aber aus verschiedenen Gründen derart missriethen, dass die Versuche unbrauchbar wurden, machen wir über diese Versuchsreihe keine weitere Mittheilung. Im Sommer 1878 wurde die Reihe *B* mit Kartoffeln und *C* mit Gerste in oben beschriebener Weise bepflanzt.

so dass die Anzahl der Gerstepflanzen nach einigen Wochen als eine constant bleibende angesehen werden konnte und sich jetzt dadurch immer wieder gleichstellen liess, dass wir dieselbe durch Ausziehen überzähliger Pflanzen von ursprünglich 225 auf 200 reducirten. Bei der Wahl der zu entfernenden Pflanzen wurde auf kräftigere oder weniger kräftige Ausbildung derselben natürlich keine Rücksicht genommen, vielmehr eine möglichst gleichmässige Vertheilung der Fehlstellen als allein massgebend angesehen.

Um die Pflanzen gegen etwa eintretendes Hagelwetter schützen zu können, wurde über den Parzellen ein Lattengerüste aufgeschlagen, das wir bei herannahendem Gewitter mit einem Leintuch zu überspannen beabsichtigten. Wir sind jedoch hiervon wieder zurückgekommen, weil das Ueberspannen und Befestigen eines so grossen Leintuches eine zu umständliche und langsam gehende Arbeit ist, und es überhaupt auch garnicht durchführbar sein würde, bei jedem, die Möglichkeit eines herannahenden Hagelwetters andeutenden Witterungswechsel die ohnedies problematisch bleibende Schutzvorrichtung anzubringen.

Einer Beschädigung durch Sperlinge suchten wir zur Zeit der Körnerreife dadurch vorzubeugen, dass wir theils durch Ausstreuen von Gerstekörnern die Vögel zu befriedigen, theils sie durch die üblichen Vogelscheuchen abzuschrecken suchten. Beides gelang nicht vollkommen; einige Aehren, deren noch weiches Korn den Vögeln besser schmeckte, als das, wenngleich bequemer zu erlangende harte, wurden beschädigt — stets aber waren es am äussersten Rande stehende Aehren, die diesem Schicksal unterlagen, indem sie vom Vogel gefasst, zur Erde gebogen und hier ausgepickt wurden, wie es ja auch bekannt ist, dass auf dem Felde die an den Furchen stehenden Halme am meisten zu leiden haben. Wir haben daher — und auch noch aus weiteren Gründen — im Sommer darauf die Parzellenreihen mit 0,5 m breiten Streifen einer Gerstenpflanzung (auch hier diente das oben beschriebene „Markirbrett“) umgeben und in Folge dessen bei keiner einzigen der von den Parzellen geernteten Aehren eine Beschädigung entdecken können. Bei Gerstebeeten, die nicht breiter als 3 m sind, scheint in der That eine weitere Schutzvorrichtung gegen Vögel nicht erforderlich zu sein.

Es bleibt uns noch über die Erntenahme zu berichten. Die Kartoffeln wurden unter Aufwendung möglichster Sorgfalt in gewöhnlicher Weise mittelst Hacke aus der Erde geholt, dann gewaschen und gewogen. Die Gerste wurde mit Hülfe einer Sichel kurz über der Erde geschnitten, auf einen grossen Bogen Papier gesammelt und dann jede einzelne Aehre mit der Scheere vom Halme getrennt. Die Aehren wurden in Papierbeutel gebracht, das Stroh mit Bindfaden zusammengebunden und beides in einem Zimmer aufbewahrt, bis Stroh und Aehren vollkommen lufttrocken geworden. Dann wurde das Stroh gewogen und dessen Gewicht notirt. Die Aehren wurden ebenfalls gewogen, darauf in einen leinenen Beutel gebracht, dieser zugebunden, gedroschen, sein Inhalt auf ein Drahtsieb von $2^1/_2$ mm Weite geschüttet und abgesiebt. Es gelang die Reinigung der Gerstenkörner von feinerer Spreu, welche durch die Sieböffnungen fiel, sowie von gröberen Strohtheilen, welche bei der Siebbewegung auf der Oberfläche der Körnermassen sich ansammelten und mit der Hand abgelesen werden konnten, ohne Schwierigkeit. Die gereinigte Körnermasse wurde alsdann abgewogen und die Gewichtsdifferenz zwischen Körner und Aehren zum Strohgewicht addirt."

In den im Jahre 1877 mit Kartoffeln angestellten Versuchen fand Wagner, dass die noch immer bedeutenden Ertragsdifferenzen aus der in verschiedenen Lagen verschieden mächtig vertheilten humushaltigen Schicht, also aus den Differenzen der wasserhaltenden Kraft resp. des Feuchtigkeitsgehaltes in dem die Parzellen umgebenden Boden und aus der Feuchtigkeitsbeeinflussung durch die wasserdurchlässigen unterirdischen Begrenzungsmauern hervorgegangen sind.

Um diese Fehlerquellen zu eliminiren, liess Wagner den Aussenboden ausheben und mischen, die unterirdischen Mauern wasserdicht machen, die Parzellenreihen behufs gleichmässiger Beschaffung und Verhinderung der Beschädigung durch Vögel, mit Gerste umpflanzen. In diesem Sinne veränderte Versuche, im Jahr 1878 ausgeführt, ergaben abermals Ertragsdifferenzen, deren Ursachen in der Ungleichmässigkeit des Untergrundes und ungleichmässig festen Lagerung, somit in neuen Feuchtigkeitsdifferenzen in den Parzellen gesucht wurden, Fehlerquellen, die sich nach des Versuchsanstellers Meinung durch tieferes Ausheben und Mischen des Untergrundes und durch gleichmässiges Festtreten der gleichmässig aufgelegten und gelockerten Erde würden eliminiren lassen.

Wie gross die Ertragsdifferenzen in den genannten Versuchen vom Jahre 1878 gewesen, ist aus folgender Ertragstabelle des Kartoffelversuches ersichtlich (s. S. 160).

> 24 Cementkastenparzellen von je $2^1/_4$ qm Grösse gleichartig (mit 40 k Stickstoff und 100 k Phosphorsäure p. Hectar) gedüngt, mit je 12 Kartoffeln bepflanzt.
>
> Die Lage der Parzellen ist durch das überstehende Schema verdeutlicht, in welches überdies die Erträge eingezeichnet sind.

Es wäre demnach der Zweck des Versuchsanstellers: die Fehlergrenzen herabzumindern, nur soweit erreicht, dass die ± Abweichungen der Durchschnittserträge aus 3 Einzelparzellen 1,9 % und aus je 2 Durchschnittserträgen 0,9 % vom Gesammtdurchschnittsbetrag betragen, während die Einzelerträge noch bedeutend von einander abweichen.

1a				2b				1c			
I	II	III	IV	I	II	III	IV	I	II	III	IV
7380	6850	7180	6940	7150	7720	7620	6920	7560	7750	7280	7500
III	IV	I	II	III	IV	I	II	III	IV	I	II
7100	7400	6800	7090	7380	7310	6800	7560	7510	7310	7800	6000
2a				1b				2c			

Parzelle		Ertrag	Durchschnitt aus je 3 Parzellen	Durchschnitt aus je 6 Parzellen	Abweichung der Einzelerträge von dem Durchschnitt aus je 3 Parzellen	Der Gesammtdurchschnitt der Parzellen beträgt 7296 g. Die Abweichung hiervon bei dem aus je 3 Parzellen berechneten Durchschnitt	dem aus je 6 Parzellen berechneten Durchschn.
		g	g	g	%	%	%
I	1a	7380			+ 1,94		
	1b	6800	7247		— 6,6	— 0,3	
	1c	7560		7299	+ 4,1		+ 0,04
	2a	6800			— 8,1		
	2b	7450	7350		+ 1,3	+ 1,1	
	2c	7800			+ 5,8		
II	1a	6850			— 7,8		
	1b	7560	7386		+ 2,3	+ 1,6	
	1c	7750		7311	+ 4,7		+ 0,2
	2a	7090			— 2,1		
	2b	7720	7237		+ 6,3	— 0,4	
	2c	6900			— 4,9		
III	1a	7180			— 1,4		
	1b	7380	7280		— 1,4	+ 0,2	
	1c	7280		7345	0		+ 0,7
	2a	7100			— 4,4		
	2b	7620	7410		+ 2,8	+ 1,9	
	2c	7510			+ 1,3		
IV	1a	6940			— 4,5		
	1b	7310	7250		+ 0,8	— 0	
	1c	7500		7230	+ 3,3		— 0,9
	2a	7400			+ 2,6		
	2b	6920	7210		— 4,2	— 0,8	
	2c	7310			+ 1,4		

Indessen hofft der Versuchsansteller, dass nach Berücksichtigung oben erwähnter Versuchsmassregeln noch kleinere Abweichungen der Einzelparzellen vom Durchschnittsertrag würden erreicht werden können.

Versuchs-Vorschläge A. Mayer's.

Wir wenden uns nun zu den reformirenden Versuchsvorschlägen A. Mayer's[13]), der, wie wir sofort sehen werden, eine Art Vermittlerrolle zwischen der statistischen Versuchsmethode Märker's und der zum Vegetationsversuch erhobenen rein experimentellen Methode der Düngungsversuche übernimmt.

A. Mayer acceptirt in seinen Vorschlägen zur Reform der Düngungsversuche die meisten der Wagner'schen Ideen:

a) Anwendung der Differenzmethode,
b) Gleichmachung des Produktionsfaktors Boden,
c) Gleichmachen der Pflanzenindividuen,
d) Ausmerzung störender Einflüsse,

erfordert demnach die Einführung von Vergleichsparzellen, Durchmischung der Erde bis zu der Tiefe, wohin die Wurzelbildung der anzubauenden Frucht reicht[14]), Auswahl gleichartigen Saatguts und endlich Schutzvorrichtungen gegen Thiere durch ober- und unterirdische Netze.

In einigen nicht unbedeutenden Punkten weicht jedoch die Methode A. Mayer's ab: in der Entwicklung des Ernteresultats und in der Herstellungsabgrenzung der Versuchsparzellen, auf welche Punkte wir alsbald zu sprechen kommen. Was aber besonders in die Augen fällt, ist, dass A. Mayer immer noch den praktischen Düngungsversuch im Auge behält, indem er erklärt, dass schon ein geringerer Grad von Exaktheit genügt, ein Ertragsfehler von 5% zum Beispiel nicht die Unbrauchbarkeit des Versuches involvirt. Er anerkennt die praktische Bedeutung des Düngungsresultats, das durch die Bestätigung anderer Versuche unter veränderten Verhältnissen, also auf statistischem Wege, ebenso praktische Brauchbarkeit erreichen kann, als auf dem minutiös exakten Wege eines Vegetationsexperimentes im Sinne Wagner's.

Was die Ermittlung des Ernteresultats betrifft, so geschieht sie nicht „durch direkte Wägung, sondern durch Auswahl von unter normalen Umständen erwachsenen Pflanzen mit Hülfe der Anzahl auf die Flächeneinheit. Bei der Berechnung eines direkt für die Praxis gültigen Ernteresultats ist der wahrscheinliche Prozentsatz an Lücken und Fehlstellen mit zu Rathe zu ziehen“[15]). Weil bei der Wagner'schen Methode wegen der Einfriedigung der Parzellen mit Mauersteinplatten oder Holzverschlägen,

---

13) Beiträge zur Frage über die Düngung mit Kalisalzen. Die landwirthschaftl. Versuchs-Stationen Bd. XXVI, 1881, p. 309—352.

14) Ebendas. p. 325 u. 326.

15) Ebendas. p. 326.

abgesehen von der möglichen Dungwirkung des Mauer- oder Holzmaterials, und wegen der Kleinheit der Parzellen leicht zu erklärende Wachsthumsdifferenzen das Resultat trüben muss — gebraucht A. Mayer das Auskunftsmittel, dass er grössere Parzellen absteckt, als der Versuch erheischt, und nur die Mitte derselben in Gebrauch nimmt. Es wird dies später bei der Beschreibung des Versuches nach des Autors eigenen Worten noch klarer werden. Bei der Ernte werden die Pflanzen nicht gerade der Mitte der Fläche entnommen, sondern nur diejenigen Pflanzen, welche einen bestimmten Abstand vom Rande haben, — dann aber über die ganze Versuchsfläche hin — als Ertragspflanzen ausgewählt.

Ich gehe nun zur Beschreibung der Versuchsführung über und wähle mit Weglassung der Topfversuche nur diejenigen, in denen auf die Versuchsbeschreibung Rücksicht genommen wurde.

Als Boden wurde benutzt ein humoser, lange in Cultur befindlicher, diluvialer Sandboden, 50 qm gross. Derselbe wurde 1. durch Vermischen unter sich überall gleichmässig und 2. durch Zumischen von unfruchtbarem Sande für Düngung dankbarer gemacht. Diese Operation wurde in der folgenden Weise vorgenommen:

„Aller Grund wurde von dem ganzen Versuchsstück bis auf $^1/_2$ m Tiefe ausgehoben, seitlich aufgehäuft, dann beim Wiedereinbringen die ausgehobenen 25 cbm Erde wechselweise mit 2 cbm unfruchtbarem Haidesand von der Natur des zu den Topfversuchen 1 benutzten derart wieder eingefüllt, dass jeder Schiebkarren voll gleichmässig über die ganze Fläche vertheilt wurde. Die Erdarbeiten waren Mitte Februar beendet.

Das ganze Versuchsfeld, 10 m lang, wurde darauf in 10 quadratische Flächen von 4 qm vertheilt und durch Pflöcke markirt. Der schmale Streifen, 1 m breit und 10 m lang, wurde daneben als vergleichende Parzelle ohne Kalk- und Kalidüngung beibehalten.

Darauf wurde vom 22. bis 24. März die Düngung in der Weise vorgenommen, dass die Salze auf jede Parzelle gleichmässig aufgestreut, sorgfältig untergeharkt wurden. Nur das Kalihydrat wurde in wässriger Lösung aufgegossen.

Das Legen der von in gleicher Grösse ausgesuchten, kleinen weissen frühen Kartoffeln geschah am 27. März und in der Weise, dass auf je 4 qm 16 Setzstellen kamen, der Abstand dieser in beiden auf einander senkrechten Richtung also 0,5 m betrug. Jede Setzstelle wurde genau mit dem Zollstab in der Hand abgemessen.

Die Vertheilung der Kartoffeln über mehrere Parzellen wird aus der beigefügten Zeichnung am deutlichsten werden. Auf diese Weise fallen je 14 Setzstellen in die Mitte einer Parzelle, 4 auf den Rand; zur Ernte wurden jedoch nur die mittleren 5 Pflanzen benutzt, die auf der Zeichnung abgetrennt sind. Der Ertrag der Parzelle durch Multiplikation mit

16/5 gefunden. Auf diese Weise wird keine Pflanze geerntet, die unter gemischten Verhältnissen gewachsen ist.“

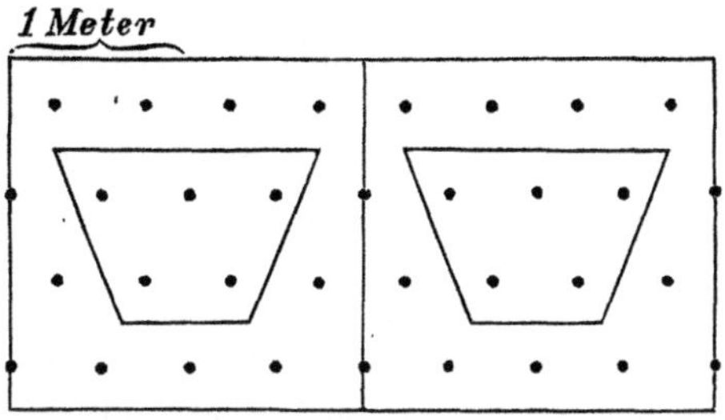

„Ein weiterer Versuch wurde im Jahre 1880 in beinahe ganz derselben Weise an Zuckerrüben durchgeführt. Als Boden diente ein dicht benachbartes Grundstück, an welchem eine mechanische Analyse die beinahe völlige Uebereinstimmung ergab, so dass eine besondere chemische Analyse nicht nöthig erschien.

Die Vorbereitung des Bodens geschah in genau derselben Weise, wie eben beim Kartoffeldüngungsversuche beschrieben, sowohl was Bodendurchmischung bis auf 0,5 m Tiefe, als Beimischung von unfruchtbarem Sande, als endlich Eintheilung in 10 Parzellen von 4 qm und eine elfte in Form eines 10 qm grossen, langen Streifens angeht.

Als Setzweite der Zuckerrüben wurde eine solche gewählt, wie sie nach einer Arbeit von A. Petermann als die rationellste erschien, nur dass der Abstand der Pflanzen innerhalb der Reihe, und der Abstand der Reihen selber, zu derselben mittleren Grösse von $^1/_3$ m ausgeglichen wurden. Die Vertheilung der Pflanzen auf die Parzelle war demgemäss die durch beistehendes Schema verdeutlichte:

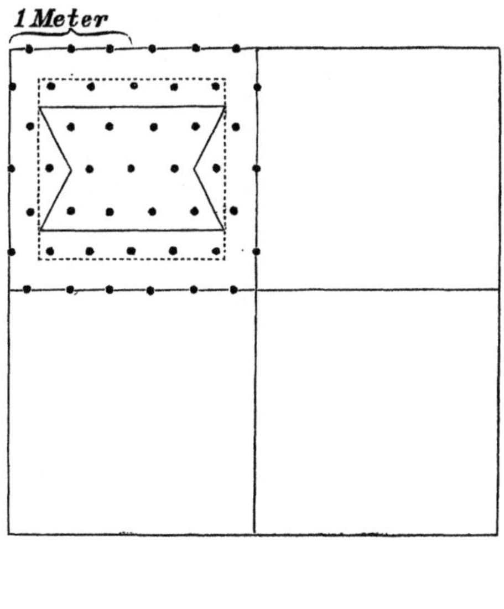

36 Pflanzenstellen kamen auf die 4 qm; oder 27 Pflanzenstellen in der Mitte der Parzellen, 18 auf deren Grenze, wovon die Hälfte der Nachbarparzelle zugezählt werden muss.

Um früher ausgesprochenen Grundsätzen gerecht zu werden, hätten wir bei einer derartigen Anlage der Parzelle stets die auf der Fig. 9 eingerahmten 11 mittleren Pflanzen ernten müssen, weil diese allein aus solchen bestehen, welche niemals näher als auf 0,5 m an die Grenze der Parzelle heranrücken, und dann den Ertrag der ganzen Parzelle durch Multiplikation mit 36/11 berechnen.

„Die Pflanzen, eine weisse veredelte schlesische Zuckerrübe von 82 pCt. Keimfähigkeit und mit 160 Keimen im Durchschnitt für jedes 100 Früchteknäuel, wurde am 8. April so ausgesäet, dass auf jede abgemessene Pflanzenstelle 3 Knäuel niedergelegt wurden. Auf jeder Pflanzenstelle fand ein Aufgehen von mehreren Rübenpflänzchen statt. Am 11. Juni fand das Verziehen statt in der Weise, dass überall die bestentwickelte Rübenpflanze übrig gelassen wurde. Gute herausgenommene Pflänzchen wurden zur selben Zeit benutzt, die wenigen Fehlstellen, die sich dann zeigten, auszufüllen. Ein fleissiges Jäten fand den ganzen Sommer über auch bei diesem Versuch statt.

Es würden von jeder Parzelle die 11 mittelsten Pflanzen zu ernten gewesen sein. Da indessen die Pflanzen nicht gleichmässig genug entwickelt waren, einige Pflanzen durch Ursachen, die nicht immer ermittelt werden konnten, und die jedenfalls mit der Düngung nichts zu thun hatten, im Wachsthum sehr zurückgeblieben waren, andere, obwohl sehr wenige, ein Durchwachsen (Blüthe) zeigten, so wurde in der Weise vorgegangen, dass

1. die durchgewachsenen Pflanzen ausgeschieden wurden,
2. dasselbe geschah mit ganz auffällig im Vergleiche mit ihren Nachbarpflanzen zurückgebliebenen Exemplaren,
3. dasselbe geschah mit Pflanzen, die solchen verkümmerten zunächst standen, dagegen wurde es
4. als zulässig erachtet, auch jene 12 Pflanzen mit zu ernten, welche in unserer Figur mit einer getüpfelten Linie umgeben sind, und welche immerhin noch $\frac{1}{3}$ m vom Rande der Parzelle entfernt waren, so dass bei ihnen ein merkliches Participiren an der Düngung der Nachbarzellen nicht anzunehmen war.

Für künftige Rübendüngungsversuche nach der gleichen Methode sind allerdings etwas grössere Parzellen von mindestens 9 qm anzuempfehlen. Die Zahl der wirklich geernteten Rüben betrug, bei dieser Weise vorzugehen, für die Parzelle 8—18 Rüben und aus dem Gewichte dieser, nach Entfernung des Laubes und Waschen, sind die Ernteerträgnisse berechnet. Also Fehlstellen und zufälliges Zurückbleiben einzelner Individuen finden dabei keinen Ausdruck, so dass für die Praxis, bei welcher jene Missverhältnisse niemals ausbleiben, natürlich keine so hohen Erträgnisse erwartet werden können."

Drechsler[16]) kommt auf Grund seiner Versuche, die vor allem den Zweck haben, die Fehler zur Kenntniss zu bringen, die den praktischen Düngungsversuchen anhaften, und aus der Erkenntniss dieser Fehler korrektive Massnahmen aufzufinden, ebenso wie Wagner zu sehr pessimistischen Anschauungen über die Möglichkeit, aus den Versuchen selbst ihren Werth nachzuweisen. Für Drechsler liegt das Kriterium der Brauchbarkeit eines Versuches eben in dieser Möglichkeit, den Werth der Schluss folgerungen zu beurtheilen. Drechsler's lerermittlu

Für das Gelingen exakter Versuche hält Drechsler die Erfüllung folgender Voraussetzungen für nothwendig:

1. Die Ertragsfähigkeit des Bodens muss auf allen Parzellen dieselbe sein.

Die Einführung mehrerer gedüngten Parzellen kann darum nicht genügen, sondern, um die Ertrags-Differenzen kennen zu lernen, ist es nothwendig vor dem Versuch das ganze Versuchsfeld ohne Düngung zu bestellen und ferner muss dieselbe Düngung ebenso auf mehreren Parzellen wiederholt werden wie das Fehlenlassen eines jeden Düngers.

2. Muss der Düngungsplan so eingerichtet sein, dass aus diesem über die Deutung der Resultate keine Zweifel erwachsen können.

Die Fehler sind alsdann folgende:

a) Fehler bezüglich des angewandten Quantums des Düngers.

b) Bezüglich der Zahl der Düngungen.

c) Bezüglich der Zusammensetzung gleicher Düngerquantitäten.

d) Bezüglich der Grösse und Lage der Parzellen.

3. Die Ausführung der Versuche muss bei allen Parzellen dieselbe und fehlerfrei sein.

4. Es dürfen keine Wachsthumsstörungen und Verluste vorkommen.

In seinen 3 Jahre hindurch ausgeführten Düngungsversuchen zu Zuckerrüben ist Drechsler auf eine grosse Anzahl von Fehlerquellen gestossen. Um die Bodenverschiedenheiten auszugleichen, kamen auf einem Göttinger Versuchsfelde langgestreckte Parzellen zur Verwendung, die je 3 Reihen Rüben trugen, von welchen jedoch nur die mittlere geerntet wurde. Drei solcher Parzellen wurden gleichmässig gedüngt. Nun kamen 2 Fehlerquellen zum Vorschein:

1. die Verschiedenheit der Zahl der Fehlstellen in jeder Reihe;

2. dass schon bei der Probenahme soviel Schmutz abgefallen war, dass

---

[16]) Journal f. Landw. 1880, p. 243 und 1881, p. 63.

die Schmutzprozente geringer ausfielen als sie sich bei der Reinigung der ganzen Rohernte ergeben haben würden.

In darauf folgenden Versuchen, die diese Fehler eliminiren sollten, ergab sich bei der Feststellung der Zahl der Fehlstellen, dass in einigen Fällen mehr Rüben gefunden wurden als Setzstellen vorhanden waren, dass also die Fehlstellen nur durch direkte Zählung vor der Ernte festgestellt werden müssen. Aber trotzdem ist, weil die den Fehlstellen angrenzenden Rüben sich meist kräftiger entwickeln, eine Korrektion nothwendig geworden, die Drechsler nun derart anbrachte, dass die fehlenden Rüben je $^3/_4$ des Durchschnittsgewichtes der wirklich geernteten Rüben angenommen und so dem wirklichen Ertrage zugeführt wurden. Ausserdem müssen die durch Insektenfrass zurückgebliebenen kleinen Rüben festgestellt und entsprechend in der Rechnung berücksichtigt werden. Diese Massnahmen wurden dann auch im nächsten Versuch ausgeführt. Doch waren alsdann die Ertragsdifferenzen der einzelnen gleichgedüngten Beete so beträchtlich und wurden durch die Korrektion so wenig günstig verändert, dass die Versuche als misslungen betrachtet werden mussten. Eine genauere Betrachtung der Versuchsfehler ergab, dass die äusseren Wachsthumstörungen den Ertrag viel mehr beeinflusst haben, als die Verschiedenheit der Düngemittel, so dass Drechsler „zu einem wenig erfreulichen Ergebniss“ gelangt.

Nun wollen wir uns zu den Düngungsversuchen selbst wenden. Im Ganzen werden die Versuche, die auf breiterer statistischer Basis stehen, eine eingehendere Erörterung erfahren, und die anderen Versuche von zu lokalem Charakter anhangsweise nur soweit erwähnt, als sie durch ein besonderes Resultat ausgezeichnet sind. In den meisten Fällen werden die Versuche nur von den 70er Jahren an berücksichtigt.

II. Düngungsversuche bei den hauptsächlichsten Feldfrüchten.

a) Halmfrüchte.

Stickstoffhaltige Düngemittel.

Die Nothwendigkeit des Stickstoffs zur Ernährung der Pflanzen bedarf hier keines Beweises. Dieser ist in den „Culturversuchen“ zur Genüge gegeben worden. Bevor wir aber zu den Düngungsversuchen mit stickstoffhaltigen Düngemitteln übergehen, ist es geboten, hier wenigstens der Hauptversuche zu gedenken, die erweisen, dass ein Ersatz an Nährstoffen überhaupt unter allen Umständen nothwendig ist, wenn durch kontinuirliche Aufeinanderfolge derselben Feldfrucht der Boden in ausserordentlicher Weise in Anspruch genommen wird. Die hier folgenden 50 jährigen Versuche Christianis (sen. und jun.) zeigen die Thatsache, dass selbst bei reicher Düngung sich auch der fruchtbarste Boden dankbar beweist, dass dagegen der fruchtbarste Boden mit der Zeit ausgeraubt wird, wenn ihm keine Dungstoffe einverleibt werden. Der hier praktisch geführte Beweis der Nothwendigkeit des Stoffersatzes würde in den Versuchen noch rascher und drastischer geliefert worden sein, wenn Christiani nicht mit einem so eminent fruchtbaren Boden seine Versuche ausgeführt hätte.

Christianis sen. Versuche vom Jahre 1827—72 und Christianis jun. fortgesetzte Versuche von 1872—77 wurden mit 3 Parzellen ausgeführt. Die Fruchtfolge ist absichtlich aussaugend und willkürlich gewählt. Es kamen zum Anbau, Kartoffeln, Gerste, Hafer, Winterrübsen, Winterweizen, Rüben und Samenweizen. Die Düngung wurde nur mit Stallmist in 2 verschiedenen Stärken vorgenommen. Christiani

Parzelle I erhielt anfangs alle 4 Jahre, später alle 3 Jahre $13^1/_2$ Fuder frischen Rindviehmist à 12,5 m Ctr. pro 0,25 Hektar.

Parzelle II hatte seit 1824, in welchem Jahre mit 9 Fuder Stallmist gedüngt war, gar keinen Ersatz erhalten, wurde aber 1859 in 2 Parzellen IIa und IIb getheilt, von denen IIa zweimal, 1859 und 1862, mit je 27 Fuder Dünger pro 0,25 Hektar, von da an aber alle 3 Jahr wie Parzelle III. behandelt wurde, um zu erfahren, wie schnell der theilweise erschöpfte Boden (seit 1824) wieder durch Düngerzufuhr befähigt werde, regelmässige Ernten zu liefern.

Parzelle III erhielt anfangs alle 4 Jahre, später alle 3 Jahre die gewöhnliche Düngung von 9 Fudern à 12,5 m Ctr. pro 0,25 Hektar.

Die Resultate bis 1872 sind leider noch auf die Düngerverwerthung eines Fuders in Roggenwerthen berechnet.

Vergleich von Parzelle I und II.

Es verwerthete sich der Dünger pro Fuder:

I.	1827—50	mit	35,5 kg Roggenwerth
II.	1850—71 (starker Rübenbau)	„	149,5 „ „
	1827—71	mit	93 kg Rw. p. F.

Vergleich von Parzelle I und III.

I.	1827—50	23,5 kg Rw. p. F.
III.	1850—71	75,5 „ „ „ „
	1827—71	49,5 kg Rw. p. F. [1])

Die ferneren Resultate vom Jahre 1872 an sind in einer Tabelle zusammengestellt[2]), betreffs welcher auf das Original zu verweisen ist.

[1]) Vgl. Bied. Centralbl. 1872, p. 213.

[2]) Vgl. Jahrb. f. Agr.-Chem. 1878, p. 444.

Aus der Tabelle ist hauptsächlich zu ersehen, dass der Boden nie ganz und gar die Kraft verliert, noch eine gewisse geringe Ernte zu produziren. Die Produktion entspricht wahrscheinlich dem durch den Verwitterungsprozess alljährlich zugänglich gewordenen Nährstoffkapital. Hierbei kann der Ertrag der ungedüngten Parzellen schon nach 2 starken Düngungen auf die Höhe der gedüngten Parzellen gebracht werden.

Bei der Bodenuntersuchung stellte es sich heraus, dass die ungedüngte Parzelle erheblich mehr Stickstoff erhielt (in Form von Salpetersäure) als die gedüngte, und die Erntequalität der ersteren trotz 50jährigen Düngermangels dieselbe geblieben war, als die der stets gedüngten, oder durch starke Düngungen in ihrem Ertrag erhöhten Parzelle.

Lawes und Gilbert.

In ganz ähnlicher Weise ersieht man aus den Versuchsresultaten von J. B. Lawes und J. H. Gilbert[3]), bei vierjähriger Rotation, die Abnahme in den Erträgen in Folge der Bodenerschöpfung resp. Nichtdüngung, wobei ein partieller Ersatz an Nährstoffen das Heruntergehen nicht aufhielt, während dagegen bei vollem Wiederersatz die ursprünglichen Ernten wieder erhalten werden konnten.

3 Parzellen à $^1/_3$ Hkt. in 4jährigem Turnus: Turnips, Gerste, Bohnen oder Klee und Weizen und zwar:

I. blieb ungedüngt;

II. erhielt während der ersten 4 Jahre jährlich 112 kg Knochenasche,
112 „ Schwefelsäure,
im zweiten Turnus 179 kg Knochenasche,
134 „ Schwefelsäure,
3—7. Rotation: 224 kg Knochenasche,
168 „ „

III. erhielt dagegen vollen Ersatz und zwar:

1. Rotation.	2. Rotation.
112 kg Asche,	336 kg Kaliumsulfat,
112 „ Knochenasche,	112 „ Natriumsulfat,
112 „ Schwefelsäure,	112 „ Magnesiumsulfat,
112 „ schwefelsaures Ammonium,	180 „ Knochenmehl,
112 „ Chlorammonium,	134 „ Schwefelsäure,
1120 „ Oelkuchen.	112 „ Ammoniumsulfat,
	112 „ Ammoniumchlorid,
	2240 „ Oelkuchen.

[3]) Aus Jahrb. f. Agr.-Chem. 1878, p. 445 u. Behrend's: Resultate d. Lawes u. Gilbert'schen Felddüngungsversuche.

3—7. Rotation.

336 kg Kaliumsulfat,
224 „ Natriumsulfat,
112 „ Magnesiumsulfat,
224 „ Knochenmehl,
168 „ Schwefelsäure,
112 „ Ammoniumsulfat,
112 „ Ammoniumchlorid,
2240 „ Oelkuchen.

Parzelle I.

	1848—51 kg	1852—55 kg	1856—59 kg	1860—63 kg	1864—67 kg	1868—71 kg	1872—75 kg	1876 kg
Turnips	13961	3796	4330	126	1192	brach	5380	2793
Gerste	6335	5000	5977	5284	4684	3761	3043	?
	(Kleeheu)						(Kleeheu)	
Bohnen	6777	1618	1697	4100	1892	1782	3985	?
Weizen	6035	6562	7013	7112	3590	4583	4238	?

Parzelle II.

	1848—51 kg	1852—55 kg	1856—59 kg	1860—63 kg	1864—67 kg	1868—71 kg	1872—75 kg	1876 kg
Turnips	4166	30559	18009	3859	9130	brach	23594	27202
Gerste	4306	3987	3445	4228	3801	4128	3220	?
	(Kleeheu)						(Kleeheu)	
Bohnen	7248	1718	1798	4525	2638	1991	6542	?
Weizen	5883	6484	6854	6193	3609	5064	5867	?

Parzelle III.

	1848—51 kg	1852—55 kg	1856—59 kg	1860—63 kg	1864—67 kg	1868—71 kg	1872—75 kg	1876 kg
Turnips	46404	54342	43455	11389	22217	brach	47141	51612
Gerste	4249	5458	5788	8278	5766	6496	4002	?
	(Kleeheu)						(Kleeheu)	
Bohnen	7906	2313	2640	6709	3744	2984	10573	?
Weizen	6160	7135	8012	8541	5115	5469	7503	?

Lawes und Gilbert.

Die ausführlichsten Versuche auf demselben Prinzip des kontinuirlichen Anbaus wurden ebenfalls von Lawes und Gilbert mit Ceralien, Weizen, Gerste und Hafer ausgeführt. Da es bei der Ausdehnung dieser Versuche ganz unmöglich ist, auf dieselben genauer einzugehen, so beschränken wir uns darauf, in kurzen Zügen den Weizenbauversuch zu skizziren und blos die Resultate der beiden anderen Versuche anzuschliessen. Es wird sich hiebei Gelegenheit bieten, schon jetzt auch die Wirksamkeit der einzelnen stickstoffhaltigen Düngemittel bei den Halmfrüchten zu erwähnen.

Weizendüngungsversuch

Bezeichnung der Parzellen	Jährliche Düngung per Hektar
0	1320 kg Superphosphat . . . .
1	450 kg schwefels. Kali, 225 kg schwefels. Natron, 225 kg schwefels. Magnesia
2	Stalldünger (rund 35,000) . . . .
3	Ungedüngt . . . .
4	Ungedüngt seit 1852 [in früheren Jahren Superphosphat (mit Salzsäure dargestellt) und schwefels. Ammoniak] . . . .
5 (*a* u. *b*)	225 kg schwefels. Kali, 113 kg schwefels. Natron, 113 kg schwefels. Magnesia, 440 kg Superphosphat . . . .
6 (*a* u. *b*)	225 kg schwefels. Kali, 113 kg schwefels. Natron, 113 kg schwefels. Magnesia, 440 kg Superphosphat, 225 kg Ammoniaksalze . . . .
7 (*a* u. *b*)	225 kg schwefels. Kali, 113 kg schwefels. Natron, 113 kg schwefels. Magnesia, 440 kg Superphosphat, 450 kg Ammoniaksalze . . . .
8 (*a* u. *b*)	225 kg schwefels. Kali, 113 kg schwefels. Natron, 113 kg schwefels. Magnesia, 440 kg Superphosphat, 675 kg Ammoniaksalze . . . .
9 *a*	225 kg schwefels. Kali, 113 kg schwefels. Natron, 113 kg schwefels. Magnesia, 440 kg Superphosphat, 616 kg Chilisalpeter . . . .
9 *b*	616 kg Chilisalpeter . . . .
10 *a*	450 kg Ammoniaksalze allein (seit 1845), Mineraldünger 1844 . . . . . .
10 *b*	450 " " " " " mit Ausnahme der Jahre 1846 und 1850. Mineraldünger 1844, 1848, 1850 . . . .
11 (*a* u. *b*)	450 kg Ammoniaksalze, 440 kg Superphosphat . . . .
12 (*a* u. *b*)	450 " " 440 " " 410 kg schwefels. Natron . .
13 (*a* u. *b*)	450 " " 440 " " 225 " schwefels. Kali . . .
14 (*a* u. *b*)	450 " " 440 " " 314 " schwefels. Magnesia .
15 *a*	225 kg schwefels. Kali, 113 kg schwefels. Natron, 113 kg schwefels. Magnesia, 440 kg Superphosphat, 450 kg Ammoniaksalze, welche letzteren bis 1872 inkl. im Herbst, 1873 bis 1877 im Frühjahr, 1878 im Herbst gegeben wurden
15 *b*	225 kg schwefels. Kali, 113 kg schwefels. Natron, 113 kg schwefels. Magnesia, 440 kg Superphosphat, 337 kg schwefels. Ammon, 560 kg Rapskuchen, letztere beiden Düngmittel bis 1872 inkl. im Herbst, 1873 bis 1877 450 kg Ammoniaksalze im Frühjahr, 1878 und 1879 dasselbe im Herbst . . .
16 (*a* u. *b*)	(1852—1864 inkl.) 225 kg schwefels. Kali, 113 kg schwefels. Natron, 113 kg schwefels. Magnesia, 440 kg Superphosphat, 900 kg Ammoniaksalze. Seit 1865 ungedüngt . . . .
17 (*a* u. *b*)	225 kg schwefels. Kali, 113 kg schwefels. Natron, 113 kg schwefels. Magnesia, 440 kg Superphosphat . . . . . — Diese beiden Düngungen wurden den Parzellen 17 (*a* u. *b*) und 18 (*a* u. *b*) Jahr für Jahr abwechselnd gegeben.
18 (*a* u. *b*)	450 kg Ammoniaksalze . . . .
19	440 kg Superphosphat (mit Salzsäure aufgeschlossen), 337 kg schwefels. Ammoniak, 560 kg Rapskuchen im Herbst . . . .
20	Ungedüngt . . . .
21	225 kg schwefels. Kali, 113 kg schwefels. Natron, 113 kg schwefels. Magnesia, 440 kg Superphosphat, 113 kg Salmiak . . . .
22	225 kg schwefels. Kali, 113 kg schwefels. Natron, 113 kg schwefels. Magnesia, 440 kg Superphosphat, 113 kg schwefels. Ammoniak . . . .

(Broadbalk field).

Ernteertrag pro Hektar															
Jährlicher Durchschnitt												35. Jahr 1878			
Gereinigtes Korn									Stroh			Gereinigtes Korn			Stroh
Hektoliter pro Hektar			Gewicht eines Hektoliters			Kilogramm per Hektar			kg						
13 Jahre 1852—1864	13 Jahre 1865—1877	26 Jahre 1852—1877	13 Jahre 1852—1864 kg	13 Jahre 1865—1877 kg	26 Jahre 1852—1877 kg	13 Jahre 1852-1864	13 Jahre 1865—1877	26 Jahre 1852—1877	13 Jahre 1852—1864	13 Jahre 1865-1877	26 Jahre 1852—1877	Hektoliter per Hektar	Gewicht eines Hektoliters	Kilogramm per Hektar	kg
16,4	13,8	15,2	72,4	73,8	73,1	1187	1018	1111	2039	1522	1788	14,0	73,8	1033	1585
14,6	10,1	12,4	72,1	73,4	72,8	1053	741	903	1945	1192	1569	9,3	73,9	687	1192
32,2	29,7	30,9	74,5	75,8	75,2	2400	2252	2324	4346	3827	4071	25,4	76,3	1937	4534
14,0	10,4	12,2	71,3	73,4	72,4	998	763	883	1836	1129	1491	11,1	73,8	819	1209
15,3	10,9	13,1	71,9	73,8	72,8	1100	804	954	1914	1240	1569	11,3	75,0	848	1114
16,4	11,8	14,1	72,7	74,2	73,4	1192	876	1035	2086	1334	1710	13,2	73,4	969	1474
25,7	18,5	22,1	73,6	75,0	74,4	1882	1388	1644	3405	2259	2840	20,5	75,9	1556	3294
33,4	26,6	30,0	73,4	75,2	74,4	2452	2000	2232	4783	3593	4188	28,1	75,8	2130	5552
35,0	31,1	33,1	72,8	75,0	73,9	2548	2333	2446	5364	4628	5005	34,3	75,3	2583	6918
32,2	34,0	33,1	71,9	73,8	72,8	2315	2509	2410	5098	5302	5207	33,5	74,1	2482	6305
23,7	20,9	22,3	69,9	71,6	70,6	1657	1496	1574	3576	3011	3325	21,0	71,3	1497	3248
21,0	17,3	19,2	70,3	72,1	71,3	1476	1247	1370	2934	2102	2525	24,6	74,4	1830	3090
24,9	18,9	21,9	71,7	72,4	72,1	1785	1368	1579	3450	2291	2871	26,6	73,9	1966	3514
27,1	20,7	23,9	70,9	72,8	71,9	1921	1507	1718	3656	2558	3106	26,7	75,0	2003	4816
32,3	25,2	28,8	73,1	74,7	73,9	2361	1882	2128	4454	3154	3812	26,3	75,8	1994	5207
31,7	26,7	29,2	73,8	75,9	74,9	2339	2027	2187	4517	3498	4015	26,6	76,1	2024	5255
32,0	25,9	29,0	73,3	74,9	74,1	2346	1940	2179	4486	3248	3880	28,9	75,6	2175	5491
30,2	27,2	28,7	73,8	75,8	74,9	2229	2062	2150	4267	3514	3890	18,9	74,5	1408	3278
31,5	28,1	29,8	73,8	75,9	74,9	2325	2133	2232	4517	3670	4095	20,9	75,2	1572	3593
35,6	14,1	24,9	72,5	74,7	73,6	2581	1053	1833	5852	1693	3781	12,3	74,9	921	1491
16,9	12,6	14,8	72,8	74,2	73,6	1230	935	1089	2196	1506	1851	26,1	76,3	1991	5193
29,6	24,1	26,9	73,8	75,2	74,7	2181	1812	2009	4204	3137	3670	13,7	75,0	1028	1742
28,8	23,9	26,4	73,0	73,1	73,1	2102	1747	1930	3938	2886	3420	24,8	75,0	1860	3530
13,8	10,4	12,1	71,9	72,5	72,2	992	754	874	1882	1302	1600	12,8	72,2	924	1366
20,1	15,9	18,0	72,8	74,1	73,4	1463	1178	1321	2620	1866	2244	17,4	74,2	1291	2039
19,8	16,7	18,3	72,7	73,8	73,1	1439	1232	1338	2572	1930	2259	16,9	73,8	1247	2102

Das Feld ist ein länglich viereckiges, schwach abschüssiges Land von sehr gleichmässiger Beschaffenheit der Ackerkrume, sowie des Untergrundes. Der Boden ziemlich schwerer Lehm mit einem Untergrund von rothgelbem Thon, der seinerseits auf Kreide ruht.

Das Versuchsfeld, 5,6 Ha. gross, wurde im Jahre 1843 der Längsrichtung nach in 23 gleich grosse Parzellen getheilt, zwischen welchen schmale Schutzstreifen stehen blieben. Den Versuchen waren nach der letzten Düngung (Futterrüben in frischem Stalldung) 5 Ernten: Futterrüben, Gerste, Erbsen, Weizen, Hafer, sämmtlich ungedüngt, vorausgegangen.

Ich schliesse hier die Tabelle an, in der die Stärke der Düngung der einzelnen Parzellen angegeben ist. Der Ernteertrag gestaltete sich demnach folgendermassen (s. Tab. S. 170 u. 171).

Vergleicht man die Parzellen: 0, 1, 5 mit 3 und 20, also die Parzellen einseitiger Mineraldüngung mit den ungedüngten, so stellt sich heraus, dass die so viele Jahre hindurch fortgesetzte einseitige Mineraldüngung bis auf unbedeutende Differenzen durchweg nutzlos gewesen ist. Vergleicht man nun 3, 20 mit 96 und 10 a., so zeigt sich eine durchschnittliche Ertragserhöhung von 10 hl resp. 700 kg gegen die ungedüngten Parzellen. Aber auf die Dauer können durch einseitige Stickstoffdüngung ebenfalls keine hohen Ernten erzielt werden, denn wir sehen:

1845—1851 :	24,1 hl	oder	2000 kg,
1852—1864 :	21,0 „	„	1476 „
1865—1877 :	17,3 „	„	1247 „

ein rapides und regelmässiges Sinken.

Ganz besonders wichtig ist hier die Untersuchung des Drainwassers der mit Chilisalpeter gedüngten Parzelle gewesen, weil es sich herausgestellt hat, dass 40,1 % des angewendeten Stickstoffs durch den Untergrund mit dem Drainwasser weggespült wurde. Das Versinken des Stickstoffs steigt mit der den Parzellen durch die Düngung zugeführten Stickstoffmenge, wie dies die folgende Tabelle (die Menge des untersuchten Drainwassers ist leider nicht ermittelt), angiebt.

Die Höhe dieser Zahlen steht allerdings mit der aussergewöhnlichen hohen Regenmenge in England im Zusammenhang und spricht laut gegen die Anwendung des Chilisalpeters im Herbst. Wesentlich anders fallen die Zahlen in den Ammoniakparzellen aus; obwohl das Ammoniak bei seiner Herbstanwendung fast 6 Monate länger im Boden verweilte als der im Frühjahr gegebene Chilisalpeter, so wurde doch nicht mehr weggespült als von einem gleichen Gewicht Salpeterstickstoff. Der Stalldüngerstickstoff hat sich relativ widerstandsfähig erwiesen.

Vergleicht man die Mineraldüngerparzellen mit der gemischten Mineral- und Stickstoffdüngung, 0, 1, 5 mit 6, 7, 8, 9, so hatten die letzteren in

26 Jahren auf demselben Grundstück Ernten ergeben, die englische Durchschnittsmittelernten (28—29 hl p. Ha.) überstiegen.

100 000 Theile Drainwasser enthielten Stickstoff in Form von salpetersauren und salpetrigsauren Verbindungen:

Nummer	Düngung per Hektar	Anzahl der angestellten Versuche	Stickstoff auf 100000 Wasser. Mittelzahl
(3—4)	Ungedüngt	11	0,353
5	Mineraldünger allein	11	0,428
6	Mineraldünger und Ammoniaksalze (45,9 kg Stickstoff)	11	0,823
7	Mineraldünger und Ammoniaksalze (91,8 kg Stickstoff)	11	1,439
9	Mineraldünger und Chilisalpeter (91,8 kg Stickstoff)	10	1,437
8	Mineraldünger und Ammoniaksalze (137,8 kg Stickstoff)	11	1,815
2	Stalldünger (35000 kg)	6	1,264

Ein Vergleich der Stalldungparzelle z. B. mit der Mineraldung- und Chilisalpeterparzelle zeigt, dass mit ersterer dauernde Ernten nicht zu erzielen sind.

Vergleiche zwischen 3, 20, 5, 10a, 7, 17 und 18 geben schlagende Relationen über die Nachwirkung ammoniakalischer Düngemittel, die beweisen, dass theils durch Auswaschung, theils durch Unlöslichwerden ein Ammoniaksalz seinen Düngeeffekt völlig verliert (17, 18, 5), während die Nachwirkung mineralischer Düngung zum deutlichen Ausdruck gelangt, so dass daraus resumirt werden kann, dass der Stickstoff jedes Jahr verabfolgt werden kann, während das für die Phosphorsäure wegen ihrer starken Nachwirkung nicht nothwendig erscheint. Dass eine solche Nachwirkung eine verhältnissmässig lange sein kann, würde die Parzelle 10b beweisen können.

Ohne des genaueren auf die Beeinflussung der Erntequalität eingehen zu können, will ich nur erwähnen, dass der im Frühjahr verabreichte Chilisalpeter eine Qualitätsdepression bewirkt; letztere ist bei Anwendung von Ammoniaksalzen im Herbste eine entschieden geringere, wobei allerdings die Quantität der Ernte sank. Es ist somit, auch vornehmlich im Interesse der Güte der Ernte, eine entsprechende Kombination von mineralischen und stickstoffhaltigen Düngemitteln geboten.

Ebenso wie bei dem Weizen ist es gelungen, Gerste durch 27 Jahre hintereinander zu bauen. Einseitige Stickstoffdüngung erhöhte den Ertrag bedeutend, wobei der Chilisalpeter dem Ammoniak überlegen war. Einseitige Mineraldüngung machte das Gerstenkorn schwerer, einseitige Stickstoffdüngung beeinflusste das Gewicht wenig oder garnicht. Stallmistdüngung bewährte sich im Gegensatz zur Gerste qualitativ wie quantitativ.

Kombinirte Stickstoff- und Mineraldüngung geben, wie bei der Gerste, gute dauernde Erträge (am besten 45 kg Stickstoff- und ca. 70 kg Phosphorsäure). Weitere stärkere Gaben von Stickstoff hatten das Lagern zu Folge.

Der Versuch mit Hafer hatte leider durch ungünstige Umstände gelitten und war von kurzer Dauer (1869—1878). Auch bei Hafer eine verschwindende kleine Ertragserhöhung gegen ungedüngte Parzellen, durch einseitige Mineraldüngung, bedeutende Steigerung durch einseitige Stickstoffdüngung und noch höhere bei kombinirter. Bei Hafer zeigte sich das Ammoniak nicht in der Weise dem Chilisalpeter unterlegen.

Lawes und Gilberts Voburner-Versuche hatten die Folgerungen bei den kontinuirlichen Gersten- und Weizenversuchen in Rothamsted auch auf dem durchaus leichten, in der Krume wie im Untergrund sandigen Boden bestätigt. Es hatte sich allerdings hier die Anwendung des Chilisalpeters gegenüber dem Ammoniak nicht so günstig erwiesen wie bei den Rothamsted'schen Versuchen. Hauptsächlich ist aber der Fall in seinen Resultaten von Interesse:

Wenn gleiche Mengen von Nährstoffen in Form von künstlichen Düngemitteln und in Form von Stallmist zur Anwendung gelangen, so zeigt die erstere Form sich wirksamer als die zweite.

Es ist aber unzweifelhaft, dass diese bessere Wirksamkeit des künstlichen Düngers durch die zusagendere rascher wirkende Form der Nährstoffe bedingt ist. Da der Versuch doch erst verhältnissmässig kurze Zeit gewährt hat, so wäre es voreilig, aus diesem scheinbar selbstverständlichen Vortheil der künstlichen Düngemittel, wie auch Behrend betont, die Initiative zur Beschränkung des Viehstandes zu ergreifen.

Es ist ja allgemein bekannt, dass der Hauptzweck der gesammten Versuche dieser beiden unermüdlichen Forscher gerade der gewesen, zu konstatiren, dass Liebigs Annahme, wonach die Erträge im direkten Verhältniss zu den verwendeten mineralischen Nährstoffen ständen, nicht richtig sei. Während sie nun in diesem Sinne in England wirkten (und es wird ja in den eben genannten Versuchen die Unwirksamkeit der einseitigen mineralischen Düngung für die Dauer schlagend bewiesen), ist es in Frankreich Boussingault gewesen, der den Stickstoff zur Werthschätzung der Düngemittel zu Grunde legte.

In Deutschland ist in eben demselben Sinn gewirkt worden. Thaers grundlegende Hinweise auf Wahl der Fruchtfolge sind Jedermann bekannt. Wenn die in neuerer und neuester Zeit gemachten Beobachtungen über das verschiedene Stickstoffbedürfniss der Pflanzen, über die wir sofort zu berichten haben werden, momentan die Bedeutung der mineralischen Düngemittel in den Vordergrund stellen, so ist damit nicht ein Rückgang konstatirt, die Beobachtungen werden vielmehr bei der enormen Arbeitsintensität unserer modernen Forscher, zur Klärung dieser ewigen Fundamentalfrage der Landwirthschaft nicht wenig beitragen.

Ich möchte hier die mehrjährigen Versuche Heiden's voranstellen, die den Zweck hatten, die Frage zu beantworten, ob überhaupt eine Stickstoffzufuhr dem Boden nothwendig oder entbehrlich ist. Heiden.

Methode: Eine Parzelle (18,44 qm) blieb ungedüngt, die andere von gleicher Grösse wurde mit einem Kilogramm schwefelsauren Ammoniak gedüngt. Es kamen sowohl Halmfrüchte wie Leguminosen zum Anbau.

Boden: roh, schwer, thonreich[4]). Die Resultate sind in folgender Tabelle zusammengestellt.

Der Boden wurde mit Absicht schwer gewählt, indem von einem unkultivirten Parkboden, je zwei Flächen von 6 sächsischen □Ruthen, die Erde in Tiefe von 2' weggenommen und bei Seite geschafft, dann von der einen die nächsten 2 Fuss Boden herausgehoben und auf die andere geschafft, so dass hier in der ersten 2 Fuss Tiefe Erde aus drei- bis vierfüssiger Tiefe vorhanden war.

Eine Parzelle, 18,44 qm gross, blieb ungedüngt, die andere von gleicher Grösse wurde mit 1 kg schwefelsaurem Ammoniak gedüngt.

Heiden fand folgende Erntezahlen:

Jahr	Versuchspflanze	Jahr der Düngung mit je 1 kg Ammonsulfat	Ertrag der gedüngten Parzellen			Ertrag der ungedüngten Parzellen		
			Körner g	Stroh g	Spreu g	Körner g	Stroh g	Spreu g
1869	Hafer	1868	3090,0	5105,0	780,0	820,0	1790,0	300,0
1870	"	1868	84,0	250,0	72,0	89,0	260,0	60,0
1871	"	1871	5267,0	7540,0	1645,0	167,0	405,0	118,0
1872	Wicken	1872	2233,0	6305,0	909,0	1666,0	5315,0	1084,0
1873	Roggen	1873	4297,5	12700,0	822,5	825,0	2400,0	125,0
1874	Klee	1873	—	3942,0	—	—	12471,5	—
1875	Roggen	1873	1190,0	2305,0	338,0	1595,0	3280,0	450,0
1876	Erbsen	1873	2035,0	3850,0	2850,0	4220,0	3650,0	3380,0
1877	Roggen	1877	8380,0	9444,0	1124,0	970,0	1660,0	242,0
(1878)	(Kartoffeln)	—	—	—	—	—	—	—

[4]) Studien über schweren Boden, II. Theil der Pommritzer Festschrift.

Die Resultate, die aus den Zahlen zu lesen, sind zweifelsohne die, dass eine Stickstoffzufuhr für die Halmfrüchte nothwendig, für die Leguminosen dagegen geradezu entbehrlich ist.

Eine solche Anschauung hat schon früher Platz gegriffen.

Schon Reuning gewann aus seinen Versuchen die Ansicht, dass der Hafer wie jede Halmfrucht Stickstoffzufuhr unmöglich entbehren kann, während sich eine solche für Wicke unwirksam zeigte. Reuning betont denn auch die Nothwendigkeit eines richtigen Wechsels zwischen Halmfrucht und Blattfrucht.

Schulz-Lupitz.

In neuerer Zeit ist die Frage der Entbehrlichkeit des Stickstoffs durch das von Schulz-Lupitz[5]) auf seinem Gute eingeführte, höchst interessante Wirthschaftssystem in den Vordergrund getreten. Das System stimmt im Grunde genommen, abgesehen von einigen ganz neuen Beobachtungen von Dungwirkungen, mit den genannten Ansichten überein, nur dass, und das ist freilich der wichtigste Punkt, der Nachweis geliefert wird, dass mit diesem Wirthschaftssystem die Zufuhr von stickstoffhaltigen Düngemitteln überhaupt entbehrlich wird; Anschauungen, die bereits fast vollständig auf dem Boden der so hart bekämpften allerdings auf prinzipiell anderen Gründen aufgebauten Mineraltheorie Liebigs fussen.

Sein System lautet wörtlich folgendermassen:

„Anbau von Stickstoffsammlern mit Kali event. Phosphorsäuredüngung, unter deren Einfluss dieselben ohne jede Stickstoffdüngung vorzüglich gedeihen, hierdurch Ansammlung eines Stickstoffskapitals in dem Boden. Auf den Stickstoffsammler folge ein Stickstofffresser (Halmfrucht), welcher mit Kaliphosphatdüngung nunmehr vorzüglich gedeihen wird, da er in dem von der Vorfrucht, dem Stickstoffsammler angehäuften Stickstoff ein für seinen Bedarf genügendes Material vorfindet. Hieraus folgt die Möglichkeit, auf dem leichten Sandboden die kostspielige Viehhaltung reduziren und den Zukauf von stickstoffhaltigen Düngemitteln ganz einstellen zu können, da die Stickstoffsammler in genügender Weise Stickstoff aufspeichern.“

Dieses System ist auf einem geringen kalten Diluvialsandboden, auf einem Untergrund aus Sand, Kiesgeröll, untermengt mit erratischen Blöcken und lehmigem Sand erprobt worden.

Die Erfolge dieses Systems würden nicht schwer erklärlich sein, wenn man mit Liebig annehmen wollte, dass die bodenbereichernden Leguminosen die in der Luft enthaltenden Stickstoffverbindungen (salpeter- und kohlensaures Ammoniak) durch eine assimilirende Thätigkeit der oberirdischen Organe aufnehmen und dadurch den Boden an Stickstoff be-

---

[5]) Landw. Jahrb. 10. Bd., p. 777 u. vgl. Märcker, Ztschr. d. landw. Centr.-Ver. Heft 2, 1882.

reichern. Wenn auch eine Wiederholung der experimentellen Bearbeitung dieser Frage unter den gegenwärtig brennenden Umständen vielleicht geboten ist, so muss doch auf Grund der vorliegenden Resultate, die zeigen, dass nicht allein die Lupitzischen Stickstoffsammler, sondern auch die Stickstofffresser die genannten Salze auf dem Luftwege in nicht hinreichender Menge assimiliren können, von dieser Erklärungsweise abgesehen werden.

Die zweite mögliche Erklärungsweise stützt sich auf den Unterschied des Bewurzelungssystems zwischen Halm- und Blattfrüchten, der merkwürdiger Weise mit dem Unterschied in der Flächenausbreitung der oberirdischen Organe korrespondirt. Alle Stickstoffsammler sind tief wurzelnde Pflanzen und vermögen vielleicht ihren Bedarf aus dem Untergrund zu schöpfen, und durch ihre Rückstände nach der Ernte, einem Pumpwerk gleich, den darauf folgenden flachwurzelnden Stickstofffressern den Stickstoffbedarf in dem Bereich ihrer erreichbaren Nähe zu deponiren. Es wäre demnach durch die Wechselwirthschaft von Blatt- und Halmfrüchten eine Translokation des Stickstoffbedarfs vom Untergrund nach der Krume und wieder zurück von der Krume nach dem Untergrund bewirkt, wobei letzterer, wie sich Märcker ausdrückt, ein Reservoir für Stickstoff bilden könne.

Märcker, der mit sicherem Blick die Bedeutung des Systems Schulz-Lupitz erkannt hat und mit seiner ganzen Autorität stützt, macht noch auf einen, besonders die Lupine direkt berührenden Umstand aufmerksam. Beyer, über dessen Arbeiten wir bereits in den Culturversuchen berichtet, konnte es nur dann gelingen Lupinen in Nährlösungen zu ziehen, wenn er letztere in ausserordentlich schwacher Konzentration anwendete. Die geringen Nährstoffmengen im Brunnenwasser genügten — das stimmt ja mit der durch die praktischen Erfahrungen bewiesenen, ausserordentlichen Genügsamkeit der Lupine (sie wird ja in nährstoffsaurem Sand gebaut) — um ihren Bedarf zu decken. Die Lupinen sind demnach besonders befähigte Stickstoffsammler und wir werden ja sehen, welche enorme Rolle diese Pflanze in dem Schulz'schen System spielt. Nach alle dem würde das System, ausser den sich darbietenden Stickstoffquellen der atmosphärischen Niederschläge, die vielleicht die Stickstoffsammler besser ausnützen könnten als die Stickstofffresser, auf dem Stickstoffvorrath des Untergrundes basiren und mit der Erschöpfung desselben würde das System Schulz's zusammenstürzen.

In der That hat man bisher angenommen, dass diese tiefwurzelnden Pflanzen ihren Bedarf aus dem Untergrunde schöpfen. Es fällt aber die ganze Erklärungsweise zusammen, wenn man der neusten umfangreichen Arbeit Heiden's[6]) zufolge gezwungen ist anzunehmen, dass die tiefwur-

[6]) Studien über schweren Boden, II. Theil d. Pommritzer Denkschrift p. 142.

zelnden Gewächse — in diesem Fall der Klee — den Boden nicht allein an Stickstoff nicht verarmen, sondern den Boden wie den Untergrund bereichert haben, wie dies aus folgender Tabelle ersichtlich (auf welches Faktum nun auch Märcker[7]) in einem Vortrage jüngstens hingewiesen hat).

Parzelle I ungedüngt.
„ II ungedüngt.
„ III mit 12 Pfd. gebranntem Kalk gedüngt.
„ IV „ 2 Pfd. schwefelsaurem Ammoniak gedüngt.
„ V „ 2 „ phosphorsaurem Kalk gedüngt.
„ VI „ 2 „ schwefelsaurem Kalk gedüngt.

Ich übergehe hier den Ertrag und gebe blos die Tabelle des chemischen Gehaltes des Untergrundes.

	Erde entnommen 1868	Erde entnommen 1878					
		Parzelle I	Parzelle II	Parzelle III	Parzelle IV	Parzelle V	Parzelle VI
Hygroskopisches Wasser	—	—	—	—	—	—	—
Chemisch gebundenes Wasser	2,1971	2,0560	2,0608	2,0972	2,1535	2,1859	2,0976
Humus	0,1979	0,1942	0,2279	0,2183	0,1983	0,1597	0,2270
Humus (in Wasser löslich)	0,0051	0,0056	0,0066	0,0105	0,0058	0,0035	0,0041
Gesammt-Stickstoff	0,0340	0,0467	0,0466	0,0572	0,0289	0,0369	0,0424
Stickstoff (in Form von Ammoniak)	0,0006	0,0007	0,0004	0,0007	0,0007	0,0011	0,0009
Stickstoff (in Form von Salpetersäure)	?	0,0004	0,0003	0,0002	0,0006	0,0004	0,0003
Stickstoff (in organischer Verbindung)	0,0320	0,0456	0,0459	0,0613	0,0275	0,0353	0,0416
Ammoniak	0,0007	0,0008	0,0005	0,0008	0,0008	0,0013	0,0011
Salpetersäure	?	0,0016	0,0012	0,0008	0,0022	0,0016	0,0012
Kieselsäure (in Na_2 CO_3 löslich)	0,0820	0,1649	0,1493	0,1287	0,1027	0,1336	0,1333
Reaction des Bodens	schw. sauer	schw. sauer	schw. sauer	schw. sauer	schw. sauer	schw. sauer	schw. sauer
Specifisches Gewicht	2,57	2,57	2,57	2,57	2,57	2,58	2,57

Heiden also constatirte, dass der Klee, durch den Kalk zu einer reichen üppigen Entwicklung angeregt, ohne Stickstoffdüngung den Untergrund von 0,034 auf 0,0572 bereicherte.

[7]) Ztschr. d. landw. Centr.-Ver. d. Prov. Sachsen, 1883, No. 8 u. 9.

Demnach kann aber auch die Existenz von stickstoffsammelnden[8]) Pflanzen nicht bestritten werden, und die in praxi beobachteten Erscheinungen, dass bei Fehlschlagen des Klees die folgende Getreideernte ebenfalls leidet, stehen mit dieser Frage in leicht zu enträthselndem Zusammenhang. Nach der neusten bereits genannten Publication Heiden's haben sich die erwähnten Resultate denn auch völlig bestätigt, nach welchen sich Klee, wie überhaupt alle Leguminosen gegen Stickstoffdüngung sehr unempfindlich gezeigt.

Es bleibt also nichts übrig, als eine andere Stickstoffquelle, die aufzuschliessen die stickstoffsammelnden Pflanzen besonders befähigt sein könnten, anzunehmen, und es bleibt der Zukunft überlassen — sie wird wohl nicht all zu ferne sein — diese Quelle zu nennen.

Sehr wesentlich bestätigt wird die Wirksamkeit und Unwirksamkeit der Stickstoffdüngung für Halmfrüchte resp. Leguminosen durch das höchst interessante botanische Resultat des Lawes' und Gilbert'schen Wiesendüngungsversuches[9]), nach welchem, wie aus folgender Tabelle ersichtlich,

	Ohne Düngung	Mineral-Düngung allein		Stickstoff allein		Kombinirter Dünger		Mit Stallmist
		Superphosphat allein	Superphosphat, Alkalien und Magnesia	Ammoniaksalze 91,8 kg N	Chilisalpeter 91,8 kg N	Mineraldüngung und Ammoniaksalze11,8 kg N	Mineraldüng. u. Ammoniaksalze 183,6 kg N	
	%	%	%	%	%	%	%	%
Gramineen	70,09	78,72	66,40	88,34	89,75	89,66	90,41	79,07
Leguminosen	6,89	2,60	24,09	0,15	0,86	0,12	0,00	1,72
Uebrige Arten	19,02	18,68	9,51	11,51	9,39	10,22	9,59	19,21

die Stickstoffdüngung das Wachsthum derjenigen Wiesenpflanzen, die zu den Gramineen gehören, Kalidüngung dagegen die Vegetation der Pflanzen aus der Klasse der Leguminosen begünstigt.

Um die Wirthschaftsweise auf Lupitz in ihren Kernpunkten zu verstehen, ist es nöthig, die Geschichte derselben kurz zu skizziren. Es werden sich hiebei die wichtigsten zum Theil ganz neuen Beobachtungen von selbst ergeben.

Die Wirthschaft hat 2 Perioden durchgemacht, bevor das System zur Durchführung gelangte.

---

[8]) Drechsler hat besonders dieselbe geleugnet (vgl. Frankfurter Allg. Zeitung f. Landw. 1883).

[9]) Siehe Behrend: Landw. Jahrb. Bd. 10. p. 344.

1. Periode 1855—1864.

Der Boden des ausgebauten Feldes ist eisenreich, kalkarm. Bei grossem Viehstand und der grossen Dungproduction, und Zufuhr von künstlichen Düngemitteln hatte die auf Körner und Kartoffelbau basirte Wirthschaft nur vegetirt. (Fruchtquantum 0,4—1 Ctr p. Morgen; Rente plus 3 bis minus 4 M. p. Morgen.) Die gelbe Lupine, weil sie sich auf diesem Boden als schlechte Vorfrucht erwies, wurde ausgeschieden, und, da sie sich zunächst als gute Futterpflanze erwies, auf einer besonderen Fläche ohne Düngung abwechselnd mit Schafweide cultivirt. Der Boden war aber nach 5—6 Ernten lupinenmüde geworden. Eine Düngung mit Kainit (3 Centner p. Morgen) hatte die Lupinenmüdigkeit beseitigt und damit wurde nicht allein ein erster Erfolg erzielt, sondern die Beobachtung ergab auch den Einfluss des Kali, an welchem der Boden durch den fortgesetzten Anbau der Lupinen völlig erschöpft ward, auf die Lupinenmüdigkeit[10]).

2. Periode 1865—1875.

Sie beginnt mit der Mergelung. Es wurden 10 vierspännige Fuder Mergel (der 20 % Kalk und 0,1 % Phosphorsäure enthielt) pro Morgen verwendet. Bei gleichzeitiger Anwendung von Superphosphaten stiegen die Ernten aller Culturpflanzen, der Stalldung wurde nachhaltig ausgenutzt. Ertrag 42 M. p. Morgen, Fruchtquantum 4—5 Ctr. p. Morgen. Nun aber wurden die Lupinen mergelkrank und liessen bald in ihren Erträgen nach. Es war offenbar für den Ersatz der Phosphorsäure gesorgt, nicht aber für den des Kali. Es wurden wiederum 3 Ctr. Kainit verwendet und auch die Mergelkrankheit der Lupinen wurde beseitigt. Aber eine gleiche Anwendung des Salzes (mit Superphosphat) zu Kartoffeln nach Roggen und zu Hafer nach Roggen blieb ohne Erfolg.

Nun wurde ein Düngeversuch mit Hafer auf einem Boden, der seit 17 Jahren keinen Stalldung erhalten, und das Jahr vorher Lupinen trug, für die Wirthschaft von Entscheidung, und zwar wurden nach Märckers Referat geerntet:

1.	ungedüngt	5	Ctr. Körner.
2.	2 Ctr. Kalimagnesia	6,8	„ „
3.	$1^1/_4$ Ctr. Estramadura - Superphosphat = 20 Pfd. Phosphorsäure	8,2	„ „
4.	2 Ctr. Kalimagnesia + $1^1/_4$ Ctr. Estramadura-Superphosphat	14,0	„ „

[10]) Noch nach 25 Jahren ist der Erfolg bei Anwendung der 3 Ctr. Kainit derselbe (siehe Märckers Referat in d. Ztschr. d. landw. Ver. d. Prov. Sachsen, Heft 2, 1882.

3. Periode.

Diese grossen Erfolge der Kali- und Phosphorsäuredüngung waren nicht allein auf den Versuchsparzellen, sondern auch auf der ganzen Breite von 30 Morgen sichtbar geworden, und da ein Parallelversuch des Hafers nach Kartoffeln erfolglos blieb, durch die Vorfrucht Lupinen bedingt. Ein gleicher Erfolg trat ein nach der genannten Kaliphosphatdüngung (die von Schulz unter dem Namen LD. eingeführt ist) zu Hafer nach Kleegrasweide, während nach reiner Schafschwingelweide der Erfolg völlig ausblieb.

Diese und zahlreiche andere Beobachtungen sind in zwei Beobachtungstabellen, von denen die eine auf zahlenmässiger Grundlage ruht deponirt; sie bilden die Grundlage zu dem Eingangs charakterisirten System.

Es ist schon in den bisherigen Versuchen der Einfluss stickstoffhaltiger Düngung auf die Qualität der Ernte berührt worden, und wir haben namentlich aus den englischen Versuchen die verschiedene Wirkung derselben auf das Gewicht der Körner ersehen können. Qualität der Ernte.

Eingehende Untersuchungen haben wir in dieser Frage Hermbstädt[11]), Boussingault[12]), Ritthausen, Pott[13]), Kreusler und Kern[14]) zu verdanken. Sämmtliche Forscher haben constatiren können, dass eine verstärkte stickstoffhaltige Düngung, gleichgültig ob mit Ammoniak- oder Salpetersalzen, immer stickstoff- und kleberreichere Samen erzeugt.

So zeigen die Versuche mit Sommerweizen von Ritthausen und Pott auf Parzellen à 15 qm, die absichtlich mit ausserordentlich hohen Mengen (336—354 kg Stickstoff) gedüngt werden, wobei die Salze im Frühjahr ausgestreut und möglichst tief untergeharkt wurden, folgende Verhältnisszahlen:

		Ungedüngt	Phosphorsäure-düngung	Stickstoff-düngung	Phosphorsäure u. Stickstoff
Mehl	Stickstoff	100	106	132	140
	Roher Kleber	100	103	140	149
	Reiner Kleber	100	112	148	161
Körner:	Stickstoff	100	108	132	138

Eine Beigabe von Phosphorsäure hat die Stickstoffzunahme noch gesteigert. Nach Kreusler und Kern jedoch hatte eine einseitige Phosphor-

---

[11]) Erdmanns Journal f. techn. u. ökon. Chem. X, p. 1—53.
[12]) Die Landw. in ihren Bezieh. u. s. w. I, p. 290, 291.
[13]) Landw. Vers. XVI, 1873, p. 384.
[14]) Journ. f. Landw. XXIV, Jg. p. 1.

säuredüngung bei der Gerste wie beim Weizen keine Steigerung, sondern eine deutliche Depression des Stickstoffgehaltes zur Folge.

Aus der nächsten Tabelle, die das Gesagte beweist, ist aber auch zugleich zu ersehen, dass der Gehalt an Alkalien durch die Düngung, möge sie noch so verschieden sein, in keiner Weise beeinflusst wird.

In 100 Theilen Trockensubstanz waren enthalten:

Düngung pro 30 qm Feldfläche	Gerstenkörner				Weizenkörner			
	Stickstoff	Phosphorsäure	Kali	Natron	Stickstoff	Phosphorsäure	Kali	Natron
a) ohne Düngung	2,31	1,22	0,65	0,034	3,04	1,17	0,53	0,054
b) 1 kg schwefelsaures Ammon	2,64	1,28	0,69	0,044	3,20	1,14	0,50	0,031
c) 5 kg schwefelsaures Ammon	3,19	1,13	0,70	0,039	3,25	1,07	0,50	0,032
d) 2 kg Superphosphat . .	2,11	1,15	0,70	0,030	2,75	1,17	0,53	0,031
e) 1 kg schwefelsaures Ammon, 2 kg Superphosphat	2,48	1,23	0,68	0,039	3,33	1,14	0,48	0,024
f) 5 kg schwefelsaures Ammon, 2 kg Superphosphat . .	3,11	1,18	0,58	0,038	3,41	1,09	0,51	0,048
g) 5 kg schwefelsaures Ammon, 8 kg Superphosphat . .	3,24	1,29	0,59	0,029	3,50	1,12	0,42	0,031

Obwohl die meisten der älteren Düngungsversuche einen nur lokalen Werth beanspruchen können, so möchte ich doch hier noch der hauptsächlichsten Versuche wegen ihrer freilich nur zu sehr widersprechenden Resultate, und zwar nach der Halmfruchtart getrennt, gedenken.

Hafer.

Die Versuche von Heiden, Lawes und Gilbert haben wir bereits erwähnt.

In Bezug auf die bereits citirte ganz neue Arbeit Heidens ist die ausführliche Bestätigung der Nothwendigkeit der Stickstoffzufuhr, im Gegensatz zu den Blattfrüchten, für die Halmfrüchte betont worden. Hier ist aber das Hauptresultat der Arbeit zu nennen: Das schwefelsaure Ammoniak hat sich auf dem rohen schweren Boden (siehe p. 175) für Hafer, wie überhaupt für die Halmfrüchte und Kartoffeln ausgezeichnet bewährt. Hierbei hat es sich gezeigt, dass noch ein Theil des Ammoniaks für die nächste Ernte zurückgeblieben, also ein Jahr lang nachgewirkt hat. Es ist aber auch bewiesen worden, dass die Nachwirkung nicht länger als höchstens zwei Jahre anhält.

Nach Heinrich's Versuchen auf unfruchtbarem nach beiden Seiten abfallendem Sandland mit 8 Düngearten (Mischungen) ist der Ertrag durchgängig von der Stickstoffdüngung abhängig gewesen und der grösste relative Ertrag ist durch Chilisalpeter erzielt worden.

Aus den Ertragsverhältnisszahlen

ungedüngt = 100,
vollständiger Dünger = 152,
ohne Stickstoff = 120,
ohne Phosphorsäure = 149,
ohne Kali = 141,
ohne Kalk = 153,
Dung von schwefelsaurem Ammoniak = 143

und der Berücksichtigung der Erntequalität, schliesst A. Czeh[15]), dass die höchsten Erträge bei Hafer durch Anwendung von stickstoffhaltigen Düngemitteln und Gyps erzielt werden können(!). In einem Versuch Pietruski's[16]) auf lehmigem Sandboden mit gleichartigem Untergrund (10 Parzellen à 4 □Ruthen) hat der Chilisalpeter auf das Erntequantum und Stroh, wobei sich stufenweise Kopfdüngung besser bewährte, als Unterbringen mit der Saat, der Guano auf das Erntegewicht vortheilhaft gewirkt[17]).

Deherain's[18]) Versuche ergaben, dass Stallmist die höchsten Erträge brachte. Dann folgte Chilisalpeter. Die Ammoniaksalze hatten nicht einmal die Ertragshöhe der ungedüngten Parzellen.

J. Carsten[19]) fand den Peruguano für Moorboden rentabler als Städtedung, wobei sich die Dammcultur besser erwies als die holländische Veenculturmethode (Mischen des Torfes mit Sand), wie folgende Tabelle zeigt (siehe Tab. S. 184).

In von Holdefleiss[20]) ausgeführten Versuchen auf humosem kalkhaltigen Thonboden hat Chilisalpeter eine nennenswerthe Ertragssteigerung, die selbst bei dem hohen Preis von 18 M. pro Ctr. rentabel war, bewirkt.

Heinrich's Versuche[21]) auf Sandboden, deren Resultate in nachfol- Roggen.

[15]) Landw. Annalen des mecklenb. Vereins 1877 No. 3, p. 17.

[16]) Nach Biederm. agr.-chem. Centralbl. 1873, p. 260, IV. Bd.

[17]) Gleichfalls 1873, IV. Bd.

[18]) Annales agron. Bd. 3, 1877, Heft 1, p. 112 und 131; 1878 p. 99—121. Jahrb. f. Agr.-Chem. 1877 u. 1878.

[19]) Jahrb. f. Agr.-Chem. 1878, p. 402.

[20]) Landw. Journ. 1867, p. 51—53.

[21]) Landw. Annalen d. mecklenb. patriot. Ver. 1877, No. 49, p. 385.

Düngersorte und Menge	Werth des Düngers Mark	Veencultur		Dammcultur	
		No. der Parzelle	Ertrag hl	No. der Parzelle	Ertrag hl
Stadtdünger	743,75	1	53,5	—	—
„	743,75	2	50,0	—	—
312 kg aufgeschlossenen Peruguano 312 „ gedämpftes Knochenmehl . 468,75 kg schwefelsaure Kalimagnesia	207,0	3	24,5	8	27,0
375 kg roher Peruguano . . . . 312 „ gedämpftes Knochenmehl . 468,75 kg schwefelsaure Kalimagnesia	213,6	4	27,0	9	37,5
187,5 kg Chilisalpeter . . . . . 375 kg gedämpftes Knochenmehl . 468,75 kg schwefelsaure Kalimagnesia	191,25	5	8,5	10	18,75
625 kg aufgeschlossener Peruguano	191,25	6	30,0	11	41,25
Rohguano	204,0	7	33,75	12	48,75

gender, das Verhältniss der Düngekosten zum Ertragsgewinn charakterisirenden Tabelle niedergelegt sind, ergeben, dass in Hinsicht auf Körner- und Strohertrag der Chilisalpeter am wirksamsten und billigsten ist; die andern angeführten Düngemittel stehen auf gleicher Ertragsstufe mit dem schwefelsauren Ammoniak. Das Fleischmehl ist völlig wirkungslos[22]).

No.	Düngung	Kosten der Düngung Mark	Auf den tiefer gelegenen Parzellen wurde gegen ungedüngt ein Mehr erzielt		Auf den höher gelegenen Parzellen wurde gegen ungedüngt ein Mehr erzielt	
			Stroh kg	Körner kg	Stroh kg	Körner kg
1	Chilisalpeter . .	130,00	975,0	622,5	3700,0	1532,5
2	Schwefelsaures Ammoniak . .	132,30	425,9	152,5	3150,0	1880,0
3	Fischguano II . .	135,32	525,0	90,0	3725,0	1490,0
4	Blutmehl . . .	150,34	675,0	385,0	3300,0	1522,5
5	Hornmehl . . .	160,42	600,0	172,5	2800,0	1420,0
6	Fleischmehl . .	238,88	—	—	—	—

---

22) Vgl. die Arbeit Morgens; landw. Vers.-Stat. XXVI, p. 51.

Nach Königs[23]) Versuch mit 3 Parzellen:

I. Herbstdüngung mit schwefelsaurem Kali, Ammoniaksuperphosphat,
II. Herbstdung mit schwefelsaurem Kali, Superphosphat und Chilisalpeter im Frühjahre,
III. ungedüngt

ist die Ernte sowohl quantitativ wie qualitativ in II., also ebenfalls durch Chilisalpeter im Frühjahr am meisten gehoben worden.

Graf v. Schwerin-Putzar[24]) erhielt durch Chilisalpeter allein gegen ungedüngt einen Mehrertrag von 49 kg Körner, 5,5 kg Spreu und 241,5 kg Stroh, und durch Düngung von Chilisalpeter und Superphosphat, gegenüber Superphosphat allein, einen Mehrertrag von 141,5 kg Körner, 6 kg Spreu und 329 kg Stroh.

Wenn Jörgensen findet, dass der Peruguano durch Düngergemische ersetzbar ist, die alle Nährstoffe enthalten, so braucht das nicht Wunder zu nehmen, ebenso ist es leicht erklärlich, dass in einem sehr trocknen Jahre sich der Stalldünger besser bewährt hat, als konzentrirte Düngegemische. Gerste.

Hanemann fand, dass aufgeschlossener Peruguano auf kalkreichem Boden sehr wirksam gewesen. Wenn ferner auf mit Stallmist reich gedüngten Feldern die Phosphate sich sehr lohnend erwiesen, so ist dies ebenso wenig unverständlich, als das Resultat, dass Chilisalpeter und Kalisalze neben Phosphaten sich sehr wirksam zeigten[25]). Auch bei der Gerste hat Holdefleiss[26]) auf humosem kalkhaltigen Thonboden die günstige und lohnende Wirkung des Chilisalpeter konstatiren können. Noch höher wurde die Ertragssteigerung durch Beigabe von Knochenmehl. Dieses fand auf dem thätigen und reichen Boden eine so beschleunigte Zersetzung, dass es wie ein Superphosphat wirkte.

Zeithammer's Versuchsresultat[27]), durch welches im Gegensatz zu andern Resultaten konstatirt wird, dass nicht die phosphorsäurereiche, sondern die stickstoffreiche Düngung auf den Körnerertrag günstig wirkt und diese Wirkung insbesondere bei Anwendung von Stallmist eintritt, ist auf die physikalischen Eigenschaften des Stallmistes zurückzuführen. Weizen.

---

[23]) Landw. Ztg. f. Westphalen u. Lippe 1877, p. 42 u. Jahrb. f. Agr.-Chem. 1877, p. 709.

[24]) Nach Agr.-Chem. Centralbl. 1879, p. 584.

[25]) Agr.-Chem. Centralbl. VI. Bd. 1874, p. 21.

[26]) a. a. O.

[27]) Oester. landw. Wochenbl. 1877, No. 39, p. 451 u. Jahrb. f. Agr.-Chem. 1877, p. 110.

Nach dem Versuch von Doring und Boehmann[27a]) auf sandigem Lehm mit wenig kalkhaltigem Untergrund scheint, wie folgende Tabelle zeigt:

	Körner	Spreu	Stroh
Auf No. 1 ungedüngt	318 Pfd.	99 Pfd.	372 Pfd.
„ „ 2 mit 1/2 Ctr. Superphosphat	293 „	89 „	345 „
„ „ 3 „ 1/2 Superphosphat und 1/4 Ctr. Chilisalpeter (letzterer als Kopfdüngung)	419 „	109 „	518 „
„ „ 4 „ 1/2 Ctr. Chilisalpeter .	509 „	151 „	550 „
„ „ 5 „ 1/4 Ctr. Chilisalpeter (als Kopfdüngung) .	388 „	110 „	494 „

die Ertragshöhe von der Menge der Chilisalpeterdüngung abzuhängen (vergleiche den anfangs beschriebenen Versuch von Lawes und Gilbert).

Phosphorsäurehaltige Düngemittel.

Bei einer Besprechung der Wirkungen phosphorsaurer Düngemittel wäre es geboten, die in jüngster Zeit häufig ventilirte, mit der Wirksamkeit der Phosphorsäure als Dungstoff überhaupt conforme Frage der Gleichwerthigkeit der wasserlöslichen und zurückgegangenen Phosphorsäure mit eingehender Würdigung voranzustellen. Nach der gegenwärtigen Sachlage und der so bedeutend angewachsenen Litteratur muss aber, schon des Raumes wegen, hiervon abgesehen werden.

Es sind viele und darunter die besten Kräfte, die die Frage einer experimentellen Prüfung unterzogen:

Wagner[28]), Märcker[29]), Petermann[30]), Grandeau[31]), Wein[32]), Mayer[33]), Hoffmeister[34]), Daël v. Koeth[35]), v. Wolff[36]), König[37]), Henneberg[38]), Die-

---

27a) Landw. Centralbl. d. Prov. Posen, 1878, p. 240 und Jb. f. Agr.-Chem. 1878, p. 431.

28) Zeitschr. des landw. Ver. im Grossh. Hessen, 1879, p. 57; Centralbl. für Agr.-Chem. 1879, p. 515.

29) Zeitschr. d. landw. Ver. f. d. Prov. Sachsen, 1880 und 1881.

30) Landw. Vers.-Stat. XXIV, p. 310.

31) Journal agric. pract. II, No. 34.

32) Zeitschr. d. landw. Ver. in Baïern, 1879, p. 452.

33) Fühlings landw. Ztg. 1879, p. 591.

34) Landw. Jahrb. 1881, H. 3, p. 517—531.

35) Schweiz. landw. Ztschr. 1879, p. 466.

36) Würtemb. Wochenbl. f. Landw. 1880, p. 474.

37) Centralbl. f. Agr.-Chem. p. 436.

38) Journ. f. Landw. 1881, 19. Bd. H. 1, p. 117—125.

trich[39]), Siewert[40]), Holdefleiss[41]), Emmerling[42]), Prevost[43]), Schulz-Lupitz[44]), Peetson[45]) und andere. Es mögen hier wenigstens einige wenige Versuche besprochen werden, die, dem Vorwurf der Zusammenstellung ent-entsprechend, in grösseren Verhältnissen auf mehrere Bodenarten zur Ausführung kamen. Zunächst ein Versuch Königs auf 6 verschiedenen Bodenarten bei Hafer.

Es kamen für jede Versuchsparzelle zur Verwendung:

	II	III	IV	V	VI
Stickstoff	3,98	4,46	4,25	4,35	4,40 Pfd.
Gesammt-Phosphorsäure .	20,34	23,66	23,07	38,09	21,42 „
Davon löslich:					
a) in Wasser	—	—	—	9,25	18,92 „ (a + b)
b) in Ammoniumnitrat .	1,52	2,87	6,99	15,41	
				24,66	

Die 6 Parzellen sind folgendermassen charakterisirt:

1. leichter Heide-Sandboden, bisher uncultivirt;
2. drainirter sandiger Lehmboden;
3. Sandboden, im Untergrunde Wellsand mit Adern von Lehm und Ortstein;
4. sehr schwerer, kalkhaltiger Thonboden;
5. drainirter schwerer Thonboden mit vielem Kalkgehalt;
6. gemergelter Sandboden in feuchter Lage.

Die Ernteresultate, pro ha berechnet, waren folgende (siehe Tab. S. 188). Weil jedoch die Phosphorsäure pro Parzelle in nicht ganz übereinstimmender Menge dargeboten war, sieht König davon ab, bestimmte Schlüsse zu ziehen. — Im Allgemeinen aber drängt sich in der Tabelle das Bild auf, dass die wasserlösliche Phosphorsäure auf schweren, die zurückgegangene auf leichten humosen Bodenarten von grösserem Erfolg zu sein scheint.

Versuche von Holdefleiss auf verschiedenen Bodenarten mit Hafer, Gerste, Zuckerrüben, Kartoffeln erzielten folgende Resultate: Das Dicalciumphosphat hat sich auf allen cultivirten thätigen Bodenarten mit

---

39) Nebst Fittbogen, Oldenburg, Renow, Berner, Centralbl. f. Agr.-Chem. 1881, p. 156 und Dietrich, Centralbl. f. Agr.-Chem. 1881, p. 447.

40) Ebendas. p. 446.

41) Sandwirth, 17. Jhrg. 1881, p. 51—53 (No. 11).

42) Landw. Wochenbl. f. Schlesw.-Holstein 1880, p. 395.

43) Centralbl. f. Agr.-Chem. 1881, p. 516.

44) Landw. Jahrb. 1881, p. 777—848.

45) Landw. Jahrb. 1879, p. 129.

dem Superphosphat als gleichwerthig, in einigen Fällen demselben sogar als überlegen gezeigt, während auf minder thätigen, namentlich uncultivirten Boden das Superphosphat eine bessere Wirkung hatte.

Versuchsfeld	Grösse der Parzelle Quadrat-Ruten	kg	I Ungedüngt	II Knochenmehl	III 3 basischer Kalk	IV 2 basischer Kalk	V Zurückgegangene Phosphorsäure	VI Wasserlösliche Phosphorsäure
1	60	Körner	146,9	1151,5	1186,8	1098,6	1345,4	910,6 } 1)
		Stroh	222,8	1956,9	2502,8	2244,3	2109,1	1615,6 }
2	90	Körner	2296,2	2615,2	2552,6	2638,2	2799,2	2489,9
		Stroh	2413,7	2779,7	2940,2	3112,4	3390,4	3014,6
3	60	Körner	975,3	1480,5	1427,6	1868,3	2073,4	2132,6
		Stroh	1327,8	1974,0	1997,6	2256,0	2755,4	2820,0
4	90	Körner	753,4	805,9	843,5	911,0	1086,2	805,9 } 2)
		Stroh	2260,0	2207,5	2137,4	2452,8	2715,6	1646,9 }
5	54²/₃	Körner	2328,8	2636,8	2489,6	2713,6	2515,2	2643,2
		Stroh	3443,2	4160,0	3968,0	4057,6	3644,6	4064,0
6	90	Körner	1272,4	1828,3	2509,5	2583,9	2587,8	2501,7
		Stroh	2384,2	2544,8	3848,4	4251,7	3719,3	3247,0

In sehr ausgedehnter Weise kamen die Versuche über die Wirkung der Phosphorsäure in verschieden Formen durch Märcker zur Ausführung, die wir hier, weil sämmtliche Formen der Phosphorsäure und die Hauptbodenarten zur vergleichenden Prüfung kamen, erwähnen.

1. Praecipitirter phosphorsaurer Kalk mit Superphosphat verglichen:

Gerste. Es wurden pro Morgen 33 kg Chilisalpeter und 10 kg Phosphorsäure, in Wasser und Citrat löslich, verwendet, wobei die nicht in Citrat löslichen pp. 3 % unberücksichtigt blieben.

In 4 Versuchen auf schweren Bodenarten hatten die Phosphate überhaupt keine Wirkung. In den 12 andern Bodenarten waren folgende Mehrerträge durchschnittlich gegenüber der ausschliesslichen Stickstoffdüngung gewonnen:

	Körner pro ha			Stroh pro ha		
	bei Superphosphat kg	bei präcipitirtem Phosphat kg	durch Superphosphat mehr kg	bei Superphosphat kg	bei präcipitirtem Phosphat kg	durch Superphosphat mehr kg
Auf Sandboden . .	+ 225	+ 130	+ 95	364	110	+ 254
„ sandigem Lehmboden	+ 594	+ 491	+ 103	591	590	+ 1
„ Lehmboden . .	+ 533	+ 523	+ 10	176	247	— 71

Auf dem eigentlichen Gerstenboden zeigte sich das gefällte Phosphat dem Superphosphat so gut wie äquivalent, während das letztere auf Sand und sandigem Lehmboden einen geringen Vorzug behauptete.

Hafer. In 6 Versuchen auf Sandboden, sandigem Lehm- und auf gutem Lehmboden hatten die Phosphate überhaupt keine Wirkung gezeigt.

In 12 Versuchen wurden durchschnittlich gegenüber phosphatfreier Düngung folgende Mehrerträge pro ha erzielt:

	an Körnern			an Stroh		
	Bei Düngung mit Superphosphat	mit präcipitirtem Phosphat	durch Superphosphat mehr	bei Düngung mit Superphosphat	mit präcipitirtem Phosphat	durch Superphosphat mehr
	kg	kg	kg	kg	kg	kg
Auf Sandboden .	+ 36	+ 174	— 138	+ 262	+ 439	— 177
„ lehmiger Sandboden . .	+ 209	+ 180	— 29	+ 269	+ 121	+ 148
„ Lehmboden .	+ 230	+ 147	+ 83	+ 425	+ 352	+ 63
Im Mittel aller Versuche .	+ 150	+ 172	— 22	+ 299	+ 310	— 11

2. Kladnophosphat mit Superphosphat verglichen:

Gerste. Im Mittel von 2 Versuchen auf humosem, etwas bindigem Lehm und und auf schwarzen, puffigen Niederungsböden pro ha 33,6 kg Chilisalpeter, 10 kg Phosphorsäure, wurden im Mittel geerntet:

	Ungedüngt nach	Chilisalpeter	Chilisalpeter + Superphosphat	+ Kladnophosphat
	kg	kg	kg	kg
Körner	2257	2778	2996	2953
Stroh und Spreu .	2821	4214	4346	4169

Hafer. I. Auf leichtem, humusarmem Sand. II. Auf sehr kleefähigen, humosen Muschelkalkverwitterungsböden (Düngung mit 50 kg Chilisalpeter und 10 kg Phosphorsäure pro $^1/_4$ ha):

	Ungedüngt	Chilisalpeter	Wasserlösl. Phosphorsäure	Lahnsuperphosphat
	kg	kg	kg	kg
Körner	1366	1827	1808	1844
Stroh und Spreu . .	2240	2183	2373	2291

3. Zurückgegangenes und wasserlösliches Superphosphat:

Gerste auf trocknem hellen Lehmboden (Düngung 33 kg Chilisalpeter und 10 kg Phosphorsäure):

	Ungedüngt nach	Chilisalpeter	Wasserlösl. Phosphorsäure	Lahnsuperphosphat
	kg	kg	kg	kg
Körner	2456	2098	2510	2100
Stroh und Spreu . .	4760	4498	4995	5422

Hafer. In einem Versuch blieb die Phosphorsäure ohne Wirkung, in einem andern auf lehmigem Sandboden ausgeführten Versuch wurden bei Lahnsuperphosphat 189 kg Körner pro ha mehr geerntet als bei unlöslicher Phosphorsäure.

4. Halbphosphat und Superphosphat verglichen:

Laufende Nummer	Versuchsort	Bodenbeschaffenheit	Körner				Stroh und Spreu			
			1. Ungedüngt	2. Chilisalpeter	3. Chilisalpeter u. wasserlösl. P_2O_5	4. Chilisalpeter und Halbphosphat	1. Ungedüngt	2. Chilisalpeter	3. Chilisalpeter u. wasserlösl. P_2O_5	4. Chilisalpeter und Halbphosphat
					Gerste					
1	Wasserthalleben	Tiefgründiger Lehm	2160	2416	2528	2548	2228	2904	3752	3240
					Hafer					
2	Dönstedt	Kiesiger Thonboden, drainirt	1556	2400	2610	2544	1544	2400	2990	2856
3	Bonese	Sandboden	2200	2956	3188	3328	2804	3600	4408	4220
					Pferdebohnen					
4	Dönstedt	Lehmboden mit wenig durchlassendem Untergrund	1314	1596	1684	1500	1886	2904	3116	3100

Märcker, der seine Versuche auch auf Kartoffeln, Rüben und Bohnen ausdehnte, fasst seine Resultate folgendermassen zusammen[46]):

„Im allgemeinen zeigte sich der präcipitirte phosphorsaure Kalk in den mittleren und besseren Bodenarten den Superphosphaten mit einer gleichen Menge wasserlöslicher Phosphorsäure, sowohl in Rücksicht auf die Körner wie auch auf die Strohproduktion gleichwerthig.

Eine Ausnahme hiervon machten die Wurzelfrüchte, Futterrüben und Kartoffeln, bei welchen durch die wasserlösliche Phosphorsäure eine etwas höhere Produktion stattfand. Die Versuche eines einzigen Jahres dürften

[46]) Wiewohl die Hackfrüchte nicht hierher gehören, so trenne ich sie dennoch nicht von den allerdings nur hierher gehörenden Cerealien, um den hier wichtigen Zusammenhang nicht zu stören. In dem betreffenden Theil „Hackfrüchte" sei hieher verwiesen.

jedoch nicht ausreichend sein, um vorstehende Beobachtung verallgemeinern zu dürfen.

In den leichten Bodenarten war der präcipitirte phosphorsaure Kalk den Superphosphaten vielfach überlegen, so dass dieses Düngemittel gerade für die Versorgung der leichten Bodenarten mit Phosphorsäure besonders geeignet scheint.

Diese günstigen Wirkungen der Phosphorsäure in dem präcipitirten phosphorsauren Kalk dürften hauptsächlich auf die ausserordentlich feine Vertheilung dieses Düngemittels zurückzuführen sein, vermöge deren dasselbe mit dem Boden vorzüglich gemischt und den Wurzeln der Pflanzen an jeder Stelle, soweit die Verbreitung durch die Kulturinstrumente reicht, angetroffen werden kann.

Für das Kladnophosphat (gefällte phosphorsaure Thonerde) gilt dasselbe wie für den präcipitirten phosphorsauren Kalk; es war in der Wirksamkeit den Superphosphaten im grossen und ganzen gleich, nur bei den Kartoffeln stand es hinter denselben zurück.

Bei manchen Versuchen haben die Superphosphate aus Lahnphosphoriten ebensoviel geleistet, als die Superphosphate mit wasserlöslicher Phosphorsäure.

Indessen ist hier zu bedenken, dass die Fehlergrenze von Feldversuchen doch eine ziemlich weite ist, und dass möglicherweise die in den Superphosphaten aus Lahnphosphoriten enthaltene wasserlösliche Phosphorsäure, welche reichlich $^2/_3$ des Gesammtgehaltes an Phosphorsäure bildet, zur Erzielung der beobachteten Ertragserhöhungen ausgereicht haben kann.

In mehreren Fällen wurden durch die Lahnsuperphosphate erheblich geringere Ertragserhöhungen hervorgebracht als durch die Superphosphate mit ausschliesslich wasserlöslicher Phosphorsäure.

Die sogenannte zurückgegangene Phosphorsäure dieser Superphosphate ist daher wahrscheinlich mit derjenigen des präcipitirten phosphorsauren Kalkes oder der phosphorsauren Thonerde des Kladnophosphats nicht zu identifiziren. Es scheint dieses auch erklärlich, da die zurückgegangene Phosphorsäure in dem körnigen Lahnsuperphosphat nicht in gleicher Weise innig mit dem Boden gemischt werden kann, wie diejenige des präcipitirten phosphorsauren Kalks. Trotzdem soll ein absprechendes Urtheil über die Lahnsuperphosphate nicht gefällt werden, da die beweisenden Versuche für die Entscheidung dieser sehr wichtigen Frage nicht zahlreich genug sind.

Durch das Ausschliessen mit geringeren Schwefelsäuremengen sind Halbphosphate, welche ausschliesslich neutralen phosphorsauren Kalk (Dicalciumphosphat) enthalten, nicht herzustellen, da die Zersetzung durch die zugesetzte Schwefelsäure zum Theil bis zur Bildung von wasserlöslicher

Phosphorsäure fortschreitet, zum Theil aber den basisch-phosphorsauren Kalk unangegriffen lässt.

Trotzdem wirkten in manchen Fällen die Halbphosphate ebenso gut wie die zum Vergleich benutzten Superphosphate mit wasserlöslicher Phosphorsäure. Dieses scheint ein Beweis dafür zu sein, dass in manchen Fällen eine geringere Phosphorsäuregabe denselben Effekt hervorgebracht haben würde."

Wenn P. Wagner und Rohn in ihren Versuchen eine Minderwerthigkeit der wasserlöslichen Phosphorsäure fanden, so verwahrt sich ersterer gegen eine Deutung des Versuches zu Gunsten der zurückgegangenen Phosphorsäure und betont die Möglichkeit von Nebeneinflüssen. So könne z. B. der durch das Superphosphat in grösserer Menge zugesetzte Gyps günstig oder ungünstig gewirkt haben. Interessant ist jedoch die Deutung, dass die geringere Wirkung der löslichen Phosphorsäure sich möglicherweise von der Kalkarmuth des Bodens ableiten lasse, wodurch die Phosphorsäure eine zu grosse Verbreitung erhält, ehe sie absorbirt wird.

Nach Emmerling war auf Marschboden das Superphosphat, auf neuem Moorboden das präcipitirte Kalkphosphat, auf älterem cultivirten Moorboden wiederum das Superphosphat überlegen. Für die Lehmböden Holsteins zeigte sich bei ausschliesslicher Phosphorsäuredüngung, dass die wasserlösliche P_2O_5 ca. den Doppel-Werth hat von der im präcipitirten Phosphat. Leider sind bei diesen Versuchen die ca. 10 % unlöslicher Phosphorsäure im präcipitirten Phosphat nicht in Rechnung gezogen worden.

Auch Fleischer[47]), der in seinen Versuchen durch Phosphorsäurezugabe stets eine grössere oder geringere Ertragssteigerung bewirkte, fand die schwer lösliche Phosphorsäure für Hochmoor günstiger. (Vergleiche König. p. 181.)

In 2 Versuchen mit Hafer nach Lupinen (mit Kainit gedüngt) hat sich nach Schulz-Lupitz[48]) sowohl in feuchter wie in trockner Lage, auf dem bekannten Boden, besonders im Strohertrag die präcipitirte Phosphorsäure der wasserlöslichen Phosphorsäure als überlegen erwiesen. Der eine dieser Versuche hat folgendes Resultat ergeben (siehe Tab. S. 193).

Dass die phosphorsäurehaltigen Düngemittel einseitig verwendet keine Wirkung zeigen, ist schon aus den Versuchen von Lawes und Gilbert hervorgegangen, bei deren die stickstoffhaltigen Düngemittel berührenden Erörterung sich ein Vergleich mit der Wirkung der Phosphorsäure (einseitige Mineraldüngung) von selbst ergeben musste. Den Einfluss der

---

[47]) Bericht d. Verhandl. der Vostände der Vers.-Stat. zu Karlsruhe in landw. Vers.-Stat. XXIV, p. 310.

[48]) a. a. O.

Phosphorsäure auf die Qualität der Körner haben wir ebenfalls bei dieser Gelegenheit zu besprechen nicht unterlassen können. Hier mögen nur noch einige Versuche erwähnt werden.

Vorfrucht: Lupinen in starkem Bestande mit 3 Ctr. Kainit pro Morgen, im Herbst 1879 untergepflügt, Bestellung 7., 8., 9. April.

Düngung pro ha	Ernte pro ha			Nettoertrag pro ha	Mehrertrag der Düngung	Selbstkostenpreis pro 50 kg Korn
	Stroh	Körner	1 hl Korn wiegt			
	kg	kg	kg	M.		M.
Gründüngung, trockne Lage	2336	2064	45,7	49,52	—	6,65
Gründüngung, feuchte Lage	3544	2536	47,0	124,28		5,60
Gründüngung 40 kg lösl. Phosphors. trockne Lage	2824	2456	45,0	72,88	25,64	6,38
Dasselbe, feuchte Lage	4080	2960	47,0	152,20		5,46
Gründüngung u. 140 kg präc. Phosphors, trockne Lage . . .	3192	2728	44,9	118,04	70,56	5,71
Dasselbe	4544	3216	47,0	196,88		5,00

Heuser[49]) fand auf seinem tiefgründigen kalkhaltigen Diluviallehm mit durchlassendem Untergrund bei der Sommergerste den höchsten Ueberschuss durch Superphosphat, dann folgt Stallmist; bei Sommerweizen stand das Ammoniaksuperphosphat in erster Linie, dann folgt das gedämpfte Knochenmehl. Das rohe Knochenmehl hat überall den geringsten Ertrag gegeben.

Wollten wir jedoch die Versuche in Betreff der Wirksamkeit und Unwirksamkeit des Knochenmehls registriren, so würden wir auf die merkwürdigsten Widersprüche stossen, die alle theils in der Versuchsführung, theils aber in der betreffenden Lokalität ihre Quellen haben.

In den weitaus meisten Düngungsversuchen hat sich als Resultat herausgestellt, dass dort wo Beigaben von stickstoffhaltigen Düngemitteln erfolgten, ein Mehrertrag erzielt worden; und, wie wir gesehen haben, ist dieser lediglich davon abhängig, in welcher Form die Phosphorsäure gegeben wurde.

Dass das rohe Knochenmehl so häufig Wirkungslosigkeit gezeigt, ist die Folge der Schwerlöslichkeit des Stickstoffs in demselben.

Hier aber verdient die Beobachtung Holdefleiss's in Betreff des Knochenmehls erwähnt zu werden.

[49]) Jahrb. f. Agr.-Chem. 1875/76 p. 55.

Seine Versuche mit Hafer nach Zuckerrüben und Gerste nach Futterrüben auf einem humosen kalkhaltigen Thonboden, beziehungsweise einem humosen Diluvialwurzelboden haben folgendes Resultat ergeben:

Hafer	1. ungedüungt	9,55	Ctr.	Hafer
	2. 2 Ctr. Superphosphat	9,85	„	„
	3. 2 „ Knochenmehl	11,22	„	„
	4. 2 „ Superphosphat u. 1 Ctr. Chilisalp.	12,95	„	„
	5. 2 „ Knochenmehl u. 1 Ctr. „	12,96	„	„
Gerste	1. ungedüngt	8,64	Ctr.	Gerste
	2. desgl.	9,16	„	„
	3. Superphosphat	11,12	„	„
	4. gedämpftes Knochenmehl	11,80	„	„
	5. Superphosphat und Chilisalpeter	13,04	„	„
	6. „ u. gedämpftes Knochenmehl	13,12	„	„
	7. Superphosphat und schwefels. Ammoniak	12,04	„	„
	8. ged. Knochenmehl u. schwefels. Ammoniak	12,04	„	„

Es zeigt sich demnach das Knochenmehl dem reinen Superphosphat überlegen. Bei gleichzeitiger Stickstoffdüngung stehen sie einander ebenbürtig.

Eine Fermentation (Befeuchten mit Jauche) des Knochenmehls wird von noch grösserem Vortheil sein. Es ist allerdings nach Pagel durch unvorsichtiges Fermentiren ein Verlust an Stickstoff (in Form von kohlensaurem Ammoniak) leicht möglich. Pagel empfiehlt zur Vermeidung des Verlustes eine Zugabe von Gyps und Bedecken des Haufens mit Erde und Gyps. Im Compostirungshaufen muss eine Temperatursteigerung von 40° erreicht und der Fermentirungsprozess geschlossen werden, wenn die Temperatur zu sinken beginnt.

In Betreff der ausführlichen Behandlung der Compostirung und Aufschliessung der Knochenmehle und Phosphate und den hierbei auftretenden chemischen Veränderungen und deren Beeinflussungen durch verschiedene Salze wie Compostirungsmaterialien, muss ich auf die bezügliche Litteratur verweisen und zwar: Pagel, Holdefleiss, Heiden und Hosäus[50]), Dietrich, König und Kiesow[51]) und andere.

Emmerlings[52]) Düngungsversuche mit gedämpftem und aufgeschlossenem Knochenmehl zu Hafer auf drei verschiedenen Bodenarten hatten stets einen bedeutenden Mehrertrag an Korn und Stroh zur Folge wie folgende Tabelle zeigt:

---

[50]) Ztschr. des landw. Centr.-Ver. der Prov. Sachsen, 33. Jahrg. 1876, No. 2. p. 25—36.

[51]) S. Centralbl. f. Agr.-Chem. 1875, p. 166.

[52]) Landw. Jahrb. 1873, II. Bd., p. 309.

Die Ernte ergab folgende Zahlen:

Versuchs-No.	Versuchsansteller	Bodenart und Fruchtgattung	Düngung	Ernteertrag pro ha Korn kg	Stroh kg	Kaff kg
1)	Lüdemann in Hohenfelde bei Lütjenburg	Lehmboden (östl. Holstein) Hafer	Aufgeschlossenes Knochenmehl . .	3425	4487	762
			Ungedüngt . . .	2450	3250	650
			Gedämpftes Knochenmehl . .	3075	4125	737
	Aufgeschlossenes Knochenmehl mehr als ungedüngt .			975	1237	112
	Gedämpftes " " " "			625	875	87
	Aufgeschlossenes " " " gedämpftes Knochenmehl			350	362	25
2)	Vierth in Remmels bei Hohenwestedt	Humoser Sandboden (Mittel-Holstein) Hafer	Aufgeschlossenes Knochenmehl . .	1935	1833	116
			Ungedüngt . . .	1466	1516	116
			Gedämpftes Knochenmehl . .	1983	1933	150
	Aufgeschlossenes Knochenmehl mehr als ungedüngt .			467	317	0
	Gedämpftes " " " "			517	417	34
	Aufgeschlossenes " " " gedämpftes Knochenmehl			— 50	—100	— 34
3)	Rohweder in Remmels bei Hohenwestedt	Anmooriger sehr humoser Sandboden (Mittel-Holstein) Hafer	Aufgeschlossenes Knochenmehl . .	2033	2750	283
			Ungedüngt . . .	1266	1883	200
			Gedämpftes Knochenmehl . .	1750	2716	266
	Aufgeschlossenes Knochenmehl mehr als ungedüngt .			767	867	83
	Gedämpftes " " " "			484	833	66
	Aufgeschlossenes " " " gedämpftes Knochenmehl			283	34	17

Nach der Rentabilitätsrechnung, die insofern unvollständig, weil die Nachwirkung der Knochenmehle nicht geprüft worden, haben sich die Düngungen schon im ersten Jahr bezahlt gemacht und zum Theil erheblichen Ueberschuss ergeben.

Kalihaltige Düngemittel.

Wenn die theoretisch fest begründete Nothwendigkeit der Stickstoff- und Phosphorsäurezufuhr zur Ernährung der Pflanzen in den praktischen Düngungsversuchen vielfache Bestätigung erfahren hat, so dass der praktische Landwirth in Betreff der Verwendung der diesbezüglichen Düngemittel im grossen und ganzen keine Bedenken trägt, so ist dies auf dem Gebiete der Kalidüngung geradezu entgegengesetzt. Und doch haben wir in theoretischen Versuchen die Unentbehrlichkeit und bedeutende Rolle des Kaliums im Pflanzenleben konstatiren können.

Wenn auch die Versuchsresultate einzelner Forscher wie P. Wagner, Fittbogen und anderer die Abneigung gegen die Verwendung der Kalisalze hätten zerstreuen können, so ist es doch erst Märcker in seiner verdienstvollen Schrift[53]), in welcher er insbesondere auf die Beobachtungen der eben genannten Forscher hinweist, vielleicht gelungen, wiederum das Zutrauen zu diesen Düngemitteln einigermassen zu beleben.

Da sich in dieser Schrift eine umfassende Zusammenstellung der in die Frage einschlagenden Versuche vorfindet, so werde ich mich bei vorliegender Besprechung vornehmlich an dieser zu halten haben.

Das Misstrauen gegen die Kalisalze[54]), deren günstige Anwendung mit Sicherheit nur auf leichtem Sandboden und durch die Rimpausche Moorculturmethode auf Moorboden, konstatirt worden, ist

1. durch die Resultate der Versuche selbst und
2. durch die allgemein verbreitete Ansicht der Schädlichkeit gewisser Begleiter der Salze (Chlorcalcium und Chlormagnesium) für das Pflanzenleben

erweckt worden.

Was die Versuche selbst (1) anbelangt, so frägt sichs allerdings: Wie sind diese Versuche angestellt worden?

P. Wagner giebt folgende Antwort:

„Man hat beispielsweise eine Parzelle mit „Stassfurter Salz“ gedüngt, eine zweite mit Superphosphat, eine dritte etwa mit Peruguano — die Quantitäten der Düngemittel nach einem einheitlichen Geldwerth (!) bemessen — eine vierte Parzelle vielleicht noch ungedüngt gelassen, und nun den Erfolg abgewartet. Und was ist dann meist der Erfolg gewesen? Die Kalidüngung hatte nicht mehr als „ungedüngt“, bisweilen, wenn das Kalisalz in unrichtiger Weise angewendet worden war, sogar noch weniger als „ungedüngt“ geliefert, das Superphosphat hatte beträchtlich mehr als „ungedüngt“, der Peruguano aber noch mehr als das Superphosphat erbracht: folglich hatte, so schloss man, der Peruguano sich als das für den

---

[53]) Die Kalisalze und ihre Anwendung in d. Landwirthsch. Berlin, Wiegand, Hempel u. Parey, 1880.

[54]) Nach Märckers Schrift.

Boden geeignetste Düngemittel, das Kalisalz dagegen, als gänzlich unwirksam erwiesen und jeder für Kalidüngung ausgegebene Pfennig wäre weggeworfenes Geld gewesen.

In der That, so verkehrt wurden und werden häufig auch jetzt noch Düngungsversuche angestellt, und so gänzlich falsch ihre Resultate gedeutet!

Jeder kundige Landwirth muss es einsehen, dass ein Düngungsversuch wie der angeführte, auch nicht entfernt im Stande ist, auf die Frage nach dem Kalibedürfniss des Bodens eine richtige Antwort zu geben. Ein einfaches Beispiel wird dies deutlich machen. Wir denken uns eine Bodenfläche, von welcher wir im günstigsten Fall 1000 Kilo Kleeheu ernten können. In 1000 Kilo Kleeheu sind aber ungefähr:

18 Kilo Kalk,
6 „ Magnesia,
$1^1/_2$ „ Schwefelsäure,
15 „ Kali,
5 „ Phosphorsäure

enthalten. Den auf der gedachten Bodenfläche wachsenden Kleepflanzen muss also der Boden die genannte Menge Pflanzennährstoffe zur Aufnahme darbieten, wenn die grösstmögliche Ernte erzielt werden soll. Bezeichnen wir diese von den Pflanzen aufzunehmenden Nährstoffmengen der Einfachheit wegen als „lösliche" Nährstoffe, so sagen wir, das Stück Land, von welchem 1000 Kilo Kleeheu geerntet werden sollen, muss die oben angegebene Menge Pflanzennährstoffe in „löslicher" Form enthalten.

Nun nehmen wir an, der Boden enthalte „löslichen" Kalk, sowie „lösliche" Magnesia und Schwefelsäure in genügender Menge, vom „löslichen" Kali anstatt der erforderlichen 15 Kilo aber nur 10 Kilo und von „löslicher" Phosphorsäure anstatt 5 Kilo nur 2 Kilo; wie viel Kleeheu wird man im besten Falle nun ernten können? Der Ertrag steht immer im Verhältniss zur Quantität desjenigen Nährstoffs, von welchem sich die relativ geringste Menge zur Aufnahme darbietet. Der in relativ geringster Menge sich darbietende Nährstoff ist in unserm Fall aber die Phosphorsäure, und wenn 5 Kilo Phosphorsäure eine Ernte von 1000 Kilo Kleeheu ermöglichen, so können bei Gegenwart von 2 Kilo löslicher Phosphorsäure dem angeführten Gesetze gemäss nur 400 Kilo Heu gewonnen werden, obgleich soviel Kali (10 Kilo) vorhanden ist, als zur Produktion von 666 Kilo Kleeheu erforderlich ist, und obgleich die Menge der übrigen Nährstoffe hinreicht, um den Ertrag auf 1000 Kilo zu steigern.

Düngen wir nun den Boden ausschliesslich mit Kali, wird das Kali wirken? Gewiss nicht! Denn es sind ja schon 10 Kilo lösliches Kali vorhanden, und der durch die 2 Kilo Phosphorsäure bedingten Ernte von 400 Kilo Kleeheu werden nur 6 Kilo Kali verbraucht; es sind also unter den gegebenen Verhältnissen 4 Kilo Kali im Ueberschuss vorhanden, weshalb eine weitere ausschliessliche Kalizufuhr unmöglich wirksam sein kann.

Aber ist der Boden nicht trotzdem als ein kalibedürftiger zu bezeichnen? Gewiss! denn um die höchstmögliche Ernte von 1000 Kilo Kleeheu zu gewinnen, fehlt es ja noch an 5 Kilo Kali.

Düngen wir andernfalls den gedachten Boden ausschliesslich mit Superphosphat, vermehren wir z. B. die bereits vorhandenen 2 Kilo „lösliche“ Phosphorsäure auf 5 Kilo; wird diese Düngung einen Erfolg haben? Allerdings! denn die Phosphorsäure war der in relativ geringster Menge vorhandene Pflanzennährstoff. Aber wird man nun die mit 5 Kilo Phosphorsäure erzielbare Ernte von 1000 Kilo Kleeheu erhalten? Nein! denn es sind nur 10 Kilo Kali vorhanden, mit welchen nur 666 Kilo Erntemasse produzirt werden können.

Die vermehrte Phosphordüngung kommt also nicht zur vollen Wirkung, weil es an Kali fehlt. Jetzt also macht sich die Kalibedürftigkeit des Bodens geltend, denn vermehrt man jetzt die im Boden vorhandenen 10 Kilo „lösliches“ Kali auf 15 Kilo, so wird in Folge dieser Kalidüngung die Ernte von 666 Kilo auf 1000 Kilo gesteigert werden.

Halten wir dies Beispiel fest, so sehen wir klar, wie so ganz unrichtig es ist, das Kalibedürfniss eines Bodens nach dem Erfolge oder Nichterfolge einer ausschliesslichen Kalidüngung bemessen zu wollen.

Ein Boden, auf welchem eine ausschliessliche Phosphorsäuredüngung von irgend erheblicher Wirkung ist, und sie ist es auf den meisten Bodenarten, muss sich gegen eine ausschliessliche Kalizufuhr gänzlich indifferent verhalten, denn wo die Phosphorsäure wirkt, da muss diese der in relativ geringster Menge vorhandene Pflanzennährstoff sein, und wo sie dies ist, da kann kein anderer Pflanzennährstoff wirken, so lange nicht die Phosphorsäure soweit vermehrt worden ist, dass sie einem anderen Pflanzennährstoff gegenüber in relativem Ueberschuss vorhandeu ist. Dies ist bei Anstellung von Kalidüngungsversuchen wohl zu berücksichtigen, wenn solche einen wirklichen Aufschluss über die durch sie an den Boden gestellten Fragen geben sollten.“

Märcker führte nun eine Anzahl von Versuchen auf, die geeignet sind, die theoretischen Spekulationen Wagners zu bestätigen und zwar die Versuche folgender Versuchsansteller:

C. Freitag[55]), Grouven[56]), Sterneborg[57]), Rimpau[58]), Schulze[59]), Karmroth[60]) Versuche zu Tharand u. s. w.

---

55) Landw. Wochenbl. f. Schlesw.-Holstein 1867, p. 93.

56) Jahresber. f. Agr.-Chem. 1870—72, p. 270.

57) Landw. Zeitung f. Westphalen u. Lippe 1875, No. 19, p. 149.

58) Ohne Quellenangabe.

59) Wilda, landw. Centralbl. 1868, 1, p. 137.

60) Zeitschr. d. landw. Ver. f. Rheinpreussen 1865, p. 9.

Die sämmtlichen durch diese Versuchsansteller erzielten Resultate lassen sich dahin resumiren, „dass die Kalisalze, je nach der Zusammensetzung des Bodens, für sich angewendet keine erhebliche Wirkung hervorgebracht, bald besser gewirkt, wenn sie im Verein mit phosphorsäurehaltigen Düngemitteln, oder mit stickstoffhaltigen oder endlich mit beiden Arten gleichzeitig verwendet wurden, je nachdem der betreffende Boden des Versuchsfeldes an Phosphorsäure, an Stickstoff oder an beiden Stoffen zugleich arm war."

Was den zweiten Punkt anbelangt, so ist zunächst die Frage, ob das schwefelsaure Kali und Chlorkalium in der That jene Kaliformen sind, die die Pflanzen brauchen können?

In theoretischer Hinsicht ist schon in den Culturversuchen die von Nobbe, Brasch und Rabe konstatirte auffallende günstigere Wirkung des Chlorkaliums, gegenüber den anderen Kalisalzen, wahrscheinlich durch die physiologische Beziehung des Chlors für das Pflanzenleben bedingt, dargelegt worden. (Culturversuche p. 132.)

Andererseits ist aber bei der Absorption der Kalisalze durch die Ackererde zu bemerken, dass schliesslich stets dieselbe Form unlöslicher Kaliverbindungen, die Kalizeolithe (kieselsaure Thonerde, Kali mit Wasser, durch die Absorption der Kalkzeolithe) in der Ackererde resultiren und hierbei blos die Umsetzungsprodukte der Säuren des Kalisalzes und (bei Chlorkalium) das Chlorkalcium von Einfluss sein können.

Es ist vielleicht hier der rechte Ort, einer durch A. Mayer[61]) ausgesprochenen Hypothese über den Grund der geringen landwirthschaftlichen Nutzbarkeit der Stassfurter Kalisalze (die indessen nach unseren auf Grund der Wagner'schen Kritik der Versuchsführung, resp. der Schrift Märcker's gemachten Erörterungen keineswegs so erwiesen ist), Erwähnung zu thun. Dass dieser gedankenreiche Forscher mit grossem Geschick keine Thatsache ungenutzt lässt, um seine Hypothese zu kräftigen, wird schon im voraus zu erwarten sein. **A. Mayers Hypothese.**

Ad. Mayer gipfelt seine Raisonnements in Folgendem:

„Das Verhältniss der Basen und Säuren unter den unverbrennlichen Bestandtheilen der Pflanzen ist ein anderes als in mineralischen Düngergemischen, die reich sind an Stassfurter Salzen. Die Schwierigkeiten, die sich in Folge dessen bei der Assimilation der Düngergemische einstellen, sind die Ursache der geringen landwirthschaftlichen Nutzbarkeit der Stassfurter Salze."

Das heisst, den durchgehends basischen Aschen der Pflanzen entspricht die schwach alkalisch, fast neutrale Reaktion der normalen Ackererde. Es werden demnach nur jene Mineraldünger eine normale physio-

[61]) Landw. Vers.-Stat. Bd. XXVI 1880, p. 77.

logische Wirkung auf das Pflanzenwachsthum ausüben können, die neutral sind, d. h. solche, deren Basis und Säure mit gleicher Schnelligkeit von der Pflanze absorbirt wird.

A. Mayer stellt nun drei Kategorien von Mineralsalzen zusammen:

„1. Physiologisch neutrale Salze:
schwefelsaurer Kalk,
schwefelsaure Magnesia,
Chlornatrium,
Superphosphat, als bestehend aus Gyps und saurem phosphorsauren Kalk,
Ammoniaksuperphosphat,
Aufgelöster Peruguano,
Kalisalpeter (dieser nähert sich schon der 3. Gruppe).

2. Physiologisch saure Salze, solche, wovon die Basis schneller als die Säure assimilirt wird:
Chlorammonium,
Chlorkalium,
Chlormagnesium,
schwefelsaures Ammoniak,
schwefelsaures Kali,
Stassfurter Salze überhaupt,
Kalisuperphosphat.

3. Physiologisch basische Salze, solche, wovon die Säure schneller als die Basis absorbirt wird:
kohlensaures Kali,
Holzasche,
Aetzkalk,
kohlensaurer Kalk,
Kalkphosphat ohne Schwefelsäure,
Chilisalpeter,
Chilisalpetersuperphosphat,
Roher Peruguano,
Knochenmehl."

Die physiologisch sauren wie basischen Salze wären demnach schlechte Dünger, während die neutralen Salze mit Ausnahme des kohlensauren Kalis, der zu stark basische Eigenschaften besitzt, zu den guten Düngern gehören würden. Die ersten sind am meisten geeignet, das besprochene Verhältniss zwischen Boden- und Pflanzenzusammensetzung zu schädigen.

Es sind folgende allgemeine Beobachtungen die Ad. Mayer das Material für seine Hypothese abgaben:

Auf kalkarmen Boden wirkt der Chilisalpeter besser als das schwefelsaure Ammoniak.

Auf kalkärmeren Land und Moorböden wirken die basischen Phosphorsäureverbindungen besser als die sauren (vgl. 192).

Die Wirkung des salpetersauren Kali ist eine günstigere als die der Chloride.

Die Beidüngung von Kalk zu Kalisalzen hat sich in manchen Fällen als günstig erwiesen.

Ferner zählt A. Mayer 4 zu gunsten seiner Hypothese sprechende Kalidüngungsversuche zu Zuckerrüben auf, in welchen das schwefelsaure Kali besser gewirkt hat, als die Chloride. Endlich erwähnt Mayer eigene Düngungsversuche, von denen der Topfversuch zu Kleeheu, auf müdem sandigen Lehmboden im Folgenden genannt werden möge:

Topf 1:	Dicalciumphosphat	+ 2 g Chlorkalium	26,09	Kleeheu,
„ 5:	„	+ 1 g schwefelsaures Kali	44,3	„
„ 6:	„	+ 2 g Chlorkalium	23,6	„
„ 10:	„	+ 1 g schwefelsaures Kali	52,2	„

Abgesehen von den Zeolithen — die kalihaltigen Silikate wirkten vermöge ihrer stark alkalischen Eigenschaften ebenfalls nicht — ist das humussaure Kali jene Verbindungsform, die eine Assimilation des Kali in den wichtigeren Verhältnissen ermöglichen würde.

Mayer stellte ein Präparat Kalitorf her, der 18 Theile Kali (8 kohlensaures, 10 humussaures Kali) enthielt, mit dem er allerdings in Düngungsversuchen keinen Erfolg erzielen konnte.

Von Interesse und auch hierher gehörig ist eine Bemerkung von Holdefleiss[62]), der in Versuchen über die Aufschliessung von Phosphoriten durch Compostirung gefunden, dass das Kalisalz die Oxydation der Stickstoffverbindungen im höchsten Grade vermindere, und dass vielleicht in der unvortheilhaften Beeinflussung der Natrifizirung durch die Kalisalze in manchen Fällen die Unwirksamkeit derselben erklärbar werde. Der Gedanke wird vielleicht einmal die Spur liefern zur Ergründung der Wirksamkeit der Kalisalze, wenn man bedenkt, dass dieselben bei gewissen Culturpflanzen (Lupinen) zweifelsohne sicher wirken, und zwar gerade bei jenen, die einer Stickstoffdüngung fast entbehren zu können scheinen (vergl. Fittbogen, Heiden, Schulz und andere).

In Betreff der Schädlichkeit oder Nichtschädlichkeit des Chlorcalcium und Chlormagnesium lassen wir hier Märcker selbst sprechen: Schädlichkei Chlorver bindunge

„Der ungünstige Einfluss dieser Salze scheint zuerst von Julius Lehmann[63]) erwähnt worden zu sein, später findet man vielfache Angaben über denselben Gegenstand, welche meistens ohne Weiteres die ausgesprochene Ansicht über die Schädlichkeit des Chlormagnesiums theilen.

[62]) Zeitschr. d. landw. Centr.-Ver. f. d. Prov. Sachsen 1876, No. 1, p. 11.

[63]) Amtsbl. der landw. Vereine im Königr. Sachsen.

Später wird die Schädlichkeit des Chlormagnesiums als eine ganz selbstverständliche Sache angesehen[64]). Ein durch unbestreitbare Thatsachen erhärteter Beweis für die pflanzenfeindliche Wirkung des Chlorcalciums und Chlormagnesiums ist indessen in der Literatur nirgends aufzufinden. Der Verfasser hat sich die erdenklichste Mühe gegeben, die herrschende Ansicht über die Schädlichkeit von Clorcalcium und Clormagnesium auf ihre faktische Berechtigung zu prüfen, er hat jedoch nirgends wirkliche Thatsachen, sondern nur Vermuthungen auffinden können. So findet man vielfach angeführt, dass die Stassfurter Salze, wenn sie zur Kopfdüngung gebraucht würden, in Folge ihres Chlormagnesiumgehaltes ätzend und die Pflanzensubstanz zerstörend wirkten, und daraus wird dann der Schluss gezogen, dasselbe müsse auch in dem Boden der Fall sein; diese Ansicht entbehrt jedoch einer wirklichen Berechtigung, weil andere lösliche Salze, ohne darum doch in dem Boden zu schaden, ebenso ätzend wirkten. Zum Beweise hierfür mag das Verhalten des Chilisalpeters und des Kochsalzes angeführt werden; wenn diese Düngemittel, zur Kopfdüngung ausgestreut, auf den Blättern der Pflanze liegen bleiben, so corrodiren sie ebenso stark, wie es die Stassfurter Salze nur thun können, ohne doch Chlormagnesium zu enthalten.

Die pflanzenschädliche Wirkung des Chlorcalciums und Chlormagnesiums kann schliesslich auch nur auf der wasseranziehenden Wirkung dieser Salze beruhen. Eine solche wasseranziehende Wirkung besitzen sie aber nur in trockenem Zustande oder in concentrirten Lösungen und es ist doch schwerlich denkbar, dass sie in derjenigen Verdünnung, in welche sie sofort übergehen, wenn wenige Centner Stassfurter Salz, welche doch auch nur einige Prozente Chlormagnesium enthalten, pro Morgen ausgestreut werden, noch wasseranziehend und zerstörend wirken sollen. Man sollte wenigstens, ehe man eine solche Ansicht acceptirt, einen exakten experimentellen Weg betreten und es muss jedenfalls weiteren Versuchen vorbehalten bleiben, diese Frage zur Erledigung zu bringen, vorläufig dürfte man jedoch kaum mit gutem Gewissen für den Glauben an die Schädlichkeit von Chlormagnesium und Chlorcalcium eintreten können, trotzdem derselbe im allgemeinen angenommenes Dogma geworden ist und der Verfasser sich auch schuldig bekennen muss, der allgemein herrschenden Ansicht in dieser Richtung gehuldigt zu haben.

Zum wenigsten dürften die Befürchtungen über die ätzenden, den Pflanzen schädlichen Wirkungen des Chlorcalciums und Chlormagnesiums als ausserordentlich übertrieben bezeichnet werden müssen und leider sind es gerade diese Befürchtungen gewesen, welche der weiteren Verbreitung

---

[64]) Vgl. hierüber Fittbogens kritische Angaben, landw. Jahrb. 1876, Vers.-Stat. 799.

der Kalidüngersalze hinderlich gewesen sind. Man möge sich nunmehr aber nicht mehr abhalten lassen, wo solche Befürchtungen gewiss nur selten zutreffend sein werden, die Stassfurter Salze, wenigstens versuchsweise, mehr als bisher anzuwenden. Ganz und gar soll jedoch die Schädlichkeit der in den Stassfurter Kalisalzen enthaltenen Verbindungen für spezielle Fälle und die irrationelle Anwendung der Salze nicht geläugnet werden. Wenn man auch die ätzende Wirkung des Chlormagnesiums nicht anerkennen kann, so muss man sich bezüglich des Chlorgehaltes derselben Düngemittel doch vorsichtiger aussprechen, da ein ungünstiger, in einer ganz bestimmten Richtung verlaufender, Einfluss der Chlorverbindungen bei einzelnen Feldfrüchten nicht zu läugnen ist. So mag an dieser Stelle hervorgehoben werden, dass die Tabackpflanzen bei einer starken Düngung mit Chloralkalien eine an Chloriden reichere Asche und in Folge dessen einen schwerer verbrennenden, kohlenden Rauchtaback geben[65]).

Die über die Depression der Stärke (Kartoffel) und des Zuckers (Rübe) gemachten Beobachtungen beschränken sich darauf, dass die Schädigung der Qualität der oben angeführten Pflanzen nur dann hervortrat, wenn die chlorhaltigen Salze zu spät, d. h. kurz vor oder bei der Bestellung gegeben wurden; wenn man dieselben Salze längere Zeit vor der Bestellung, womöglich schon im vorhergehenden Herbst, ausstreute, so waren ihre Wirkungen in den meisten Fällen[66]) eher günstig als ungünstig, jedenfalls darf man aber daraus, dass die Kalisalze zur unrechten Zeit verwendet, unter Umständen schaden können, kein überhaupt absprechendes Urtheil über dieselben herleiten.

Ebensowenig wie man es z. B. dem Chilisalpeter zum Vorwurf machen darf, dass er — zu spät angewendet — die Qualität der Zuckerrüben und Kartoffeln schädigt, kann man einen gleichen Vorwurf aus einem ähnlichen Verhalten für die Stassfurter Salze herleiten.

Man hat eben dann nur die richtigen Umstände einzuhalten, unter denen jene schädlichen Wirkungen zurücktreten und nur die günstigen bleiben, und dazu gehört in beiden Fällen eine frühzeitige Anwendung sowohl des Chilisalpeters wie der Kalisalze.

Ein sprechendes Beispiel bilden in dieser Richtung die Erfahrungen, welche man mit der Anwendung der Kalisalze für Kartoffeln auf den nach der Rimpau'schen Dammculturmethode hergerichteten Moorfeldern gemacht hat. Man hatte hier die eminente Wirkung der Kalisalze, namentlich für Sommergetreide und Gras-Ländereien, auch wenn die Kalisalze erst im Frühjahr ausgestreut wurden, kennen gelernt, gleichzeitig aber auch unter

---

65) Vgl. die Unters. von Schlösing.

66) Natürlich in den dazu geeigneten Bodenarten.

denselben Verhältnissen die Unbrauchbarkeit derselben Salze zur Düngung der Kartoffelfelder erfahren und man war in Folge dessen von einer Kalidüngung der Moorfelder, wenigstens für Kartoffeln, vollständig abgegangen. Neuerdings streut man nun dieselben Salze spätestens im Dezember aus und beobachtet nun einen sehr günstigen Einfluss derselben, sowie auf die Quantität wie die Qualität der Kartoffeln.

Ebenso wird die Sache gewiss auf manchen anderen Bodenarten liegen und die gefürchtete Schädlichkeit der Kalisalze wird sich zweifellos vielfach in ein günstigeres Bild verwandeln, wenn man nur die Salze rechtzeitig verwendet."

Direkte oder indirekte Wirkung der Kalisalze.

Wir müssen nun zu der Besprechung der Frage schreiten, ob wir es bei der Wirkung der Kalisalze mit einer direkten oder indirekten zu thun haben.

Bei Betrachtung nachstehender Zusammenstellung[67]), in welcher gezeigt wird, wie viel Kilogramm Kali durch eine mittlere Ernte verschiedener Feldfrüchte dem Boden entzogen werden:

					Summa
Weizen	2322 kg	Körner	à 0,53 % Kali	= 12,31 kg Kali	37,51 kg Kali,
	4000 "	Stroh	" 0,63 " "	= 25,20 " "	
Roggen	1820 "	Körner	" 0,56 " "	= 10,19 " "	64,79 " "
	7000 "	Stroh	" 0,78 " "	= 54,60 " "	
Gerste	1908 "	Körner	" 0,45 " "	= 8,59 " "	32,09 " "
	2500 "	Stroh	" 0,94 " "	= 23,50 " "	
Hafer	2270 "	Körner	" 0,44 " "	= 9,99 " "	41,14 " "
	3500 "	Stroh	" 0,89 " "	= 31,15 " "	
Zuckerrüben	30000 "	Rüben	" 0,39 " "	= 117,00 " "	169,00 " "
	8000 "	Blätter	" 0,65 " "	= 52,00 " "	
Kartoffeln	18000 "	Knollen	" 0,57 " "	= 102,60 " "	111,20 " "
	2000 "	Kraut	" 0,43 " "	= 8,60 " "	
Luzerne	8000 "	Heu	" 1,53 " "	. . . . . .	122,40 " "
Rothklee	5000 "	Heu	" 1,83 " "	. . . . . .	91,50 " "

ist die Berechtigung der gang und gebe gewordenen Bezeichnung der Zuckerrüben, Kartoffeln, Klee und Luzerne als Kalipflanzen völlig erwiesen, und es würde die Wirkung der Kalisalze als eine direkte erkannt werden müssen, wenn in der That die vornehmlich kalibedürftigen Früchte sich einer Kalidüngung gegenüber besonders dankbar erweisen würden. Die Erfolge der Düngungsversuche zeigen aber, wie dies bei der Besprechung

---

67) Nach Märcker: Kalisalze, p. 20.

der Hackfrüchte zum Ausdruck gelangen wird, keineswegs die so einfach gedachten Beziehungen. Wie sich später namentlich bei der Besprechung der Kartoffeldüngungsversuche herausstellen wird, muss neben der direkten Wirkung des Kali, die ja aus theoretischen Gründen nicht bezweifelt werden darf, auch eine indirekte angenommen werden; aber auch bei Halmfrüchten sprechen einige Versuche für die indirekte Wirkung der Kalisalze.

Ein Versuch von Nobbe mit rohem Leopoldshaller-Kainit auf Thonschieferboden (Vorfrucht Winterkorn mit Stalldünger, Versuchsparzellen = 40 □R.) dürfte dies beweisen können.

Düngung pro Acker	Ertrag an		Ungedüngt = 100	
	Körnern	Stroh und Spreu	Körner	Stroh und Spreu
1. Ungedüngt	390	870	100	100
2. 17 Scheffel Kalk von Wildenau .	800	1630	204	187
3. 17 „ „ „ Griesbach .	830	1550	213	178
4. 31 „ „ „ Ostrau . .	780	1520	199	175
5. 31 „ „ „ „ und 3,5 Ctr. Kainit	860	1910	221	220
6. 28 Scheffel Kalk von Rabenstein .	830	1580	214	182
7. 28 „ „ „ „ und 2,7 Ctr. Kainit	990	1940	253	222
8. 6,3 Ctr. Bakerguano-Superphosphat	590	980	152	122
9. 6,3 „ „ „ und 3,5 „ Kainit	510	1130	130	130
10. 7 Ctr. Kainit	630	1290	163	148
11. 5,5 „ Chlorkalium	610	1140	157	130
12. 5,5 „ schwefelsaures Kali . . .	630	1140	161	130
13. 5,5 „ schwefelsaure Magnesia .	670	1320	172	151
14. 6,7 „ roher Bakerguano . . .	430	1060	110	122
15. 6,5 „ aufgeschlossener Peruguano	770	2140	194	245

Ein Vergleich von 4, 5, 6, 7, 10 und 13 mit 1 zeigt zunächst die Ertragserhöhung durch Kalidüngung, wobei die reinen Kalisalze sich fast weniger wirksam als das rohe Kainit erwiesen.

Wenn man aber die relativ bedeutendste Ertragssteigerung durch das schwefelsaure Magnesia (13) (im Vergleich mit einseitigen Düngungsmitteln) berücksichtigt, so ist doch sicherlich die Wirkung als eine indirekte anzunehmen.

Hafer.

Einen grossen Einfluss der Kalisalze auf die Halerernte haben ausserdem Lehmann[68]), Brettschneider[69]), Schultz[70]), Sterneborg[71]), Ebermann[72]), landw. Verein zu Hettstedt[73]) und Rimpau[74]) beobachtet.

Lehmann's Beobachtungen und die in Hettstedt beziehen sich allerdings nur auf das Aussehen der Pflanzen. Besonders interessant ist die Beobachtung Lehmann's, wonach der mit Stassfurter Abraumsalz gedüngte Boden viel dunkler aussah, als der ungedüngte, eine günstige Erscheinung, die Lehmann damit erklärt, dass das Chlormagnesium durch seine wasseranziehende Wirkung mit Wasserdampf die Luft verdichtet hätte, und in der That fand er in dem gedüngten Boden ein Plus von 6489 Pfd. Wasser. Wenn auch anfangs in Folge des reicheren Wassergehaltes eine Verzögerung der Keimung konstatirt wurde, so glichen sich die Wachsthumsdifferenzen aus, und schliesslich kam eine deutliche Reifebeschleunigung (um 8—10 Tage) zu Tage.

Wichtig ist der Versuch Brettschneider's, weil er die Dungwirkung der Kalisalze mit ihrem Gehalt an Chloriden in Beziehungen bringt.

Es erwies sich die Düngung mit Abraumsalz als günstig. Die Erntequalität wurde aber durch Düngung mit chlorfrei gemachten Abraumsalzen (durch Behandeln mit concentrirter Schwefelsäure) noch wesentlich erhöht, wobei jedoch die Erntequantität litt. Durch Düngung mit dem rohen Salz ward das Hafergewicht ein grösseres.

Schultz fand auf lehmigem weichen Kalkboden durch folgende Dungarten folgende Erträge:

	Gesammternte in 4 Jahren per Parzelle Korn	Stroh u. Spreu
1. Superphosphat, Kali, Chilisalpeter	41,1	101,3
2. „ Kalisalz	35,2	82,6
3. „ Chilisalpeter	36,0	84,9
4. „	32,2	78,5
5. Kalisalz, Chilisalpeter	38,1	95,3
6. „	32,9	75,6
7. Chilisalpeter	33,7	85,0
8. ohne Düngung	30,7	72,8

68) Wilda, landw. Centr.-Ver. 1862, II, p. 31.
69) Ebend. 1862, II, p. 38.
70) Journ. f. Landw. 1870, p. 228.
71) Landw. Zeitung f. Westph. u. Lippe, No. 19, 1875, p. 149.
72) Ztschr. d. landw. Centr.-Ver. d. Prov. Sachsen, 1877, p. 69.
73) S. Märcker, d. Kalisalze, p. 24.
74) Ebendas. p. 31 (sämmtl. Citate aus derselben Schrift).

Eine ebenso günstige Wirkung zeigen die Versuche von. Ebermann und Sterneborg auf einem schweren rothen Thonboden, beziehungsweise einem trocken gelegten Moorboden. Wenn bei ersterem die Holzasche den höchsten Ertrag gab, so ist das dem Gehalt an kohlensaurem Kali zuzuschreiben. Letzterer erhielt bei Zugabe von Superphosphat den höchsten Ertrag.

Wie aus folgender Zusammenstellung aus dem überreichen Zahlenmaterial hervorgeht:

		1869	1870	1871	1879 nach Kartoffeln
Ungedüngt	a) Körner . . .	111,126	12,061	22,632	456,702
	b) Stroh, Spreu und Ueberkehr .	283,236	43,368	70,877	1125,542
Parzellle II.	Sa.	394,362	55,429	93,509	1582,244
Mit 2 Pfd. schwefelsaurem Kali gedüngt	a) Körner . . .	105,706	19,921	19,108	607,130
	b) (wie oben) .	207,346	73,587	112,888	1446,060
Parzelle VI.	Sa.	313,052	93,506	131,996	2053,190

hat Heiden[75]) auf schwerem Thonboden eine günstige Wirkung des schwefelsauren Kalis zu Hafer (wie überhaupt zu den Halmfrüchten) nicht konstatiren können. Bemerkenswerth ist jedoch, dass die Kalientnahme trotz Kalizufuhr keine ungewöhnliche war. Erhalten hat die Parzelle 3112,1 g Kali, durch die Ernten wurde weggenommen 677,1, mithin hat eine Kalibereicherung des Bodens um 2435,0 g stattgefunden. Ein Plus von Schwefelsäure ist gleichfalls konstatirt.

Von der Nennung der zahlreichen Versuche mit negativem Erfolg, in denen nur zu häufig die Bedingungen der Exaktheit theilweise oder ganz fehlen, weil sie nicht direkt auf die Prüfung der Alkalienwirkung zielen, muss hier Abstand genommen werden.

Wie beim Hafer, so hat bei der Gerste Lehmann durch Düngung mit Abraumsalz eine Reifebeschleunigung beobachtet. Während nach Schultze[76]) weder durch Abraumsalz noch durch Chilisalpeter eine Ertragssteigerung ermöglicht wurde, trat eine solche durch gleichzeitige Verwendung beider Düngemittel in erheblichem Grade ein. Namentlich zeigte sich der vortheilhafte Einfluss auf den Körnerertrag. Gerste.

[75]) a. a. O.

[76]) a. a. O.

Eine wesentliche Beachtung verdient der Versuch Dettweiler's, über welchen P. Wagner[77]) referirt.

Er möge hier nach der Zusammenstellung Märcker's seinen Platz finden:

Boden: leichter Lehmboden, 1872 Kartoffeln, dann Roggen mit 200 Ctr. Stallmist und 13 kg lösl. Phosphorsäure gedüngt, dann Weizen $2^1/_2$ kg Stickstoff und 13 kg lösl. Phosphorsäure und endlich 1875 Gerste mit folgenden Dungmengen:

Parzelle	Düngung	Gehalt der Düngung Phosphorsäure kg	Kali kg	Stickstoff kg	Ertrag pro ha Stroh kg	Körner kg
1.	Phosphorsäure	12,5	—	—	3042	2238
2.	„ + schwefels. Kali	12,5	13,76	—	3392	2448
3.	„ + Chlorkalium .	12,5	13,76	—	3810	2590
4.	„ + Stickstoff . .	12,5	—	2,5	3954	2866
5.	„ + Stickstoff + schwefels. Kali	12,5	13,76	2,5	3622	2938
6.	„ + Stickstoff + Chlorkalium	12,5	13,76	2,5	3708	3392

Das Resultat dieses Versuches ist sehr wichtig. Schon durch eine neben der Phosphorsäuredüngung erfolgende Zuführung von schwefelsaurem Kali und Chlorkalium wurde sowohl der Körnerertrag wie auch der Strohertrag bedeutend erhöht, und zwar durch Chlorkalium mehr als durch schwefelsaures Kali. Durch eine neben der Phosphorsäuredüngung erfolgende Stickstoffdüngung wurde ein höherer Körnerertrag und auch ein etwas höherer Strohertrag als durch Phosphorsäure und Kalisalz allein erzielt. Endlich aber wurde durch eine gleichzeitige Düngung mit Phosphorsäure, Stickstoff und Kalisalz der höchste Mehrertrag und zwar wiederum zu Gunsten der Chlorkaliumdüngung erzielt, so dass die Körnerernte gegen die reine Phosphorsäuredüngung um 50 % stieg.

Hierbei tritt der Fall ein, dass die Kalisalze mehr auf den Körnerertrag als auf den Strohertrag gewirkt hatten, denn der höchste Strohertrag wurde durch die Düngung mit Phosphorsäure und Stickstoff mit 3954 kg Stroh erreicht, während durch Phosphorsäure und Stickstoff und schwefelsaures Kali nur 3622 kg, durch Phosphorsäure, Stickstoff und Chlorkalium nur 3708 kg Stroh geerntet wurden. Dagegen übertrafen die beiden letzten Düngungen die Phosphorsäure-Stickstoffdüngung um 72 resp. 526 kg Körner.

In Betreff der Heiden'schen Resultate ist schon das bemerkenswerthe vorhin (p. 207) zur Sprache gekommen.

---

[77]) s. Märcker a. a. O. p. 33. Zeitschr. f. d. landw. Ver. d. Grossh. Hessen, 1876, p. 128.

Bei keinen Düngemitteln ist man sich in Betreff der Wirkungsart so einig als bei den kalkhaltigen. Kalkhaltige Düngemittel.

Vergleicht man die Kalkparzellen des Nobbe'schen Düngungsversuches (p. 205), so ist bis zur Evidenz klar, dass der Kalk hier indirekt gewirkt hat. Ueber den thatsächlichen Erfolg des Mergelns und seine schliesslichen Nachtheile ist wohl ein Bericht nicht nothwendig.

Die Kalkdüngung, sei es als Aetzkalk oder phosphorsaurer Kalk, verhält sich nach den Zahlen Heiden's[78]) bei den verschiedenen Fruchtarten in verschiedener Weise. Bei Kartoffeln und Blattfrüchten ist die Wirkung eine energischere als bei den Halmfrüchten, wobei ebenfalls eine Bereicherung des Bodens an Kalk stattgefunden hat. (Vergl. weiter p. 213.)

b) Blattgewächse.

Leguminosen.

Wir haben schon bei den Versuchen von Heiden, Schulz-Lupitz die geringere Wirksamkeit der stickstoffhaltigen Düngemittel auf Leguminosen, wie überhaupt auf Blattfrüchte, zu erwähnen Gelegenheit genommen. Stickstoffhaltig Düngemittel.

Man vergleiche nur die Resultate der Kalkdüngung gegenüber der mit schwefelsaurem Ammoniak, das, wie wir gesehen haben, bei den Halmfrüchten sich als ausgezeichnet erwies.

Es sind dieselben bereits mehrfach genannten Versuche auf dem schweren Thonboden:

a = Körner,
b = Stroh, Spreu und Ueberkehr,
c = Samen von a und b.

		Ungedüngt I.	Ungedüngt II.	12 Pfd. gebrannter Kalk III.	2 Pfd. schwefelsaures Ammoniak IV.
Wicken (nach Hafer)	a	251,661	225,776	339,884	302,616
	b	829,789	866,108	1187,328	977,641
	c	1081,450	1091,884	1521,212	1280,257
Erbsen (nach Roggen)	a	607,130	571,894	480,283	275,783
	b	928,312	948,640	1315,899	907,984
	c	1535,442	1520,534	1796,182	1183,796

[78]) a. a. O.

Wenn aber hier durch einseitige Düngung eine Wirkung nicht zu konstatiren war, so hat doch Wollny[1]) eine nennenswerthe Ertragssteigerung, namentlich durch Düngung mit Peruguanosuperphosphat, mit salpetersaurem Kali bei der Sojabohne erhalten, während Stallmist sich garnicht bewährte. Dieser Versuch Wollnys ist auch darum interressant, weil er als Hauptfaktor für das Gelingen von Düngungsversuchen folgenden Grundsatz aufstellt: Die Wirkung eines Düngemittels unter sonst gleichen Verhältnissen kånn nur dann mit Sicherheit konstatirt werden, wenn der jeder Pflanze zugewiesene Bodenraum so gross gewählt wird, dass sich dieselbe ungehindert von ihren Nachbarn entwickeln kann. Es hatte darum jede Pflanze einen Bodenraum von 812 qcm. Jede Parzelle war 4 qm gross und wurden 3 Wochen vor der Aussaat verschiedene Sorten künstlichen Düngers beigemischt:

Varietät der Bohne	Düngemittel	Düngemittel pro 4 qm	Quantität der Ernte		Qualität der Ernte		Vorfrucht
			Körner g	Stroh g	100 g enthalten Stück	100 Körner wiegen demnach g	
Gelbe Sojabohne	Stalldünger	20 Pfd.	358,2	2000	1130	8,85	Pferdebohnen
	Chlorkalium	57 g	419,3	3439	1172	8,53	
	Schwefelsaures Kali . .	60 „	528,3	2283	1118	8,94	
	Saures phosphorsaures Kali	103 „	421,5	2549	1144	8,74	
	Salpetersaures Kali . . .	77 „	583,6	2033	1150	8,70	
	Schwefelsaures Ammoniak	50 „	512,9	4129	1088	9,18	
	Peruguanosuperphosphat .	200 „	792,0	4360	994	10,06	
	Ungedüngt	—	343,4	2491	1122	8,91	
Braune Sojabohne	Stalldünger	20 Pfd.	524,6	2579	994	10,04	Erbsen
	Chlorkalium	57 g	550,0	2362	1086	9,21	
	Schwefelsaures Kali . .	60 „	644,8	2500	1062	9,41	
	Saures phosphorsaures Kali	103 „	521,6	3233	1082	9,73	
	Salpetersaures Kali . . .	77 „	723,0	3109	984	10,16	
	Schwefelsaures Ammoniak	50 „	644,7	3234	1012	9,88	
	Peruguanosuperphosphat .	200 „	780,9	3255	966	10,35	
	Ungedüngt	— „	440,5	3167	990	10,10	
Lange schwarze Sojabohne	Stalldünger	20 Pfd.	640,3	2581	1048	9,54	Erbsen
	Chlorkalium	57 „	614,9	3035	1034	9,67	
	Schwefelsaures Kali . .	60 „	664,3	3357	998	10,02	
	Saures phosphorsaures Kali	103 „	588,8	3241	1074	9,31	
	Salpetersaures Kali . . .	77 „	748,0	3654	1042	9,59	
	Schwefelsaures Ammoniak	50 „	666,0	3420	1206	8,29	
	Peruguanosuperphosphat .	200 „	750,0	3916	969	10,32	
	Ungedüngt	—	411,4	3409	1003	9,97	

[1]) Zeitschr. d. landw. Ver. in Baiern 1880, p. 678.

Wein[2]) konstatirte im folgenden Versuch mit der Sojabohne, dass auf kalkreichem Boden Chilisalpeter wie schwefelsaures Ammoniak im Verein mit Phosphorsäuredüngung (pro Parzelle 120 g Phosphoritsuperphosphat mit 27 % assimilirbare Phosphorsäure) eine bedeutende Ertragssteigerung bewirkte, wobei der Chilisalpeter das schwefelsaure Ammoniak an Wirkung übertraf:

Parzellen, 3—4 qm gross, humoser Kalksandboden:

No. der Parzelle	Stickstoff-Düngung	Gewicht der Körner g	Gewicht der Hülsen g	Gewicht des Strohes g	Gesammt-Trocken-substanz g	Gesammt-Proteïn-stoffe g
I.	—	381,3	233,0	806,5	1242,75	201,98
II.	20 g Stickstoff in 121,5 g Chilisalpeter	1185,2	478,1	2102,0	3332,44	670,05
III.	20 g Stickstoff in 94,3 g schwefelsauren Ammoniak	944,6	382,0	1621,0	2603,31	574,40

Ein Düngungsversuch von L. Ridolfi[3]) ist hier von Interesse, weil dieser bei der Analyse der Körnerernte fand, dass eine einseitige Stickstoffzufuhr auf den Phosphorsäuregehalt der Bohnenasche fast nachtheilig gewirkt und die Alkalien in derselben vorherrschend wurden.

1. Ernteergebniss:

Düngung	Bohnen l	Bohnen kg	Stroh kg	Gewicht von 1 kg Bohnen kg
No. I. Ungedüngt	2000	1575	2000	78,75
No. II. 100 kg Stickstoff in Form von Ammonsalzen	2540	1524	2244	60,00
No. III. 65 kg Stickstoff und 50 kg Phosphorsäure als Kalksuperphosphat	3060	5204	2700	71,99
No. IV. 200 kg Phosphorsäure als phosphorsaurer Kalk . . .	3200	2860	2757	89,37

[2]) Ebendas. 1880, p. 741.

[3]) Centralbl. f. Agr.-Chem. 1880, p. 153.

100 Theile Bohnen enthielten:

	I.	II.	III.	IV.
Wasser . . .	7,139	8,934	7,300	8,100
Stickstoff . . .	4,275	5,261	5,016	4,603
Asche	3,290	3,353	3,800	3,723

2. Asche der Ernte:

	In den Körnern				Im Stroh			
	I.	II.	III.	IV.	I.	II	III.	IV.
Phosphorsäure . . .	45,448	27,479	42,982	41,388	5,152	3,922	3,984	3,217
Schwefelsäure	6,461	8,228	6,110	5,603	8,574	5,048	5,048	0,162
Chlor	1,280	3,301	4,313	1,641	0,909	1,787	1,737	0,139
Kali und Natron . . .	32,610	45,793	33,335	38,970	49,340	51,249	45,873	36,434
Kalk	5,892	6,588	5,596	5,748	30,249	32,721	33,208	48,335
Magnesia	8,003	8,223	7,177	6,343	0,606	0,580	1,738	3,025
Eisenoxyd	0,036	0,052	0,064	0,095	1,320	1,282	1,402	1,170
Kieselerde	0,475	0,336	0,423	0,212	3,850	7,010	7,010	6,518

Leclerc und Moreau[4]) stellten derart Versuche auf 2 verschiedenen Versuchsfeldern an, dass sie je 4 Parzellen von 7,5 Ar durch eine Reihe von Jahren mit verschiedenen Culturen bestellten. 1. Parzelle ungedüngt, 2. Parzelle mit Stalldünger (alle Nährstoffe), 3. Parzelle mit 40,000 kg Stallmist, dessen Nachwirkung nun durch alle folgenden Jahre festgestellt wurde. Die 4. Parzelle erhielt Stallmist und künstlichen Dünger. Merkwürdiger Weise fielen die Resultate in den 2 ersten Jahren (Kartoffeln, Hafer) zu Gunsten der Stalldungparzelle aus, während für Klee und Hafer (im 3. Jahr, resp. im 4. Jahr) die Kunstdünger zur erhöhteren Wirkung gelangten.

Des interessanten Wiesendüngungsversuches von Lawes und Gilbert, bei welchen sich herausstellte, dass einseitige Stickstoffdüngung das Gedeihen der Gräser, die einseitige Mineraldüngung das der Leguminosen bevorzugte, ist bereits gedacht worden (Seite 179).

Ihre Versuche mit Leguminosen[5]), Bohnen abwechselnd mit Weizen, hatten in späteren Jahren durch Ueberhandnehmen des Unkrautes sehr gelitten. Immerhin zeigte sich im ersten Jahre der geringe Einfluss der Ammoniaksalze, ungeachtet, dass eine Leguminosenernte 2, 3 und mehrmal soviel Stickstoff enthält, als eine unter gleichen Boden- und

---

[4]) Journal d'agriculture practique 1879, p. 666 u. Jahrb. f. Agr.-Chem. 1879, p. 293.

[5]) Behrend: Die Resultate der Lawes u. Gilbert'schen Felddüngungsversuche, p. 442.

anderen Bedingungen gewachsene Halmfruchternte. In Betreff des anderen Versuches formuliren Lawes und Gilbert die Resultate in folgender kurzen Notiz:

„Beim abwechselnden Anbau von Weizen und Bohnen ist das bemerkenswerthe Resultat erhalten worden, dass beinahe ebensoviel Weizen und beinahe ebensoviel Stickstoff in 8 Weizenernten, die durch die stark stickstoffhaltigen Bohnen unterbrochen waren, erzeugt wurde, als in 16 aufeinander folgenden Weizenernten ohne Düngung auf einem andern Felde, und dass auf einem 3. Felde, wo Weizen und Brache abwechselte, beinahe ebensoviel in 8 Weizenernten erhalten wurde."

Phosphorsäurehaltige Düngemittel.

In Betreff der phosphorsäurehaltigen Düngemittel ist nur wenig zu berichten.

Die Wirkung derselben ist wohl auch von der Bedüngung und der Form der Phosphorsäure abhängig. Indessen hat nach den Rudolf'schen[6]) Versuchsergebnissen bei der Ackerbohne eine einseitige Phosphorsäuredüngung gegenüber der einseitigen Stickstoffdüngung eine nicht unerhebliche Ertragssteigerung hervorgerufen. (Siehe p. 211 die Ertragstabelle und die Tabelle des Aschengehaltes und Wollnys Versuch.) In Betreff der Form der Phosphorsäure verweise ich auf p. 186. Der Kastenversuch von Wein[7]) an Erbsen, aus welchem resultirt, dass die Wirksamkeit der verschiedenen Phosphate der Reihenfolge nach im umgekehrten Verhältniss steht zu dem Schwefelsäuregehalt und die wasserlösliche der zurückgegangenen Phosphorsäure nachsteht, ist durch Wetterungunst getrübt. Vielleicht dürften auch über die Versuchsweise einige Bedenken geltend gemacht werden können.

Auch die Heiden'schen Versuche[8]) mit einseitiger Phosphorsäure, d. h. mit phosphorsaurem Kalk, zeigen im Vergleich zu ungedüngt und der Kalkdüngung, eine erhöhtere Wirksamkeit bei den Leguminosen, gegenüber den Halmfrüchten:

		Ungedüngt II.	Aetzkalk III.	Phosphors. Kalk V.
1869	Hafer Gesammternte	394,362	596,966	378,101
1870	„ „	55,429	103,537	58,816
1871	„ „	93,507	334,734	103,130
1872	Wicken „	1091,884	1521,212	1488,145
1873	Roggen „	453,992	901,209	705,382

---

[6]) a. a. O.

[7]) Landw. Jahrb. 1880, p. 629.

[8]) a. a. O.

	Ungedüngt II.	Aetzkalk III.	Phosphors. Kalk V.
1874 Klee Gesammternte	2798,704	3460,071	2330,565
1875 Roggen „	721,644	964,354	841,579
1876 Erbsen „	1520,534	1796,182	1665,541
1877 Roggen „	389,213	608,349	773,547
1878 Kartoffeln „	1381,008	1958,349	2276,843

Kali- und kalkhaltige Düngemittel.

Vergleicht man die Zahlen Heidens, die eine günstige Wirkung der Kalidüngung bei den Halmfrüchten, speziell Hafer, nicht ergeben, mit den Wirkungen desselben Salzes bei Erbsen und Wicken:

		Wicken (1872 nach Hafer)	Erbsen (1876 nach Roggen)
Ungedüngt	a Körner	225,776	571,894
	b Stroh, Spreu u. Ueberkehr	866,108	948,640
	Sa.	1091,884	1520,534
Mit 2 Pfd. schwefels. Kali gedüngt	a) wie oben . . .	364,820	673,534
	b) wie oben . . .	961,243	1199,210
	Sa.	1326,063	1822,744

so zeigt sich deutlich nicht allein die grössere Dankbarkeit der Leguminosen im Vergleich zu den Halmfrüchten gegenüber der Kalidüngung, sondern überhaupt eine nennenswerthe Ertragserhöhung durch dieselbe.

Die ausserordentlichen Schulz'schen Ertragsresultate der Kainitdüngung auf leichtem Boden zu Lupinen sind bereits betont worden (siehe Seite 180). Diese Düngung ist ja die Grundlage nicht allein der Cultur der Lupinen, sondern überhaupt des besprochenen Systems. Wir haben gesehen, dass die chemische wie physikalische Aufbesserung des Sandbodens durch den kohlensauren Kalk (Mergel) nicht im Stande war, die Erträge dauernd zu erhalten, dass aber die Mergelkrankheit der Lupine durch eine Düngung mit 3—5 Ctr. Kalisalze (Stassfurter) derart behoben wurde, dass die bedeutende Ertragssteigerung noch bis auf den heutigen Tag anhält.

Aber auch Fittbogens[9]) Versuche mit Lupinen auf einem hochgelegenen fast reinen Sandboden haben die grosse Bedeutsamkeit der Kalidüngung erwiesen.

Er erhielt folgende Erträge[10]):

1. Ungedüngt . . . . 60,2 Pfd. pr. 25 Ar,
2. Einseitige Kalidüngung . . . . 110,6 „ „ 25 „
3. Kali und Kalk . . . . 114,1 „ „ 25 „
4. Kali, Phosphorsäure und Stickstoff 88,0 „ „ 25 „

---

9) Landw. Jahrb. V. Bd., p. 803.

10) Nach Märker: Die Kalisalze, p. 41.

die geradezu die einseitige Anwendung der Kalisalze empfehlen. Nach diesen Resultaten nimmt die Lupine durch ihre Ernährungseigenthümlichkeit einen besonderen Platz unter den Culturpflanzen ein. (Vergleiche pag. 77.)

Die von Lehmann[11]) angestellten Versuche mit Stassfurter Abraumsalzen und einer Beigabe von Kalk, zeichnen sich durch interessante Vegetationsbeobachtungen aus. Während, nach gleichzeitigem Aufgehen der Saat, die Erbsen der ungedüngten Parzellen stets dürftiger und von Rost angegriffen wurden, zeichneten sich die der gedüngten Parzelle durch ein lebhaftes Grün und Gedeihen aus, und war Rost weniger zu bemerken. Im Unterschiede mit der früher erwähnten Reifebeschleunigung bei Hafer und Gerste (vergleiche Seite 206) dauerte die Vegetations- und Blüthezeit nur 8—10 Tage länger, wobei das Feld der ungedüngten durch Ackerspögel und Hederich stark verunkrauteten Parzelle, unkrautfrei wurde.

Er erhielt durch die Doppeldüngung (300 Pfd. Abraumsalz und 50 Pfd. Kalk) gegenüber der Nichtdüngung folgende Mehrerträge:

1. Keine Vordüngung: 159 Körner und 560 Stroh,
2. Vordüngung vor 3 Jahren von 6 Ctr. Peruguano: 120 Körner und 60 Stroh,
3. Vordüngung vor 3 Jahren von 8 Ctr. Knochenmehl: 320 Körner und 1120 Stroh.

Hierdurch wird, wie schon anderweit zu konstatiren Gelegenheit genommen wurde, neben der thatsächlich guten Wirkung der Kalisalze zu den Leguminosen der Nutzen der Kalkbeidüngung illustrirt.

Klee.

Bei Klee liess die Methode des kontinuirlichen Anbaues die Versuchsansteller Lawes und Gilbert, die bei den Cerealien und Blattfrüchten so dankenswerthe Resultate in Betreff der Anwendung der Düngemittel erhielten, vollends in Stich. Nach wiederholten Versuchen, den Anbau dauernd zu erzwingen, mussten sie sich dazu verstehen, die Kleemüdigkeit zu statuiren. Denn diese bekannte Erscheinung ist es, die die Lawes und Gilbert'schen Absichten durchkreuzte. **Stickstoffhaltig[e] Düngemittel.**

Wir wissen aus den meisterhaften Untersuchungen J. Kühns[12]), dass die Liebig'sche Ansicht, die Müdigkeit des Bodens für Rüben und Klee sei einzig und allein auf eine Erschöpfung des Untergrundes an den mineralischen Nährstoffen zurückzuführen, nicht in allen Fällen stichhaltig **Kleemüdigke[it].**

[11]) Ebendas. p. 35.

[12]) Berichte des landw. Instituts zu Halle a. S.

sein kann, indem für erstere der thierische Parasit, die Nematode, als Rübenmüdigkeitsursache festgestellt wurde, — deren Beseitigung durch die geistreiche Idee der Ansaat von Fangpflanzen (Gartenkohl, Kohlsorten mit Gartenkressen) vollständig gelungen ist, — für letztere in der That ebenfalls in manchen Fällen das Auftreten thierischer wie pflanzlicher Parasiten als Müdigkeitsursache konstatirt werden konnte.

Es würde zu weit führen, hier auf diese methodisch so äusserst exakten Untersuchungen einzugehen.

Es sei nur kurz erwähnt, dass nach Lawes und Gilbert für wirklich kleemüdes Land (in anderen Fällen kann häufig die Kleeernte durch die Anwendung von Düngung, welche Kali und Phosphorsäure enthält, erhöht werden) keine Düngung, welcher Art sie auch sei, ein Hülfsmittel abgeben könne.

Euglings[13]) Düngungsversuche mit Peruguano und Ammoniaksuperphosphat auf 2 Parzellen, ca. 4 qm gross, die eine Kopfdüngung von 18 g Stickstoff und 20 g Phosphorsäure und 6 g Kali erhielten, ergaben folgenden Ernte- und Erntequalitätsertrag:

I. Parzelle.

Düngung: Guano und schwefelsaures Kali.

Jahr	Ertrag	Zusammensetzung							
		Wasser		Trocken-substanz		Rohfaser		Verdauliche Nährstoffe	
	g	g	%	g	%	g	%	g	%
1876	2215	290	13,1	1925	86,9	496	22,4	1429	64,5
1877	2715	391	14,2	2364	85,8	667	24,2	1697	61,6

II. Parzelle.

Düngung: Knochenaschesuperphosphat, schwefelsaures Ammonium und schwefelsaures Kali.

Jahr	Ertrag	Zusammensetzung							
		Wasser		Trocken-substanz		Rohfaser		Verdauliche Nährstoffe	
	g	g	%	g	%	g	%	g	%
1876	2340	314	13,4	2026	86,6	615	26,3	1411	60,3
1877	2530	351	14,2	2171	85,8	794	31,4	1377	54,4

Der Guano hat demnach, dem schwefelsauren Ammoniak gegenüber, in beiden Jahren die Menge der verdaulichen Nährstoffe erhöht, sowohl

[13]) Centralbl. f. Agr.-Chem. 1878, p. 434.

in der quantitativ ärmeren wie reicheren Ernte, und den Gehalt an Kohlehydraten deprimirt, somit, wenn auch nur im 2. Jahre, die Ernte gesteigert und ihren Futterwerth bedeutend erhöht.

Dass das Ammoniak ein strohiges Heu geliefert hat, ist eine Beobachtung, die von den praktischen Landwirthen bestätigt wird, wenn sie über Geilstellen (durch Stickstoffreichthum bedingte, durch die blasse Farbe und durch formale Veränderungen der Pflanzen charakterisirte Stellen der Saat) zu klagen haben.

Von den Versuchen A. Völkers[14]) ist der erste mit Kleegras (Klee und italienisches Raygras) und nach Gerste auf Parzellen von $^1/_{20}$ Acker Grösse recht instruktiv. Es kommen hier die heterogenen Wirkungen der verschiedenen Düngemittel in hübscher Weise zu Tage und zwar auf verschiedenen Versuchsfeldern, von denen der erste prägnante aber freilich mit den anderen nicht übereinstimmende Vegetationsbilder giebt. Es möge hier über den ersten Versuch zu Eserek Park 1867 referirt werden.

Auf einem leichten armen Sandboden:

Gewicht des frischen Kleegrases.

Düngung pro $^1/_{20}$ Acker	Pfd.	pro $^1/_{20}$ Acker 1. Schnitt Pfd.	2. Schnitt Pfd.	Total-Ernte Pfd.
1. Salpetersaures Natron . .	$22^1/_2$	959	231	1190
2. Schwefelsaures Ammoniak	$22^1/_2$	1176	269	1445
3. Mineral-Superphosphat . .	$22^1/_2$	630	289	919
4. Gewöhnliches Salz . . .	$22^1/_2$	632	287	919
5. Ungedüngt	—	614	312	926
6. Chlorkalium	$22^1/_2$	721	378	1099
7. Schwefelsaures Kali . . .	$22^1/_2$	600	287	887
8. Schwefelsaurer Kalk . . .	112	499	283	782
9. Mineral-Superphosphat . .	$22^1/_2$	1220	224	1444
Salpetersaures Natron . .	$22^1/_2$			
10. Mineral-Superphosphat . .	$22^1/_2$	1008	534	1542
Chlorkalium	$22^1/_2$			
11. Ungedüngt	—	689	310	999

Hier greifen wir zunächst die Parzellen 1 und 9 und 2 heraus und bemerken die günstige Wirkung des schwefelsauren Ammoniaks wie des Salpeters auf den Totalertrag. Aber beide Düngemittel ergaben verschiedene Quantitätsernten. In den Salpeterparzellen war das Wachsthum des Grases ein so üppiges, dass der Klee völlig unterdrückt wurde. Das Gras wurde gross und wenig besser als gutes Haferstroh.

---

[14]) Journ. of the Royal Agric. Soc. of Engl. 1869, p. 73 u. Jahrb. f. Agr.-Chem. XI u. XII, p. 464.

In der schwefelsauren Ammoniakparzelle war ebenfalls das Gras vorherrschend, der vorhandene Klee aber kräftig.

Phosphorsäurehaltige Düngemittel.

Bei der Superphosphatparzelle war Raygras gut, der Klee dagegen dünn, sehr schwach und viel mit Mehlthau überzogen!

Im Verein mit Chlorkalium ist durch Superphosphat die beste Heu-Quantität und -Qualität erzielt worden.

In seinem zweiten Versuch zu Tubney-Warren auf einem ebenfalls leichten und armen, jedoch in besserem Culturzustande befindlichen Boden, der vor der Gerste mit Stallmist und 3 Ctr. Superphosphat gedüngte schwedische Rüben trug, brachte die Düngung mit Phosphorsäure eine bedeutende Ertragserhöhung hervor.

Kalkhaltige Düngemittel.

Die grössten Düngungserfolge zu Klee haben wir bei Anwendung von Kalk und Kalisalzen zu verzeichnen. Die ausgezeichnete Wirkung des Kalks, wobei sich der Aetzkalk noch um vieles mehr bewährte als der phosphorsaure Kalk, kommt in den Versuchen Heidens (Tabelle auf pag. 214) auf schwerem Thonboden deutlich zum Ausdruck (1874 Klee), wobei zugleich ersichtlich ist, dass nach ihm auf der ungedüngten Parzelle der Roggen einen fast doppelt höheren Ertrag gab.

Ein anderer Versuch desselben Forschers im Verein mit Brunner[15]) auf Granitverwitterungs-Lehmboden ergab dagegen in Betreff des Gypsens ein völlig negatives Resultat in quantitativer Beziehung. Die Analyse der Ernte zeigte jedoch sowohl in der Trockensubstanz wie in der Asche eine faktische Erhöhung gerade an den werthvollsten Bestandtheilen; somit eine deutliche Werthvermehrung des Klees als Futtermittel.

Diesem Resultate steht jedoch das von A. Pesqualini[16]) entgegen. Derselbe entnahm die Ernte in 3 Stadien und erzielte auf dem

ungedüngten Stück 42 kg Kleeheu,
dem gedüngten 55 „ „

was, da die Versuchsstücke 100 qm gross waren, einem Mehrertrag von 1300 kg pr. ha auf der gedüngten Parzelle entspricht. Neben dieser quantitativen Steigerung konnte der Versuchsansteller aber keine qualitative Verbesserung des Heus konstatiren, indem das Gypsen die Zusammensetzung kaum um $^1/_{10}$ % modifizirt hatte.

Völker hat bei Gypsdüngung die schlechteste Ernte erhalten (siehe Tab. pag. 217), und das Raygras stand dünn und nur spärlich.

Ein vergleichender Versuch von Heinrich[17]) auf einem Boden, der fast Flugsand war, mit Gyps und schwefelsaurem Kali, die zu 200 Kilo im

---

[15]) Nach Centralbl. f. Agr.-Chem. Bd. II, p. 261.

[16]) Nach Jahrb. f. Agr.-Chem. 1878, p. 433.

[17]) Landw. Jahrb. I. Bd., p. 397 und Centralbl. f. Agr.-Chem. III. Bd., 1872, p. 79.

Mai als Kopfdüngung gegeben wurden, hatte in 2 Schnitten bei Rothklee und Thimothee folgende Ernten ergeben:

	p. ha lufttrocken	Trockenfutter
I. Gyps	4115	3305
II. Ungedüngt . . .	3474	2800
III. Schwefelsaures Kali	4453	3544

also eine bedeutende Ertragssteigerung, wobei der Gyps sich auf Klee, das schwefelsaure Kali auf das Gras sehr wirksam zeigte.

Heinrich sortirte sorgfältig die Pflanzen und fand im Gegensatz zu Pasqualini und in Uebereinstimmung mit den Resultaten Heidens, dass der Gyps die Stengelbildung des Klees anregte, ohne dabei eine Abnahme der Blätter zu verursachen; es zeigte sich gegenüber den ungedüngten Pflanzen ein Gewinn:

	an Blättern	an Stengeln
Schwefelsaures Kali	— 8	+ 86
Gyps	+ 32	+ 436

wobei die Analyse ergab, dass der Gyps in Folge der Zunahme an Protein, Kali, Kalk, Schwefelsäure, Phosphorsäure, Chlor, also durch seine Bestandtheile ernährend, und durch seine Ammoniak bindende Kraft gewirkt hat.

Die Zunahme der Proteinkörper durch Gypsdüngung hat schon Pincus, Ritthausen, Lucanus konstatirt.

In den eben besprochenen Versuchen hat nach Heinrich, wie erwähnt wurde und aus der Tabelle ersichtlich ist, das schwefelsaure Kali eine noch grössere Ertragssteigerung zur Folge als der Kalk und zwar hauptsächlich das Raygras begünstigt. Durch das Salz war eine erhöhte Aufnahme der Mineralstoffe, Schwefelsäure, Magnesia, Phosphorsäure, beeinflusst worden, was für die indirekte Wirkung der Kalisalze spricht. **Kalihaltige Düngemittel**

In noch bedeutenderer Weise tritt die günstige Wirkung in dem besprochenen ersten Versuch von Völker hervor (siehe Tabelle auf Seite 217). Hier wie auch in anderen 3 nicht referirten Versuchen bewährte sich das Chlorkalium besser als das schwefelsaure Kali.

Nach folgender Tabelle des Versuches von Henneberg[18]) auf in guter Cultur befindlichem lehmigen Kalkboden, der leider im Versuchsfeld nicht von gleicher Beschaffenheit war:

1.	Superphosphat, Kalisalz, Chilisalpeter	74,2	Pfd. Heu
2.	do. Kalisalz	50,9	„ „
6.	Kalisalz	51,9	„ „
8.	Ungedüngt	47,7	„ „

[18]) Journ. f. Landw., 1872, Bd. 48, p. 1.

hat überall, selbst auf Stellen ungleichmässiger Bodenbeschaffenheit, das Fehlen des Chlorkaliums eine Veränderung der Erträge zur Folge gehabt.

In der Parzelle 5 (Kalisalz und Chilisalpeter) rührt der geringe Ertrag von Fehlstellen her.

Ausserdem sprechen noch zu Gunsten der Kalianwendung die Versuche von Lehmann[19]) auf Lehmboden.

---

c) Hackfrüchte.

Kartoffeln.

Stickstoff- und phosphorsäure-haltige Düngemittel.

Da wir die ausgedehntesten Versuche über diese Feldfrucht Märcker zu verdanken haben, so mögen hier zunächst die Versuche dieses rührigen Versuchsanstellers besprochen werden.

Es sind folgende Wirthschaften mit folgenden Bodenbeschaffenheiten, die hier für die Versuche zur Verwendung kamen:

1. Emmersleben (Herr F. Heine), tiefgründiger humoser Lehmboden.
2. Schlanstedt (Herr W. Rimpau), bester Diluviallehmmergel.
3. Niemberg (Herr Weste), milder humoser Lehmboden.
4. Westerregeln (Herr Wessling), Diluviallehmmergel.
5. Calvörde (Herr C. Vibrans), guter Kies mit Grundwasser bei 1 m Tiefe und humoser Krume.
6. Rohlau bei Warlubien in Westpreussen (Herr H. Märcker), leichter Lehmboden.
7. Röderhof bei Halberstadt (Herr F. Hahn), Muschelkalk.
8. Siegersleben bei Helmstedt (Herr Oesterreich), humoser Lehmboden.
9. Warmsdorf bei Stassfurt (Herr Wagner), humoser Lehmboden.

Jede Wirthschaft operirte mit 10—11 langgestreckten Parzellen von 1 preussischen Morgen. Drei von diesen blieben ungedüngt, während den anderen die verschiedenen entweder einseitigen Düngemittel oder Düngergemische zugeführt wurden. In den meisten Wirthschaften wurde der Boden einer mechanischen Analyse unterworfen und Witterungsbeobachtungen angestellt.

Im Jahre 1876 brachten die künstlichen Düngemittel, nachdem der Erfolg im Jahre 1875 in Folge des an sich hohen Ertrages der ungedüngten Parzelle nicht so deutlich zur Perzeption kam, folgende Ertragsrelationen gegenüber den ungedüngten Parzellen:

---

[19]) Annalen d. Landw. 1868, p. 85.

kg	Düngung	Phosphorsäure kg	Stickstoff kg	Kartoffeln mehr oder weniger pro ha (—) Schlanstedt kg	Niemberg kg	Emersleben kg	Siegersleben kg	Mittel ohne Schlanstedt kg	Stärke mehr oder weniger pro ha (—) Schlanstedt kg	Niemberg kg	Emersleben kg	Siegersleben kg	Mittel ohne Schlanstedt kg
200	Chilisalpeter	—	30	1007	216	1047	3332	1565	275,4	— 76,3	181,5	699,1	268,1
100	„	—	15	—1353	1725	2106	1764	1865	—306,7	444,5	216,0	960,4	340,3
150	Schwefelsaures Ammoniak	—	30	— 239	1609	1126	3528	2084	104,0	416,9	402,4	840,8	553,4
75	„ „	—	15	— 772	432	654	1372	819	24,9	169,5	288,0	182,1	213,2
400	Baker-Superphosphat	80	—	1860	1078	28	2156	1084	740,7	120,2	—17,6	507,4	203,3
200	„ „	40	—	733	863	—325	588	375	448,8	239,3	—44,2	158,5	117,9
400	Ammon-Superphosphat	36	36	—1351	3450	1302	3332	2695	—135,5	564,0	383,9	379,2	442,4
400	Aufgeschlossener Guano	36	36	— 565	—	1381	2352	1867	—144,4	—	300,4	644,2	314,9
220 180	Chilisalpeter Baker-Superphosphat	36	36	—1098	1510	1773	2156	1813	—167,5	480,7	392,5	507,4	460,2
400	Ammoniak-Superphosphat	24	24	249	1725	832	1764	1440	116,7	437,4	231,2	446,7	371,8
266,7 133,3	Aufgeschlossener Guano Baker-Superphosphat	24	24	149	—	597	1764	1181	2,7	—	175,3	619,1	364,8
150 250	Chilisalpeter Baker-Superphosphat	24	24	343	2372	1851	1568	1930	99,0	726,8	410,8	398,6	512,1
200	Ammon- „	18	18	721	1294	499	196	663	254,6	290,2	191,2	—47,3	144,7
200	Aufgeschlossener Guano	18	18	163	—	695	3362	3029	— 6,8	—	337,3	510,9	424,1
120 90	Chilisalpeter Baker-Superphosphat	18	18	— 653	2156	11	392	846	—198,1	456,5	164,4	189,9	270,3
200	Ammon- „	12	12	1105	2156	87	1764	1336	297,3	311,7	92,3	412,2	272,1
133,3 66,7	Aufgeschlossener Guano Baker-Superphosphat	12	12	— 588	—	1028	1960	1494	149,1	—	177,1	547,0	241,4
75 125	Chilisalpeter Baker-Superphosphat	12	12	—1215	1510	910	1568	996	364,4	96,4	249,8	398,6	248,3
400	Fischguano	32	52	825	863	1361	588	837	13,3	239,3	49,9	78,2	122,5
200	„	16	26	665	431	969	—	176	—165,0	—146,2	103,1	93,9	—45,7

Tabelle 1a. Rittergut Ermersleben.

Ertrag der drei mit 40000 kg Stalldünger pro ha gedüngten Parzellen pro ha. (Blassrothe Kartoffel.)
1) 25520 kg à 31,96 % Stärke = 4804,16 kg Stärke
2) 24760 „ à 22,40 „ „ = 5546,23 „ „
3) 23240 „ à 22,83 „ „ = 5305,68 „ „

Mittel 24480 kg à 22,40 % Stärke = 5218,7 kg Stärke

Laufende No.	Düngung ausser 40000 kg Stalldünger pro ha	kg Kartoffeln pro ha	Stärkegehalt der Kartoffeln %	kg Stärke pro ha	Mehr gegen ungedüngt: Kartoffeln kg	Mehr gegen ungedüngt: Stärke kg	In der Düngung: Stickstoff kg	In der Düngung: Phosphorsäure kg
1	200 kg Chilisalpeter . 200 „ Baker-Guano-Superphosphat .	28980	21,96	6364,0	4500	1145	30	40
2	200 „ Chilisalpeter .	27680	22,83	6319,36	3200	1100	30	—
3	400 „ Baker-Guano-Superphosphat .	28600	21,96	6218,56	4120	1061	—	80
4	150 „ schwefelsaures Ammoniak . . 150 „ Baker-Guano-Superphosphat .	25360	22,40	5680,64	880	461	30	30
5	100 „ schwefelsaures Ammoniak . . 100 „ Baker-Guano-Superphosphat . 100 „ Chilisalpeter .	27600	22,83	6182,40	3120	963	35	20

Tabelle 1b. Rittergut Ermersleben.

1	120 kg Chilisalpeter .	21400	20,65	4419,12	1640	253	18	—
2	200 „ Baker-Guano-Superphosphat .	18460	21,08	3891,36	-1300	—275	—	40
3	120 „ Chilisalpeter . 200 „ Baker-Guano-Superphosphat .	20560	21,08	4334,04	800	168	18	40
4	240 „ Chilisalpeter .	21820	20,32	4433,80	2060	268	36	—
5	400 „ Baker-Guano-Superphosphat .	19820	20,01	3966,00	61	—200	—	80
6	240 „ Chilisalpeter . 400 „ Baker-Guano-Superphosphat .	24500	20,01	4902,44	4740	735	36	80
7	400 „ Chilisalpeter .	25060	20,32	5092,20	5300	926	60	—

Ertrag der drei ungedüngten Parzellen pro ha. (Weisse Dolmocher Kartoffel.)
1) 18620 kg à 21,08 % Stärke = 3925,08 kg Stärke
2) 18060 „ à 21,52 „ „ = 3929,56 „ „
3) 22400 „ à 20,73 „ „ = 4643,52 „ „

Mittel 19760 kg à 21,11 % Stärke = 4166,05 kg Stärke

Es kommt die Wirkung der stickstoffhaltigen Düngemittel und vornehmlich des Chilisalpeters, zum deutlichen Ausdruck. Es werden auf diese Weise die vorjährigen Versuche Pagel's auf denselben Wirthschaften, (mit Ausnahme von 9), bestätigt. Seine Resultate fasste Pagel in folgende Punkte zusammen:

1. Reichliche Stickstoffdüngung, zuweilen sogar blosse Stickstoffdüngung liefert die höchsten Erträge.

2. Bei reiner Stickstoffdüngung übertrifft der Chilisalpeter das schwefelsaure Ammoniak.

3. Reiner Phosphatdung ist nicht zu empfehlen.

4. Bei Mischungen von Superphosphaten mit Chilisalpeter und schwefelsaurem Ammoniak ist ein Unterschied in der Wirkung des Stickstoffs nicht wahrzunehmen. In Betreff des Verhältnisses von Stickstoff und Phosphorsäure ist ein solches von 1 : 1 dem von 1 : 2 vorzuziehen.

Im Jahre 1877 traten die Versuchsresultate durch Märcker noch prägnanter zu Tage.

Der vorigen Tabelle — sie mag zugleich die Versuchsführung auf einer Wirthschaft illustriren[1]) — bei welcher für das Studium der Stallmistdüngung und künstlichen Düngung die ungedüngten Parzellen durch Stallmistparzellen in der Düngungsstärke von 40000 Kilo pro Hektar ersetzt wurden, lassen sich folgende auch für alle übrigen Wirthschaften stichhaltige Schlüsse ziehen:

Es wird hierdurch wieder bestätigt, dass eine einseitige Zufuhr von löslicher Phosphorsäure für Kartoffeln ohne Erfolg blieb, dass reichliche Stickstoffdüngung, oft sogar dessen einseitige Verwendung die höchsten Erträge gab, wobei der Chilisalpeter die grösste Mehrproduktion bewirkte.

Worauf aber hier besonders Gewicht zu legen ist: Eine erhebliche Qualitätsverschlechterung der Kartoffeln durch die eine gewisse Grenze nicht überschreitende einseitige Stickstoffdüngung ist nicht eingetreten.

Der Unterschied im Stärkegehalt bei 120 kg und 400 kg Chilisalpeter betrug nur 0,33 %.

Aus dieser Tabelle, wie aus folgender Gesammtzusammenstellung:

	Mehrertrag an Kartoffeln	Mehrertrag an Stärke	
200 kg Chilisalpeter u. 200 kg Bakerguano	4500 kg	1145 kg	(Emersleben),
400 „ Bakerguano	4120 „	1061 „	„
200 „ Ammon-Superphosphat u. 100 kg Chilisalpeter	3687 „	699 „	(Calvörde),

[1]) Es ist hier ohne Wahl (Tab. 1a u. 1b) das Rittergut Emersleben herausgegriffen.

	Mehrertrag an Kartoffeln	Mehrertrag an Stärke	
200 „ Chilisalpeter	3200 „	1100 „	(Emersleben),
100 „ Chilisalpeter u. 100 kg Bakerguano u. 100 kg Ammonsulphat . .	3120 „	963 „	„
200 „ Chilisalpeter u. 200 kg Bakerguano	2785 „	520 „	(Rohlau),
100 „ „ u. 200 „ Ammon-Superphosphat	2580 „	543 „	(Niemberg),
400 „ Bakerguano	2427 „	433 „	(Calvörde),
200 „ Chilisalpeter	2380 „	49 „	(Röderhof),
200 „ „ u. 200 kg Bakerguano	2175 „	373 „	(Schlanstedt),
400 „ Ammon-Superphosphat	2087 „	504 „	(Calvörde),

ist aber in Betreff der Anwendung der künstlichen Düngemittel neben dem Stalldünger folgendes zu ersehen:

1. Der Nutzen einer einseitigen Stickstoffdüngung zu Stalldünger tritt zurück, da letzterer schon auf 1 Theil Phosphorsäure 2 Theile Stickstoff enthält.

2. Stickstoffdünger neben Stallmist schädigt sogar unter ungünstigen Verhältnissen den Stärkemehlgehalt der Kartoffeln.

3. Dagegen lässt sich aus vorliegenden Versuchen ein Einfluss auf das Hervortreten der Kartoffelkrankheit nicht ableiten.

4. Neben Stallmist vermag Phosphorsäurebeigabe immer noch eine günstige Wirkung zu äussern, während sie einseitig gegeben ohne Wirkung ist.

5. Eine Beigabe von Stickstoff in künstlichen Düngern neben löslicher Phosphorsäure ist trotz starker Stallmistdüngung von noch merklichem Einfluss.

In Betreff der Rentabilität hat laut nachstehender Tabelle der Chilisalpeter die höchste Rente ergeben. Berücksichtigt man ferner, dass auch noch durch andere Düngemittel mehr oder weniger hohe Renten erzielt wurden, so ist der Schluss berechtigt, dass die richtige Verwendung von künstlichen Düngemitteln unter Umständen auch neben Stalldünger rentabel sein kann.

Auch die Düngungsversuche von Fittbogen[2]) auf seit 3 Jahren nicht gedüngtem Sandboden mit kiesigem Untergrund ergaben — Superphosphat allein hatte keine Wirkung, während einseitige Chilisalpeterdüngung sehr gut wirkte — ein gleiches Resultat. Doch ist durch den Chilisalpeter die Trockensubstanz der Knollen, wohl in Folge seiner reifeverzögernden Wir-

[2]) Centralbl. f. Agr.-Chem. 1880, p. 712.

kung um ca. 2 % herabgedrückt worden, während eine gleichzeitige Düngung von Stickstoff und Phosphorsäure den Trockensubstanzgehalt wesentlich erhöht hat.

Versuchsfläche und Düngung	Wenn der Preis des Chilisalpeters 24 M. und				Wenn der Preis des Chilisalpeters 36 M. und			
	100 kg Kartoffeln zu		1 kg Stärke zu		100 kg Kartoffeln zu		1 kg Stärke zu	
	3 M.	5 M.	0,15 M.	0,25 M.	3 M.	5 M.	0,15 M.	0,25 M.
	M.	M.	M.	M.	M.	M.	M.	M.
Emersleben, 200 kg Chilisalpeter, 200 kg Bakerguano	56	146	93	207	32	122	69	183
200 kg Chilisalpeter .	48	112	117	227	24	88	93	203
400 „ Bakerguano-Superphosphat . . .	62	144	97	203	62	144	97	203
200 kg Ammon-Superphosphat und 100 kg Chilisalpeter . . .	10	73	61	157	—	61	49	145
Niemberg, 200 kg Ammon-Superphosphat u. 100 kg Chilisalpeter .	—	50	3	57	—	38	—	45
Siegersleben, 200 kg Chilisalpeter . . .	—	22	73	154	—	—	49	130
Westeregeln, 200 kg Chilisalpeter . . .	8	31	4	39	—	7	—	15
Rohlau, 200 kg Chilisalpeter und 200 kg Bakerguanophosphat .	5	60	—	14	—	36	—	—
Röderhof, 200 kg Chilisalpeter	23	71	—	—	—	47	—	—
Calvörde, 200 kg Ammon-Superphosphat u. 100 kg Chilisalpeter .	32	105	26	96	20	93	14	84
400 „ Bakerguano-Superphosphat . . .	11	59	3	46	11	59	3	46

Ebenso erhielt Guradze [3]) auf einem lehmigen, frischen, früher gekalkten Sandboden durch Chilisalpeter die besten Erträge, denen die durch schwefelsaures Ammoniak bedeutend nachstanden. Der salpetersaure Kalk konnte auf diesem Boden auf alle Nährstoffe lösend wirken, während die Ammoniakdüngung die Bildung von kohlensaurem Ammoniak, das bei Anwesenheit von Kalk leicht flüchtig wird, begünstigt haben dürfte. Als die rentabelste Düngung hat sich jedoch, wie leicht erklärlich, ein Düngergemisch erwiesen, das Phosphorsäure, Stickstoff und Kali enthielt.

[3]) „Landwirth", II. Jahrg., 1878, p. 105, nach Centralbl. f. Agr.-Chem. 1876, p. 84.

Wenn nach den Versuchen von Risler[4]) sich das schwefelsaure Ammoniak besser bezahlt gemacht hat als die Salpetersalze, so kann das Resultat sicher nur für die Lokalität (thoniges Plateau aus der Eiszeit, in ausgesogenem Zustand) von Giltigkeit sein.

Aus den Versuchen Grouven's[5]) in klimatisch verschiedenen Gegenden auf mageren Böden lässt sich ein Schluss über die Wirksamkeit der Düngemittel mit Sicherheit nicht ziehen, weil jede Parzelle einseitig verschieden gedüngt ist und der Gesammtertrag, also der Einfluss des Düngens nicht einfach durch Summirung festgestellt werden kann, wie dies in der That Grouven thut. Relativ am besten wirkte Rohguano und aufgeschlossener Guano. Stickstoff und Phosphorsäure in Form von aufgeschlossenem Peruguano wirkte besser als in der Composition: Superphosphat und Chilisalpeter resp. schwefelsaures Ammoniak.

Winters[6]) erhielt auf mittelmässigem Sandboden durch schwefelsaures Ammoniak den höchsten Mehrertrag. Diesem folgte eine Düngung von Bakerguanosuperphosphat und Chilisalpeter.

Ganz besondere Beachtung verdient jedoch der Kartoffeldüngungsversuch von Lawes und Gilbert[7]), die nach ihrer so heterogenen Methode zu Resultaten kamen, die mit denjenigen der Märker'schen Versuche in den wesentlichsten Punkten übereinstimmen.

Die Versuche wurden auf einem Felde unternommen, das schon durch 14 Jahre mit verschiedenen sich alljährlich wiederholenden Düngungen Weizen getragen hatte. Während da dieselben Düngemittel wie bei dem voraufgehenden Weizen zur Verwendung kamen, ist bei der Wahl der Parzellen darauf geachtet worden, dass eine Beeinflussung durch eine frühere Düngung ausgeschlossen ist. Das ist aber in Wahrheit nur bei den Parzellen 1—4 der Fall. In den anderen wird ein Einfluss selbstverständlich doch vorhanden sein und ist gerade — ganz richtig und geschickt — zur Aufklärung mancher Seltsamkeiten ist den Versuchsergebnissen durch Behrend benutzt worden — wie wir sofort sehen werden.

	1856—1874 Weizen	1876—1878 Kartoffeln
1.	Ungedüngt.	Ungedüngt.
2.		Stalldünger.
3.		„ u. Superphosphat.
4.		„ u. „ u. Chilisalpeter.

4) Ebendas. VII, 1875, p. 158.

5) Nach Jahrb. f. Agr.-Chem. 1868/69, p. 414.

6) Wie Note 5 p. 419.

7) a. a. O.

	1856—1874 Weizen	1876—1878 Kartoffeln
5.	Amoniaksalze.	Ammoniaksalze.
6.		Chilisalpeter.
7.	Mineraldünger	Mineraldünger u. Ammoniaksalze.
8.	u. Ammoniaksalze.	„ u. Chilisalpeter.
9.	Mineraldünger.	Superphosphat allein.
10.		Mineraldünger.

Die Kartoffeln wurden in einem Abstand von 63 × 30 cm gepflanzt.

Die Düngungen wurden in nachfolgender Ertragstabelle in folgender Stärke verwendet:

Stalldünger	35000	kg
Chilisalpeter	616	„
Ammoniaksalze	450	„
Superphosphat	2440	„
schwefelsaures Kali	338	„
„ Natron	113	„
„ Magnesia	113	„

welche Stärken auch in Düngungscombinationen zur Verwendung kamen.

Drei Jahre (1876—1878).

No.	Düngung	Ertrag an Knollen: Gesammt-ernte kg	Darunter: kleine %	Darunter: kranke %	T. Kraut auf 100 T. Kartoffeln	In der frischen Kartoffel: Trocken-substanz %	Asche %	Stickstoff %
1	Ungedüngt	8168	10,6	5,3	6,5	27,6	0,90	0,30
2	Stalldünger (35000 kg)	13178	8,7	5,6	6,0	24,8	1,01	0,22
3	„ und Superphosphat	14956	8,0	6,3	7,5	24,4	1,05	0,20
4	Stalldünger, Superphosph. u. Chilisalp.	19537	5,1	13,5	15,4	23,4	0,95	0,29
5	Ammoniaksalze (450 kg)	8760	10,7	7,5	9,9	23,0	0,75	0,31
6	Chilisalpeter (616 kg)	11635	7,0	9,0	11,8	24,5	0,73	0,32
7	Ammoniaksalze und Mineraldüngung .	20780	6,0	11,1	7,8	24,3	1,10	0,25
8	Chilisalpeter und Mineraldüngung . .	22334	5,2	12,9	11,1	24,5	1,07	0,26
9	Superphosphat (440 kg)	11117	11,2	7,1	6,0	24,7	1,14	0,19
10	Mineraldüngung . .	11751	8,3	6,8	5,8	24,5	1,14	0,18

Zunächst ist durch einen einseitigen Mineraldung gegenüber ungedüngt ein geringer Mehrertrag erzielt. Wenn er hier durch einseitige

Düngung mit Phosphorsäure im Durchschnitt etwas grösser ist als in den Versuchen Märker's, so hat dies nach Behrend darin seinen möglichen Grund, dass in Folge der früheren starken Einverleibungen von Mineralstoffen (vergleiche Tabelle p. 170) eine Verarmung an Phosphorsäure nicht in dem Masse stattgefunden hat, als in der grossen üblichen Praxis der Provinz Sachsen.

Eine einseitige Stickstoffdüngung war ebenfalls von keinem grossen Erfolg, ein Ergebniss, das mit dem Resultat der Märker'schen Versuche nicht übereinzustimmen scheint. Indessen, die Vorgeschichte der Parzellen, ist, wie Behrend wohl mit Recht behauptet, an diesem Ergebniss Schuld. Dieselben Parzellen wurden schon in den vorangehenden vieljährigen Versuchen mit Weizen zur einseitigen Stickstoffdüngung benutzt. Der Weizen verharrte damals jahraus jahrein auf beträchtlicher Ertragshöhe und nur darum, weil die fortwährende einseitige Stickstoffzufuhr das gesammte Mineralnährstoffkapital in Bewegung setzte, so dass der Boden schliesslich an diesem verarmte.

Die Erträge stiegen aber aufs höchste in den Parzellen 7 und 8, in welchen neben dem Mineraldünger auch Chilisalpeter resp. schwefelsaures Ammoniak beigedüngt wurden.

7. 20,780 kg p. ha mithin 12,612 kg }
8. 22,334 „ „ „ 14,166 „ } gegen ungedüngt.

Der Stalldünger allein hatte einen Mehrertrag von 5000 kg zur Folge, und ist dieser Ertrag verständlich, wenn man bedenkt, dass die betreffenden Parzellen 1—4 Jahre ungedüngt gewesen.

Von besonderem Interesse ist aber auch, dass, wie in Märker'schen Versuchen, eine Beigabe von Phosphorsäure zu Stallmist lohnte, wobei eine nochmalige Zugabe von Chilisalpeter den Ertrag noch zu erhöhen vermochte.

Der Aschengehalt der Knollen verhielt sich folgendermassen:

	In der frischen Substanz %	In der Trockensubstanz %
Chilidüngung	0,73	3,03
Ammoniakdüngung	0,75	3,29
Chili- und Mineraldüngung	1,07	4,36
Ammoniak- und Mineraldüngung	1,10	4,54
Superphosphat	1,14	4,63
Superphosphat, Alkalien und Magnesia	1,14	4,69

(Stalldünger und combinirte Düngung.)

Die frische und die Trockensubstanz wächst und nimmt ab mit der Darreichung von mehr oder weniger leicht assimilirbaren Pflanzennährstoffen.

Ebenso ist der Satz: „Mit der Menge des zugeführten Stickstoffs steigt auch der Gehalt der Knollen an diesen“, durch folgende Zahlen illustrirt:

Durch eine Düngung mit	In der frischen Substanz		In der Trocken-Substanz	
1. Ammoniak	0,306	durchschnittl.	1,35	durchschnittl.
2. Chilisalpeter	0,320	0,313	1,32	1,34
3. Ammoniak u. Mineraldüngung	0,254	durchschnittl.	1,06	durchschnittl.
4. Chili u. „	0,264	0,259	1,09	1,08
5. Superphosphat allein . . .	0,190	durchschnittl.	0,77	durchschnittl.
6. „ u. Alkalien u. Magnesia .	0,183	0,187	0,75	0,76

Mit dem Hinweis auf den bereits mehrfach erwähnten Versuch Heiden's auf schwerem Thonboden, in welchem der günstige Einfluss des einseitig verwendeten schwefelsauren Ammoniaks auf den Ertrag der Kartoffeln und Halmfrüchte im Gegensatz zu den Blattfrüchten constatirt ist, möge das Kapitel der Stickstoffdüngung zu Kartoffeln beendet sein.

Ueber die Frage des Einflusses der Kalidüngung ist die einschlägige Litteratur von Märker auf das sorgfältigste zusammengestellt, nicht allein in Betreff derjenigen Versuche, durch die ein günstiger Einfluss constatirt wurde, sondern auch der mit negativem Erfolg. Kalidür

Indem ich in Betreff des genaueren auf die Schrift Märkers verweise, möge hier nur eine kurze Zusammenstellung der Versuche gegeben werden:

1. Cordel's[8]) Versuch auf moorgrundigem Boden mit Lehmbeimischung, Guradze's[9]) Versuch auf einem milden Lehmboden, und

Moser's[10]) vergleichende Versuche über die düngende Wirkung von Chlorkalium und schwefelsaurem Kali ergaben:

eine mehr oder minder merkliche Ertragserhöhung mit gleichzeitiger Vermehrung des Stärkegehaltes. Moser's Ertragsdifferenzen (gedüngt mit Pieromerit gegen ungedüngt) sind allerdings so gering, dass der Versuch kaum mitgezählt werden dürfte.

---

8) Annalen d. Landw. 1868, II, p. 77.

9) Centralbl. f. Agr.-Chem. 1876, p. 189.

10) Organ d. Ver. f. Zuckerindustrie in d. Oestr.-Ungar. Monarchie, 1872, p. 37.

2. Erheblich mehr Versuche sind jedoch zu nennen, in denen eine Steigerung der Erträge ohne Steigerung des Stärkegehaltes aber auch ohne Stärkedepression constatirt werden konnte:

Henze[11]) auf leichtem humosem Lehmboden, die Weender-Düngungsversuche[12]) mit Kalisalz allein und Beidüngungen von Chilisalpeter und Superphosphat, die Versuche daselbst durch Buke[13]), drei Versuche von Guradze[14]) auf lehmigem Sandboden und sandigem Lehm.

3. Von Qualitätsschädigung waren die Ertragssteigerungen begleitet in Versuchen von Kamrodt[15]), Grouven[16]), Moser[17]), Stöckhart[18]), Funcke[19]), Krocker[20]), in zwei Versuchen von Guradze[21]), auf humosem Lehmboden, auf 16 verschiedenen, Diluvial-, Alluvial-, Zechstein-, Kalkstein- und Muschelkalk-Böden, auf Boden von verschiedenstem physikalischen Charakter, auf leichtem Sandboden und lehmigem Sandboden.

4. Ein qualitativ und quantitativ schlechtes Ernteresultat erzielten: Grouven (1867)[22]), Guradze[23]).

5. Endlich konstatirten noch Ertragssteigerungen, ohne den Stärkegehalt geprüft zu haben:

Völcker, ein Versuch zu Lauersfort, Brettschneider, Grouven (1871), Lehmann, Karmroth, Wendhausen.

achwirkung Kalidüngung.

In Betreff der Nachwirkung der Kalisalze wurden von Lehmann[24]) auf einem schweren Thonschieferboden (mit einem durchlassenden ausgetragenen Untergrund) der im Vorjahre das Feld zu einem Düngungsversuch zu Zuckerrüben abgab, Kartoffeln ohne Düngung gebaut, und die Wirkung der vorjährigen Düngung geprüft. Er erntete pro sächs. Acker:

---

11) Agron. Zeitung 1865, p. 155.
12) Journ. f. Landw. 1870, p. 228.
13) Ebendas. 1868, p. 67.
14) Centralbl. f. Agr.-Chem. 1876, p. 186; 1866, p. 189.
15) Zeitschr. d. landw. Ver. f. Rheinpreussen 1865, p. 9.
16) Fühling's neue landw. Zeitung 1872, p. 599.
17) a. a. O. 1872, p. 37.
18) Chem. Ackersmann 1868.
19) Landw. Jahrb. 1873, p. 166.
20) Ebendas. p. 171.
21) Wie Note 4, p. 188.
22) Wie Note 6, p. 600.
33) Wie Note 4, p. 186; in Betreff der Berichte der Centr.-Comm. für das agricultur-chemische Versuchswesen in Preussen betont Märker, dass die von derselben konstatirte Ertrags- und Rentabilitätsschädigung (Ann. d. Landw. 48, p. 1) eine Folge angewendeter Lochdüngung und zu später Verwendung der Salze sei.
24) Chemischer Ackersmann 1869, p. 56.

Düngung des Vorjahres per Acker	Ertrag in Pfd.	Mehrertrag gegen ungedüngt Pfd.	pCt.
1. Ungedüngt	9795	—	—
2. 6 Ctr. salpetersaures Kali	13900	4105	41,9
3. 6 „ „ „ u. 6 Ctr. Superphosphat	15425	5630	57,5
4. 6 „ „ „	13600	3805	38,8
5. 6 „ schwefelsaures Kali u. 6 Ctr. Superphosphat	13825	4030	41,1
6. 6 „ kohlensaures Kali	14365	4575	46,6
7. 6 „ „ „ u. 6 Ctr. Superphosphat	14100	4305	43,9
8. 6 „ Chlorkalium	13075	3280	33,7
9. 6 „ „ u. 6 Ctr. Superphosphat . .	14045	4250	43,4

Es zeigte sich überall eine deutliche Nachwirkung. Darum ist eine frühzeitige Verwendung (im Herbst zu Kartoffeln) der Kalisalze sehr wohl statthaft, um so mehr, wenn man damit eine eventuelle Schädlichkeit der Chloride oder Nebensalze verhüten kann.

Märker zieht aus den eben genannten Versuchen folgende kritischen Schlüsse:

1. Die Kalisalze haben in den weitaus meisten Fällen sehr bedeutende Ertragserhöhungen, wenn sie zu Kartoffeln, namentlich neben Stickstoff und Phosphorsäuresalzen als Düngemittel verwendet wurden.

2. Sie haben nur in wenigen Fällen eine Verbesserung des Stärkemehlgehaltes der Kartoffeln bewirkt.

3. Sie haben in sehr vielen Fällen den Stärkemehlgehalt der Kartoffeln herabgedrückt.

4. Die späte Anwendung der Kalisalze beförderte ganz besonders die Depression des Stärkemehlgehaltes.

5. Durch die chlorhaltigen Kalisalze fand bei der Frühjahrsverwendung die stärkste Depression des Stärkemehlgehaltes statt. (Grouven, Moser, Stöckhart.)

Nach dem früher gesagten (vergleiche das diesbezügliche auf p. 201 und p. 201, A. Mayer) steht es jedoch ausser Zweifel, dass diese Schädlichkeit des Chlorgehaltes nicht durch Bildung von Chlormagnesium und Chlorcalcium, sondern durch andere unbekannte Umstände bedingt ist, und in Betreff der Anwendung der Kalisalze im Frühjahr immerhin zur Vorsicht mahnt.

In Betreff der Kalkdüngung zu Kartoffeln verweise ich auf die Zahlen Heiden's (Tabelle Seite 214), aus denen hervorgeht, dass wie die Blattpflanzen so auch die Kartoffeln sich bei einer Kalkdüngung dem Ertrage nach dankbar zeigen; freilich zeigte sich in dem betreffenden Versuch Kalkdüngu der phosphorsaure Kalk dem Aetzkalk überlegen. Indessen gewinnt in jüngster Zeit sowohl in praktischen Kreisen wie auch bei manchen Forschern die Ueberzeugung Platz, dass der Kartoffelschorff eine durch übermässige einseitige Kalkdüngung verursachte Krankheitserscheinung ist.

Zuckerrüben.

Stickstoff-düngung Lawes und Gilbert

Es ist aus der langjährigen Geschichte der Lawes und Gilbert'schen Düngungsversuche zu Rüben, und zwar zu den für England landwirthschaftlich bedeutungsvollen Futterrüben eine eigenthümliche aber sehr interessante Art der Methode hervorgegangen, die kurz darin besteht, dass zunächst eine Anzahl von Längsparzellen mit der entsprechenden Düngung (bei Futterrüben nur Mineraldüngung) der Quere nach noch einmal in Parzellen getheilt wurden, von welchen die eine ungedüngt blieb, die anderen mit den Düngemitteln, deren Wirkung untersucht werden sollte, gedüngt wurden. Es wird diese einfache Versuchseinrichtung aus der Tabelle sofort verständlich werden (s. Tab. S. 233).

Betrachtet man diese Tabelle und vergleicht man die ungedüngten Parzellen und unter diesen die Parzelle des Längsstreifens 3 und die ohne Querdüngung, so wäre man leicht geneigt den Schluss zu ziehen, dass hier die Mineraldüngung geradezu schädlich gewirkt habe.

Eine kurze Betrachtung der Vorgeschichte der Parzellen wird das Gegentheil beweisen.

Auf den gleichen Parzellen (3 und 4) wurden seit 1845 in ununterbrochener Reihenfolge Rüben cultivirt und zwar mit folgenden Ernten:

	3. Ohne Dünger	4. Superphosphat, Kali, Natron, Magnesia	Mehr auf 4 als auf 3
1845—48	3012	20,206	17,194
1849—52	5773	19,704	13,931
1856—70	1381	7,028	17,194

die, abgesehen von dem Beweis, dass die Rübenerträge ohne Düngung (1845—70) gegenüber den früheren Versuchen zu Cerealien bis auf ein Minimum herabsinken, zunächst zeigen, wie im Gegensatz zu den früher besprochenen Düngungsversuchen zu Cerealien hier die einseitige Mineraldüngung erntefördernd gewesen, zugleich aber auch, wie der Mehrertrag im Laufe der Jahre stets geringer wurde. Es muss durch die einseitige vieljährige Zufuhr eine Erschöpfung an assimilirbaren Stick-

Wilmorins, grünköpfige weisse schlesische auf Barnfield.

Drei Jahre (1871—1873).

No.	Düngung	Jährlicher Durchschnittsertrag kg pro ha (Rüben ohne Blätter)				
			Mit einer Querdüngung von			
		A. Ohne Querdüngung	B. 616 kg Chilisalpeter	C. 450 kg Ammoniaksalze	D. 450 kg Ammoniaksalze 2250 kg Rapskuchen	E. 2250 kg Rapskuchen
1	35 000 kg Stalldünger . .	40 913	59 688	55 923	63 051	62 649
2	35 000 kg Stalldünger und 440 kg Superphosphat .	37 600	59 914	52 660	61 821	56 174
3	Ungedüngt seit 1846 . .	17 111	48 318	33 132	46 761	43 172
4	440 kg Superphosphat, 560 schwefelsaures Kali, 224 kg Kochsalz (Chlornatrium), 224 kg schwefelsaures Magnesia . .	16 190	49 623	38 078	55 471	46 259
5	440 kg Superphosphat . .	14 809	49 071	33 810	44 502	40 662
6	440 kg Superphosphat und 560 kg schwefels. Kali .	13 346	45 105	34 764	55 597	43 122
7	440 kg Superphosphat, 560 kg schwefels. Kali und 41 kg Ammoniaksalze	15 562	45 732	39 206	53 764	44 101
8	Ungedüngt seit 1853 . .	14 433	41 340	31 808	44 051	39 708

Zwei Jahre (1874 und 1875) Mineraldünger wie oben, kein Stalldünger und keine Querdüngung mit Chilisalpeter, Ammoniak oder Rapskuchen.

1	Ungedüngt (Stalldünger in den Jahren 1871—1883)	35 215	39 658	40 612	44 804	42 871
2	440 kg Superphosphat (Stalldünger in den J. 1871—73)	36 019	34 337	35 266	41 039	39 608
3	Ungedüngt seit 1846 . .	13 253	15 512	14 257	20 833	19 830
4	440 kg Superphosphat, 560 kg schwefels. Kali u. 224 kg Kochsalz (Chlornatrium), 224 kg schwefels. Magnesia	14 010	22 841	19 202	29 242	22 916
5	440 kg Superphosphat . .	14 433	21 912	18 976	27 108	21 285
6	440 kg Superphosphat, 560 kg schwefels. Kali .	13 504	20 406	18 901	27 485	22 289
7	440 kg Superphosphat (560 kg schwefels. Kali u. 41 kg Ammoniaksalze in den Jahren 1871—1873)	15 386	21 762	20 155	29 568	23 218
8	Ungedüngt seit 1853 . .	12 224	18 649	15 763	24 348	19 076

stoffverbindungen im Boden stattgefunden haben, eine Erschöpfung, die sich hier in der Tabelle am eklatantesten darin dokumentirt, dass auf Parzelle 4 ohne Querdüngung bei einer reichlichen Mineraldüngung weniger geerntet wurde als auf der Parzelle 3 ohne Querdüngung, die seit 1846 ungedüngt blieb.

Wie aber innerhalb der Längsstreifen 3 und 4 nun Stickstoff hinzutritt, sehen wir bei Betrachtung der mit Stickstoff gedüngten Querreihen auf 4 stets höhere Erträge als auf 3. Es ist damit vor allem bewiesen, dass nicht allein die einseitige Stickstoffdüngung, sondern auch eine einseitige Mineraldüngung den Boden erschöpfen kann. Vergleichen wir nun die Längsstreifen 3 und 8 (seit 1846 bez. 1853 ungedüngt), so lieferte 8 sowohl ungedüngt als auch bei allen Stickstoffquerdüngungen die geringeren Erträge; auch dieses Resultat hat den vorgeschichtlichen Grund, dass auf Längstreifen 8 durch frühere Superphosphatdüngungen 1846—63 grössere Ernten erzielt wurden als auf 3, und damit eine grössere Erschöpfung an Nährstoffen stattgefunden hat als auf 3, wo seit 1846 garnicht gedüngt wurde! Somit erklären sich scheinbare Widersprüche, auf die der Betrachter der obigen Tabelle sofort stösst, durch die Versuchsgeschichte und wir haben hier einen schönen Beweis, wie eine nicht umsichtige Berücksichtigung sämmtlicher herrschenden Düngungsfaktoren zu den falschesten Schlüssen verleiten kann. Indess diese Schwierigkeit in der Schlussziehung der Dungwirkungsresultate ist durch die englische Versuchsmethode lediglich bedingt. Sie erfordert ein vorsichtiges Berücksichtigen der Vorgeschichte des Versuches. Nach einer andern Richtung hin, z. B. auf dem Gebiet der Erschöpfungsfragen selbst hat sie ja Bedeutendes geleistet.

Der Vergleich der beiden Parzellen B und C ergiebt folgenden Mehrertrag durch Chilisalpeterdüngung gegenüber der Düngung mit Ammoniaksalzen:

	B. durch Chilidüngung	C. durch Ammoniakdüngung	Mehr durch Chili als durch Ammoniak
1. Stalldünger	59688	55923	3765
2. „ und Superphosphat . .	59914	52660	7254
3. Ungedüngt	48318	33132	15186
4. Superphosphat, Alkalien u. Magnesia	49623	38077	11546
5. Superphosphat	49071	33810	15261
6. „ und Kali	45105	34764	10341
7. „ „ „ u. Ammonsalze	45732	39206	6526
8. Ungedüngt	41340	31808	9532

Darnach ist eine günstigere Wirkung des Chilisalpeters unzweifelhaft und bedarf keiner weiteren Erörterung.

Wenn der Vergleich von D und E zu Gunsten der Düngung mit Rapskuchen und gar Ammoniak und Rapskuchen ausfällt, so ist das nicht weiter auffallend, da ja in diesen Mitteln keine einseitige Stickstoffdüngung vorliegt.

Das seltsame Resultat, dass eine stickstoffhaltige Düngung (5 D) mit Superphosphatbeigaben eine geringere Ernte erzielte als eine solche ohne dieselben (4 D), muss ebenfalls auf eine durch die Vorgeschichte bedingte Bodenerschöpfung zurückgeführt werden. Hier war eine Verarmung an Kali zu vermuthen. Behrend zieht auf Grund von Lawes und Gilbert'schen Publikationen und Wolff'schen Mittelzahlen in Betreff des Kali auf der Parzelle 5 D eine Bilanz, in Betreff welcher ich auf seine Schrift verweisen muss.

In Betreff der Stallmistdüngung ist folgendes der Tabelle zu entnehmen:

1. Sie giebt im Durchschnitt recht günstige Resultate. Durch eine zweckmässige Kombination künstlicher Düngemittel konnten ebenso hohe und noch höhere Ernten erzielt werden.

2. Eine Zugabe von Superphosphat zum Stalldünger zeigte meist eine Depression der Ernte, ein Resultat, das allerdings mit dem anderer Versuchsansteller im Widerspruch steht und eigentlich nicht recht erklärbar ist.

3. Es erwies sich die Zuckerrübe gegen eine neben Stallmist dargereichte Stickstoffgabe äusserst dankbar.

Aus der zweiten Tabelle ist zu ersehen, dass die leicht assimilirbaren löslichen Stickstoffverbindungen gar keine, die Stallmistdüngungen dagegen eine deutliche Nachwirkung ausüben.

Einfluss auf die Qualität der Ernte.

Zur Beurtheilung der Rübenqualität sind 3 resp. 4 Faktoren in Betracht zu ziehen:

1. Trockensubstanzgehalt,
2. Aschengehalt,
3. Stickstoffgehalt,
4. Zuckergehalt.

Es ist bekannt, dass ein hoher Aschengehalt die Krystallisationsfähigkeit des in der Rübe enthaltenen Zuckers beeinträchtigt. Der Stickstoffgehalt ist aber bei der Beurtheilung des Nährwerths der Fabrikationsrückstände ein wesentliches Moment. Da endlich der Trockensubstanzgehalt zum grössten Theil aus Zucker besteht, so ist seine Berücksichtigung nicht minder wichtig als die des Zuckers selbst.

Die Beeinflussungen der Qualitätsfaktoren durch die Düngung sind in folgender Tabelle, in der nur zwei Längstreifen: No. 1 (mit Stalldünger) und die Durchschnitte von No. 4, 5, 6 berücksichtigt werden (Zahlen über die Quantität der ungedüngten Rüben fehlen), zusammengestellt:

Versuche mit Zuckerrüben (Barnfield).

Durchschnitt der Jahre 1871—73.

	Ohne Querdüngung	Mit einer Querdüngung von			
		616 kg Chilisalpeter	450 kg Ammoniaksalze	450 kg Ammoniaksalze und 2250 kg Rapskuchen	2250 kg Rapskuchen
A. Längsstreifen 1 (35 000 kg Stalldünger).					
Ertrag (kg pro ha)	40 913	59 688	55 923	63 051	62 649
Trockensubstanz der Rüben . .	17,49 %	16,11 %	16,56 %	16,23 %	16,66 %
Asche in der Trockensubstanz .	5,00 „	6,11 „	5,83 „	6,55 „	5,61 „
Stickstoff in der Trockensubstanz	0,83 „	1,24 „	1,53 „	1,52 „	1,24 „
Zucker im Saft	13,14 „	11,58 „	12,05 „	11,10 „	12,01 „
Zucker in der Rübe (95 % Saft gerechnet)	12,48 „	11,00 „	11,45 „	10,55 „	11,41 „
Kilogramm Zucker pro ha . . .	5106	6506	6403	6712	7148
Quotient	71,4	68,3	68,3	65,0	68,6
B. Durchschnitt der Längsstreifen 4, 5 und 6 (Mineraldüngung).					
Ertrag (kg pro ha)	14 809	47 941	36 395	51 832	43 423
Trockensubstanz der Rüben . .	18,53 %	15,93 %	17,43 %	15,93 %	17,66 %
Asche in der Trockensubstanz .	4,30 „	5,73 „	4,81 „	5,98 „	4,50 „
Stickstoff in der Trockensubstanz	0,54 „	1,20 „	0,87 „	1,52 „	0,83 „
Zucker im Saft	14,45 „	12,12 „	13,35 „	11,56 „	13,45 „
Zucker in der Rübe (95 % Saft gerechnet)	13,73 „	11,51 „	12,68 „	10,98 „	12,78 „
Kilogramm Zucker pro ha . . .	2033	5518	4615	5691	5549

und erhalten wir folgende Resultate:

1. Eine jede Stickstoffdüngung erniedrigte den Trockensubstanzgehalt der betreffenden Rüben, sowohl neben einer Stallmistdüngung (A), wie neben einer Mineraldüngung. Die Ursache der Trockensubstanzdepression ist eine Reifeverzögerung und demgemäss beim Chilisalpeter stärker wie bei Ammoniaksalzen, und bei diesen wiederum stärker als bei Rapskuchen und Stallmist, entsprechend der Assimilirbarkeit und Leichtlöslichkeit ihrer Stickstoffverbindungen. Aus den Zahlen geht aber auch deutlich die bereits mehrfach erwähnte Reifebeschleunigung hervor, somit

der günstige Einfluss auf den Trockensubstanzgehalt, den die Mineraldüngung ausübt.

2. Eine jede Stickstoffdüngung erhöht den Aschengehalt, sowohl der Trockensubstanz wie der ganzen Rübe, eine Erscheinung, die durch die indirekte Wirkung des Stickstoffs, seine lösende Kraft auf die Mineralstoffe und seinen günstigen Vegetationseinfluss auf die Rübe, die alsdann vielleicht befähigt wird, grössere Mineralmengen aufzunehmen, erklärt werden kann. Selbstverständlich muss dann die Steigerung des Aschengehaltes mit der Schwerlöslichkeit der Stickstoffverbindungen zunehmen.

3. Eine jede Stickstoffdüngung erhöht den Stickstoffgehalt der Rübe; die mit Stickstoff garnicht gedüngte Parzelle hat den niedrigsten Stickstoffgehalt (0,54 %).

Bei reichlicher Mineraldüngung und Chilisalpeter . . . 1,20,
„ „ „ „ Ammoniaksalze . . 0,87,
„ „ „ „ Rapskuchen . . . 0,83.

Je assimilirbarer die Stickstoffverbindungen, um so mehr steigt die Stickstoffzunahme in der Rübe.

4. Schon die bisherigen Relationen müssten ergeben, dass, wie der Trockensubstanzgehalt, auch der Zuckergehalt in gleichem Masse deprimirt wird, als der Stickstoffgehalt steigt, aber es ist das auch aus der Tabelle deutlich zu ersehen. Die betreffenden Zahlen (Zucker in % und Quotient) mögen hier noch einmal extrahirt werden:

	Bei Stallmistdüngung		Bei Mineraldüngung	
	Zucker pCt.	Quotient	Zucker pCt.	Quotient
Ohne Querdüngung . .	12,48	71,4	13,73	74,2
Mit einer Querdüngung von				
Chilisalpeter	11,00	68,3	11,51	72,3
Ammoniak	11,45	69,1	12,68	72,7
Rapskuchen	12,01	68,8	12,78	72,4
Rapskuchen u. Ammoniak	10,55	65,0	10,98	69,0

Es fällt von selbst in die Augen, dass die Depression ebenfalls nur die Folge der Reifeverlangsamung sein kann. Folgendes ist aber hier von besonderer Wichtigkeit:

Die Quotienten sind durch die Form der Stickstoffverbindungen nicht wesentlich verändert worden. Nur wenn die Stickstoffgabe verdoppelt wurde (durch Rapskuchen und Ammoniak), ist der Quotient und Zuckergehalt nicht unbedeutend deprimirt worden. Die Depression durch den Stallmist ist deutlich erkennbar.

Es ist immerhin durch Ammoniak ein höherer Zuckergehalt erzielt worden als durch Chilisalpeter, es konnte aber in Betreff der absoluten Zuckermenge den Chilisalpeter dennoch nicht aus dem Felde schlagen:

	Neben Stallmist	Neben Mineraldüngung
Chilisalpeter	6506 kg	5518 kg
Ammoniaksalze	6403 „	4615 „
Rapskuchen	7148 „	5549 „

Bedenkt man aber, dass die Rüben dieses Versuches im allgemeinen sowohl dem Quotienten als dem Zuckergehalt nach kaum verarbeitbar genannt werden können, so ist Behrends Ansicht, dass die Resultate nicht ohne weiteres auf deutsche Verhältnisse anwendbar sind, vollkommen berechtigt. Immerhin werden wir konstatiren können, dass die englischen Resultate in manchen Punkten mit den nun zu erörternden Versuchsresultaten deutscher Versuchsansteller in schöner Uebereinstimmung stehen.

Versuch in Eisleben.

Einige Mitglieder des landwirthschaftlichen Vereins für Eisleben und Umgegend haben in Betreff der Anwendung des Chilisalpeters folgenden Versuch ausgeführt[1]):

Auf einem vor Winter 0,313 m tief rajolten Versuchsfelde wurden 6 Parzellen à 12,766 Ar, die Weizen mit Stallmistdung trugen, im Frühjahr zu Zuckerrüben mit Chilisalpeter gedüngt und folgender Ertrag erzielt:

No. der Parzelle	Düngung	Domaine Bornstedt		Amt Erdeborn		Rittergut Erdeborn		Amt Etzdorf		Amt Helbra	
		kg	Zucker der Rübe %	kg	Zucker %	kg	Zucker %	kg	Zucker %	kg	Zucker %
1	25 kg Chilisalpeter .	3100	—	3775	13,95	3490	13,91	4850	13,16	2700	—
2	Ungedüngt	3200	—	3565	13,92	3420	13,47	3918	14,76	2372	—
3	50 kg Chilisalpeter .	4125	—	3790	14,16	4020	13,68	4778	12,99	2967	—
4	75 „ „ .	4500	—	3950	14,27	3995	13,27	4959	12,82	3880	—
5	Ungedüngt	3600	—	3477	13,89	3220	12,51	3918	14,76	2795	—
6	100 kg Chilisalpeter	5100	—	4505	12,72	3780	12,48	5433	12,63	4090	—

wonach also durch eine grössere Chilisalpeterzufuhr eine oft nicht unbedeutende Ertragserhöhung erreicht wurde.

Die Frage, ob hiebei die Ausbeute an Zucker etwa verringert würde, wurde durch einen besonderen Versuch auf 2 Parzellen beantwortet, die unter denselben Vorbedingungen wie früher pro ha:

200 kg Baker-Superphosphat

[1]) Zeitschr. d. landw. Centr.-Ver. d. Provinz Sachsen 1878, p. 166.

erhielten, während die eine der Parzellen ausserdem mit 200 kg Chilisalpeter gedüngt wurde.

Die Rüben wurden zu Anfang und am Ende der Campagne entnommen, demnach in 2 Perioden verarbeitet.

Tag der Verarbeitung	No. der Parzelle	Düngung	Polarisation der Schnitzel			In der Füllmasse		% reiner
			% Brix	% Zucker	Quotient	% Zuckers	% der Polarisation	Zucker im Rohzucker
		1. In der Zuckerfabrik zu Erdeborn.						
22. Oktob.	1	Phosphat und Chilisalz	15,50	12,13	78,2	—	85,5	97,0
23. „	2	Chilisalpeter	15,75	12,40	78,7	11,91	86,7	97,0
5. Januar	1	Phosphat und Chilisalz	15,0	11,33	75,5	10,77	83,5	97,0
6. „	2	Chilisalpeter	15,90	10,23	64,3	10,15	81,2	96,0
		2. In der Zuckerfabrik Pirsdorf.						
18. Sept.	1	Phosphat und Chilisalp.	16,0	14,5	90,6	10,54	80,2	98,1
18. „	2	Chilisalpeter	16,6	13,4	80,6	10,21	78,0	97,4
28. Febr.	1	Phosphat und Chilisalp.	14,5	13,5	92,4	10,17	82,0	98,0
28. „	2	Chilisalpeter	12,0	8,5	70,8	9,20	78,9	97,0

Der Zuckergehalt ist also in Parzelle 2 (mit Chilisalpeter) minderwerthiger als in Parzelle 1, auch würde es danach geboten sein, die Rüben nicht allzulange vor ihrer Verarbeitung lagern zu lassen. Indessen, sind die Zahlen nicht prägnant genug.

Märckers Versuche.

Wir wenden uns zu den Versuchen Märckers[2]), die in ausgedehnter Weise ausgeführt, uns ein solches Zahlenmaterial geben, dass in der That, kraft „der Durchschnittszahl“ schon allgemeinere Gesichtspunkte in Betreff der Verwendung der Dungmaterialien zu Zuckerrüben gewonnen werden könnten; wie wir das aber schon bei der Besprechung der Methoden betont haben, will Märcker die gezogenen Schlüsse nur auf die betreffenden Lokalitäten bezogen wissen und verwahrt sich ausdrücklich gegen eine Uebertragung derselben auf abweichende Verhältnisse. Ueberdies betrachtet er die Resultate und die aus diesen gezogenen Schlüsse immerhin noch als vorläufige, und erst nach Ablauf der in Aussicht genommenen 4jährigen Versuchsperiode sollen Resultate und Schlüsse als definitiv angesehen werden können.

[2]) Zeitschr. d. landw. Centr.-Ver. d. Provinz Sachsen 1881, No. 2 u. 3, p. 25.

Wir besitzen bereits 2 Berichte über diese auf 40 Wirthschaften der Provinz Sachsen ausgedehnten Versuche.

Versuche 1879. Wir werden dem Versuchsresultat vom Jahre 1879 (die Versuche litten durch Raupenfrass und Wetterungunst) nur ganz kurz folgendes entnehmen:

1. Der Chilisalpeter hatte in verschiedenen Versuchsreihen, einmal im Herbst, das andere mal im Frühjahr angewendet, einen merklichen Einfluss auf das Ernteergebniss ausgeübt. Im Mittel von 5 Versuchen wurden geerntet:

1. 1 Ctr. Chilisalpeter im Herbst und 1 „ „ „ Frühjahr	162,6 Ctr. Rüben
2. 1 Ctr. Chilisalpeter im Frühjahr . .	144,1 Ctr. Rüben
durch 1 Ctr. Chilisalpeter im Herbst	18,5 Ctr. p. Morgen

2. Bei einer Versuchsreihe ist die Salpeterdüngung im Frühjahr günstiger als die im Herbst, bei einer anderen ist die Zeit des Aufbringens ohne Einfluss auf die Ernte geblieben. Bei gleichzeitiger Düngung mit 2 Ctr. Superphosphat erhielt Märcker folgendes Gesammtresultat:

	I	II	III	
2 Ctr. Chilisalpeter im Frühjahr	48,4	42,7	50,0	Ctr. Mehrertrag
1 „ „ „ Herbst 1 „ „ „ Frühjahr	39,3	43,5	49,3	„ „

3. Das schwefelsaure Ammoniak wirkte im Herbst angewendet, stets besser als im Frühjahr, wie z. B. folgende Erträge zeigen:

$1^1/_2$ Ctr. Chilisalpeter im Frühjahr	154,6 Ctr.	= 31,4 Ctr. Mehrertrag
$^3/_4$ „ „ „ Herbst $^3/_4$ „ „ „ Frühjahr	141,4 „	= 18,2 „ „

4. Chilisalpeter und schwefelsaures Ammoniak verglichen wirkten beide, im Herbst angewendet, gleich gut:

	Versuchsreihe I.	Versuchsreihe II.
	Mehrertrag	
	Ctr.	Ctr.
1 Ctr. Chilisalpeter im Herbst 1 „ „ „ Frühjahr	162,6 = 39,3	161,0 = 50,8
$^3/_4$ „ schwefels. Ammoniak im Herbst $^3/_4$ „ „ „ im Frühjahr	154,6 = 31,3	153,1 = 42,9
Differenz	8,0	7,9

Die Differenzen erklären sich aus der besseren Wirkung der Chilisalpeterdüngung im Frühjahr gegenüber der Ammoniakdüngung im Frühjahr und die annähernde Gleichheit der Differenzen beweist exact die gleiche Wirkung der Ammoniak- und Chilisalpeterdüngung im Herbst.

Selbst eine Aufstreuung des Chilisalpeters im Winter hat sich vortheilhaft erwiesen.

5. Eine Phosphorsäuredüngung scheint mehr auf die Qualität, als die Quantität zu wirken:

	Mehrertrag	Ctr.
Phosphorsäure	147,5 = 32,8	
1 Ctr. Baker-Superphosphat	153,7 = 39,1	+ 6,3
2 „ „ „	158,1 = 43,5	+ 4,4
3 „ „ „	163,9 = 49,2	+ 5,7
		+ 5,5

Es produzirte demnach 1 Ctr. Baker-Superphosphat im Mittel 5,5 Ctr. Rüben.

Qualität der Ernte.

Weder Chilisalpeter in der Stärke von 1—2 Ctr. noch schwefelsaures Ammoniak von $^3/_4$—1,5 Ctr., mit einer Beidüngung von 2 Ctr. Superphosphat, haben den Zuckergehalt beeinträchtigt, wobei die Form der Stickstoffverbindung wie die Verwendungszeit eine verschiedene Wirkung nicht zeigte, indem bald die eine, bald die andere den Zucker etwas deprimiren konnte.

(Die Vermehrung der Phosphorsäure zeigt stets einen günstigen Einfluss auf die Zuckerbildung, wobei auch die verschiedene Verwendungszeit keine erheblichen Unterschiede aufweisen konnte.)

Soweit der kurze Umriss für das Versuchsjahr 1879[3]).

Versuche 1880.

Der Versuchsplan des Jahres 1880 war folgender:

Serie I und II. Ueber die Concurrenz von Chilisalpeter mit schwefelsaurem Ammoniak.

Serie III. Ueber die Concurrenz des organischen Stickstoffs in Hornmehl, Blut etc. mit dem Chilisalpeter (ist für dieses Jahr noch ausgefallen).

Serie IV. Ueber die Wirkung starker Phosphatgaben.

Serie V. Ueber die Concurrenz der zurückgegangenen und wasserlöslichen Phosphorsäure.

Quantitative Erfolge.

Zunächst soll die Stärke der Stickstoffgaben mit der Ertragserhöhung verglichen werden.

Man betrachte folgende Tabelle:

[3]) Im Wesentlichen nach: Centralbl. f. Agr.-Chem. 1880, p. 506.

Tabelle I.

	Ertrag durch 2 Ctr. Chilisalpeter	Ertrag durch 3 Ctr. Chilisalpeter	Mehr +, weniger —, durch 3 Ctr. Chilisalpeter
Serie I.			
Wasserleben	202,5	211,9	+ 9,4 Ctr. pro Morgen
Etzdorf	234,0	238,9	+ 4,9 „ „ „
Serie II.			
Hölensleben	240,6	245,7	+ 5,1 „ „ „
Siegersleben	271,9	279,4	+ 7,5 „ „ „
Beuchlitz	253,0	232,0	— 21,0 „ „ „
Trotha	209,0	216,0	+ 7,1 „ „ „
Bielen	250,2	198,8	— 50,4 „ „ „
Serie IV.			
Mariastuhl	231,7	211,2	— 20,5 „ „ „
Schafsee	237,7	240,0	+ 2,3 „ „ „
Spora	237,6	219,1	— 18,5 „ „ „

Auf anderen Wirthschaften befinden sich allerdings oft noch sehr bedeutende Ertragserhöhungen durch den dritten Centner, nämlich:

Tabelle II.

Goseck	167,3	186,0	+ 19,6 „ „ „
Eulau	165,3	194,7	+ 29,4 „ „ „
Schwaneberg	228,0	294,0	+ 66,0 „ „ „
Veckenstedt	192,0	240,0	+ 48,1 „ „ „
Sülldorf	192,0	222,1	+ 30,1 „ „ „
Wessmar	213,3	285,0	+ 71,6 „ „ „
Wendelstein	256,0	280,0	+ 24,0 „ „ „

Man sieht, dass einerseits (Tab. I) der 3. Centner Chilisalpeter nicht selten seine Wirkung völlig versagt, ja, vielleicht durch seine übermässige Anregung des Blattwuchses, eine Ertragsverminderung verursacht hat, dass in einigen Fällen (Tab. II) das Stickstoffbedürfniss selbst durch 3 Ctr. Chilisalpeter noch nicht überschritten ist. Es wäre in der That dieser enorme Stickstoffverbrauch erklärt, wenn gerade diese Wirthschaften durch einen mangelhaften Viehstand nicht genügend Stallmist produzirt hätten. Doch erwähnt Märcker, dass gerade der höchste Ertrag in Wessmar mit + 71,6 Ctr. überdies ohne Depression des Zuckers auf einer Wirthschaft erreicht wurde, die eine der stärksten Viehhaltungen in der Provinz betreibt.

Nach in gleicher Richtung ausgeführten Versuchen mit schwefelsaurem Ammoniak wurden folgende Mehrerträge erzielt:

	Rüben-Mehrertrag
Der erste $^3/_4$ Ctr. schwefels. Ammoniak gab	12,2 Ctr.
„ zweite „ „ „ „ „	16,7 „

Wenngleich hier die Ertragserhöhung im Ganzen niedriger war, als beim Chilisalpeter, so ist die Grenze des Stickstoffs mit obigen Zahlen noch keineswegs überschritten gewesen.

In Betreff der Wirkungen gleicher Stickstoffmengen im Chilisalpeter erhält Märcker folgende überraschend übereinstimmende Durchschnittszahlen aus Versuchen aus 23 Wirthschaften. Serie I (2 Ctr. Baker-Guanosuperphosphat-Grunddüngung im Herbst), Serie I und II:

	Ctr.	durch Chilisalpeter	auf $^3/_4$ Ctr. berechnet
1 Ctr. Chilisalpeter im Frühjahr .	173,3	11,1 Ctr.	11,1 Ctr.
$^3/_4$ „ Schwefelsaures Ammoniak .	162,2		
2 „ Chilisalpeter im Frühjahr .	199,3	13,5 „	6,8 „
$1^1/_2$ „ Schwefels. Ammoniak . . .	185,8		
1 „ Chilisalpeter im Januar . .	202,10	21,1 „	10,6 „
1 „ „ „ April . .			
$^3/_4$ „ „ „ Januar . .	180,9		
$^3/_4$ „ Schwefels. Ammoniak im Jan.			

Serie II. 2 Ctr. Baker-Guanosuperphosphat Grunddüngung im Frühjahr.

2 „ Chilisalpeter im Januar . .	235,5	19,0 „	9,5 „
$1^1/_2$ „ Schwefels. Ammoniak im Jan.	216,5		
1 „ Chilisalpeter im Januar . .	240,6	25,6 „	12,8 „
1 „ „ „ April . .			
$^3/_4$ „ Schwefels. Ammoniak im Jan.	215,0		
$^3/_4$ „ „ „ im April			
2 „ Chilisalpeter im Frühjahr .	205	12,7 „	6,4 „
$1^1/_2$ „ Schwefelsaures Ammoniak .	192		
		Im Mittel	9,5 Ctr.

In allen diesen Zahlen, die aus 50 Fällen geschöpft sind, hat sich der Chilisalpeter dem schwefelsauren Ammoniak gegenüber als überlegen erwiesen.

Dieser ausserordentlich übereinstimmenden Ueberlegenheit des Chilisalpeters stehen 5 Fälle entgegen, in welchen sich beide Stickstoffformen gleich verhielten und 2 Fälle, in denen sich das schwefelsaure Ammoniak besser bewährte als der Chilisalpeter.

In Betreff der Anwendungszeit wie der weiteren Relationen müssen wir uns hier auf folgende, auch den besprochenen Versuch einschliessenden Folgerungen Märckers beschränken:

„1. Der Chilisalpeter hat auch im Jahr 1880 dieselbe Ueberlegenheit, welche er schon 1879 über das schwefelsaure Ammoniak gezeigt hat, bewahrt und es beziffert sich der bei gleicher Stickstoffmenge durch denselben erzielte Mehrertrag auf etwa 10 Centner Zuckerrüben für jeden Centner angewendeten Chilisalpeters.

2. Bei den im Jahre 1880 ausgeführten Versuchen hat Nichts zu Gunsten einer sehr frühzeitigen Anwendung des Chilisalpeters gesprochen, die sichersten und höchsten Erträge wurden bei der Frühjahrsanwendung dieses Düngemittels erzielt.

3. Durch die nebeneinander erfolgende Verwendung von Chilisalpeter und schwefelsaurem Ammoniak wurde nicht dieselbe Ertragserhöhung erzielt, als durch die entsprechende Menge reinen Chilisalpeters; solche Gemenge verdienen daher nicht empfohlen zu werden.

4. Die im Januar erfolgte Anwendung des schwefelsauren Ammoniaks hat die Wirkung dieses Düngemittels nicht gebessert; es bleibt jedoch die Möglichkeit vorbehalten, dass eine schon im zeitigen Herbst erfolgende Anwendung dieses Resultat zu Gunsten des schwefelsauren Ammoniaks modificirt.“

Die Versuche von 1880 haben erwiesen, dass die Phosphorsäure nicht allein auf die Qualität, sondern auch auf die Quantität der Rübenerträge oft in bedeutender Weise einwirken kann, wie folgende Zahlen beweisen:

Grunddüngung 2 Ctr. Chilisalpeter.

1.	Ohne Superphosphat . .	203,0 Ctr. Rüben	— Ctr. Mehrertrag
	1 Ctr. „ (20 %)	225,3 „ „	22,3 „ „
	2 „ „ . .	230,3 „ „	51,0 „ „
	3 „ „ . .	236,6 „ „	6,3 „ „
			+ 33,6 Ctr. Mehrertrag
2.	(Wessmar).		
	0 Ctr. Superphosphat . .	169,5 Ctr. Rüben	— Ctr. Mehrertrag
	1 „ „ . .	213,3 „ „	43,8 „ „
	2 „ „ . .	231,7 „ „	18,4 „ „
	3 „ „ . .	255,3 „ „	13,6 „ „
		Summa	75,8 Ctr. Mehrertrag

Wenn auch die Erträge bei starken Superphosphatgaben nicht ungünstig waren, so hält es Märcker dennoch für rathsam, an dem Verhältniss von 1 : 1 festzuhalten.

Umgekehrt zieht eine starke Stickstoffgabe mit starker Phosphorsäuredüngung eine Ertragsdepression nach sich, wahrscheinlich in Folge einer durch den Stickstoff zu üppig angeregten Blattentwicklung, wie es folgende Zahlen zeigen: Qualitative Erfolge.

Grunddüngung mit 3 Ctr. Chilisalpeter.

0 Superphosphat	226,3 Ctr.		
1 Ctr. „	233,2 „	+ 6,9	Ctr. Mehrertrag
2 „ „	227,2 „	— 6,0	„ „
3 „ „	227,5 „	+ 0,3	„ „

Die qualitativen Erfolge mögen aus folgenden Zahlen ersehen werden:

Grunddüngung 2 Centner Superphosphat (18—20 %).

Serie I.

Ohne Stickstoffdüngung	12,7	Polarisation	78,0	Quotient
1 Ctr. Chilisalpeter	12,9	„	79,0	„
2 „ „	12,7	„	79,2	„
2 „ „	12,8	„	80,0	„
3 „ „	12,1	„	77,6	„

Grunddüngung 2 Centner Superphosphat (18—20 %).

Serie II.

Ohne Stickstoffdüngung	13,8	Polarisation	83,9	Quotient
2 Ctr. „	13,4	„	81,7	„
2 „ „	13,9	„	82,6	„
3 „ „	13,7	„	82,2	„

	Polarisation mit Grunddüngung von		Quotient mit Grunddüngung von	
	2 Ctr. Chilisalp.	3 Ctr. Chilisalp.	2 Ctr. Chilisalp.	3 Ctr. Chilisalp.
Ohne Superphosphat	13,0	13,1	80,3	79,9
1 Ctr. „	13,2	12,7	80,6	70,9
2 „ „	13,3	13,1	80,4	82,3
3 „ „	13,4	13,1	80,9	80,7

Nach diesen, den Durchschnitt von 24 Wirthschaften repräsentirenden Zahlenreihen, ist die Furcht vor einer starken Depression des Zuckergehaltes durch eine starke Stickstoffdüngung unbegründet, wie das schon in dem Versuch von 1879 deutlich geworden. Abermals betont Märcker, dass diese Resultate nur für den hochcultivirten milden Rübenboden als giltig angesehen werden sollen und giebt auch ein Beispiel, wie eine Uebertragung der Resultate auf andere Verhältnisse nicht statthaft sei. Zu dem betreffenden Versuch war eine uralte Wiese, die vor etwa 15

Jahren zu Ackerland gemacht war und ihres hohen Stickstoffgehaltes wegen nur ein einziges mal mit Stallmist gedüngt wurde, benutzt worden.

Ohne Stickstoff u. ohne Phosphorsäure	206,5 Ctr.,	13,6	Zucker,	78,2	Quotient
„ „ mit 2 Ctr. Superph. .	212,5	„	13,7	„	77,0	„
2 Ctr. Chilisalpeter und 0 Superph. .	264,6	„	11,5	„	74,7	„
2 „ „ „ 1 „ .	253,8	„	11,5	„	72,8	„
2 „ „ „ 2 „ .	296,9	„	11,2	„	(68,3)?	„
2 „ „ „ 3 „ .	244,0	„	12,0	„	75,0	„

Hier also ist der Zuckergehalt um mehr als 2% verschlechtert worden, demnach die Stickstoffdüngung ganz unzulässig gewesen.

Wie aber andererseits der verbreitete Glaube, dass Wirthschaften auf starke Stickstoffdüngung beziehentlich verschieden reagiren, wenn sie in sehr üppigem jungen Kraftzustand stehen oder durch andauernden Rübenbau geschwächt sind, häufig nicht auf exakten Thatsachen beruht, zeigt Märcker an mehreren Beispielen:

Die Wirthschaften Beuchlitz und Lauchstädt, von denen die erste seit 25 Jahren ohne Stallmist bewirthschaftet worden war und nur künstliche Düngemittel erhalten hatte, während die letztere durch eine stark betriebene Viehhaltung im vorzüglichen Kraftzustand sich befand, hatten folgende Qualitätszahlen erzielt:

1. Chilisalpeter.

	Grunddüngung 2 Ctr. Superphosphat			
	Polarisation		Quotient	
	Beuchlitz	Lauchstädt	Beuchlitz	Lauchstädt
Ohne Stickstoffdüngung	14,7	14,5	84,5	83,1
2 Ctr. Chilisalpeter . .	14,9	13,9	84,2	80,4
2 „ „ . .	14,3	13,6	82,7	79,7
3 „ „ . .	14,0	13,3	82,8	80,6

Es sind demnach die Qualitätsverschlechterungen nicht in dem Masse eingetreten, als man zu vermuthen glaubte.

2. Schwefelsaures Ammoniak. Wie nachfolgende Zahlen beweisen:

Serie I.

Ohne Stickstoffdüngung	12,7 %	Zucker,	78,9	Quotient,
3/4 Ctr. schwefelsaures Ammoniak . .	13,1	„	80,4	„
1/2 „ „ „ . .	13,1	„	80,9	„

Serie II.

Ohne Stickstoffdüngung	13,8 %	Zucker,	83,9	Quotient,
3/4 Ctr. schwefelsaures Ammoniak . .	13,9	„	83,3	„
1/2 „ „ „ . .	13,8	„	84,0	„

ist selbst durch starke Gaben von schwefelsaurem Ammoniak keine Depression, ja eher eine Erhöhung des Zuckergehaltes erfolgt.

3. Gleiche Stickstoffmengen in Form von Chilisalpeter- und schwefelsaurer Ammoniak-Form haben in Betreff der Qualitätseinwirkung, wie folgende Zahlen beweisen:

Serie I.

1	Ctr.	Chilisalpeter im Frühjahr	12,9	Polarisation	79,0	Quotient
3/4	„	schwefelsaures Ammoniak	13,1	„	80,4	„
			+ 0,2	Polarisation	+ 1,4	für Ammoniak
1 1	„ „	Chilisalpeter im Frühjahr „ „ Januar	12,7	Polarisation	79,2	Quotient
3/4 3/4	„ „	schwefelsaures Ammoniak „ „	13,1	Polarisation	80,9	Quotient
			+ 0,4	Polarisation	+ 1,7	für Ammoniak
2	„	Chilisalpeter im Frühjahr	12,8	Polarisation	80,0	Quotient
1 1/2	„	schwefelsaures Ammoniak	12,4	„	79,3	„
			+ 0,4	Polarisation	+ 0,7	für Chilisalp.

Serie II.

2	Ctr.	Chilisalpeter im Januar	13,4	Polarisation	81,7	Quotient
1 1/2	„	schwefelsaures Ammoniak	13,9	„	83,3	„
			+ 0,5	Polarisation	+ 1,6	für Ammoniak
1 1	„ „	Chilisalpeter im Januar „ „ Frühjahr	13,9	Polarisation	82,6	Quotient
3/4 3/4	„ „	schwefelsaures Ammoniak „ „	13,6	Polarisation	83,1	Quotient
			+ 0,3	Polarisation	— 0,5	für Chilisalp.

Serie IV.

2	Ctr.	Chilisalpeter im Frühjahr	13,1	Polarisation	80,9	Quotient
1 1/2	„	schwefelsaures Ammoniak	13,3	„	81,2	„
			+ 0,2	Polarisation	+ 0,3	für Ammoniak

erhebliche Unterschiede nicht gezeigt. Nur 4 Versuche sprechen zu Gunsten des schwefelsauren Ammoniaks und 2 Versuche zu Gunsten des Chilisalpeters; doch sind die Unterschiede so gering, dass ein gleiches Verhalten der beiden Stickstoffformen angenommen werden kann, wobei, bezüglich der Haltbarkeit der Rüben, wie aus einer Versuchsreihe hervorgeht, die Abnahme des Zuckergehaltes bei beiden Düngungen gleichmässig vor sich ging.

Was die Zeit der Anwendung anbelangt, so ist auf Grund der Zahlen

Serie I.

1 Ctr. im Januar	12,7 Zucker	79,2 Quotient
2 „ „ Frühjahr	12,8 „	80,0 „
$^3/_4$ Ctr. schwefels. Ammon im Januar . $^3/_4$ „ „ „ „ Frühjahr .	13,1 Zucker	80,9 Quotient
$1^1/_2$ „ „ „ „ Frühjahr .	12,4 „	79,3 „

Serie II.

2 Ctr. Chilisalpeter im Januar . . .	13,4 Zucker	81,7 Quotient
1 „ „ „ Januar . . . 1 „ „ „ Frühjahr . . .	13,9 „	82,6 „
$1^1/_2$ Ctr. schwefels. Ammoniak im Januar	13,9 Zucker	83,3 Quotient
$^3/_4$ Ctr. schwefels. Ammoniak im Januar $^3/_4$ „ „ „ im Frühjahr	13,8 Zucker	84,0 Quotient

der Schluss Märckers vollberechtigt, wenn er meint: „Man mag die Sache drehen und wenden wie man will, ein Einfluss der früheren oder späteren Anwendung des schwefelsauren Ammoniaks und Chilisalpeters oder eine verschiedene Wirkung der Gemische ist bei keinem einzigen dieser Versuche zu erkennen.“

Phosphorsäurehaltige Düngemittel.

Was den Einfluss der Phosphorsäure auf die Qualität der Zuckerrüben anbelangt, so ist im Jahre 1880, Serie IV:

	Grunddüngung 2 Ctr. Chilisalpeter	
Ohne Phosphat	13,0 Zucker,	80,3 Quotient
1 Ctr. Superphosphat	13,2 „	80,6 „
2 „ „	13,3 „	80,4 „
3 „ „	13,4 „	80,9 „

die Erhöhung des Zuckergehaltes ein mässiger gewesen. In phosphorsäurebedürftigen Bodenarten werden allerdings die Unterschiede grösser. Rechnet man aber den Mehrertrag zu, so hat im Jahre 1880 im Durchschnitt 1 Ctr. Superphosphat $1^3/_4$ Ctr. Zucker erzeugt, während, wie wir gesehen haben, im andern Jahre, in Folge der nicht hervorgetretenen Quantitätserhöhung, auf 1 Ctr. Superphosphat 1 Ctr. Zucker kam, ein Verhältniss, das ja schon für die Anwendung der Phosphorsäure sprach.

In Betreff der durch die Form der Phosphorsäure bedingten Wirkungsverschiedenheiten, verweise ich auf Seite 186.

Hier möchte ich noch der Düngungsversuche von Hanamann gedenken. Der Versuchcharakter ist ein von dem eben besprochenen Versuche so verschiedener, dass es mir nothwendig erscheint, etwas näher darauf einzugehen, wenn auch die Resultate selbst keine wesentlich neuen Gesichtspunkte zeigen und auf nur diesen Bodenarten ihre Giltigkeit haben mögen.

Resultate anderer suchsanst (Stickstoff, phorsäu

J. Hanamann führte nach der bereits Eingangs der Feldversuche beschriebenen Kasten-Methode Düngungsversuche zu Zuckerrüben aus, die sich durch Benutzung mehrerer und genau charakterisirter Bodenarten auszeichnen. Diese waren:

1. Ein Plänersandsteinboden von Rotschov, ein steinreicher, im trockenen wie im nassen Zustand leicht zu bearbeitender Boden; das Bodenskelet besteht aus sehr porösem Thon.

2. Ein Boden von Kottomierz (Plänermergel); ein lichtgelber, sehr steiniger Boden, mit einem Skelet von dichten kalkarmen Thonerdesilicaten.

3. Ein Diluvial-Boden von Lobositz, von lichtgrauer Farbe, etwas zur Krustenbildung geneigt, sonst milder Lehmboden, Weizenboden mit guter Kleefähigkeit.

4. Ein anderer Diluvial-Boden von Ferbenz, ein Lehmboden von lichtbrauner Farbe, zwar bindig, doch unter Wasser sofort erweichend.

5. Ein Boden von Diwitz (Rothliegendes); zur Verkrustung sehr geeignet; erwärmungsfähig, roth, sehr eisenschüssig; Weizenboden mit vorzüglicher Kleefähigkeit.

6. Ein lichtbrauner bündiger Lehmboden (Diluvium) von Ploscha.

7. Ein sehr bündiger, rothbrauner Alluvial-Boden von Malnitz, kalkreich und sehr fruchtbar.

Jede einzelne Bodenart wurde in 8 Gruben gefüllt und dann mit den verschiedenen Düngern versehen.

Das Ernteresultat geben wir in nachstehender Tabelle. (Siehe folgende Seite.)

Eine vermehrte Stickstoffzufuhr hat demnach in den meisten Fällen eine Ertragssteigerung, doch auf Kosten der Qualität der Rübe erzielt. Wir sehen zugleich, dass die Stickstoffdüngung die Blattbildung befördert hat. Dagegen hat Phosphorsäure mit einer Zugabe von Stickstoff eine Steigerung des Zuckerertrags und die des Rübenertrags überhaupt zur Folge gehabt.

In Betreff der Wirkungsverschiedenheiten der beiden Stickstoffformen mögen nun noch in ganz gedrängter Form die Resultate einiger Versuchsansteller ebenfalls jüngerer Zeit erwähnt werden.

Er erhielt folgende Erträge:

Bodenart No.	1	2	3	4	5	6	7
Ohne Düngung.							
Blätter in g	6200	8530	6300	6100	6400	6100	6500
Rüben „ „	21490	24675	15020	21800	15410	19280	17940
Zucker %	14,90	16,45	14,46	14,95	13,63	16,05	15,50
Nichtzucker %	3,61	3,22	3,83	3,73	4,20	3,43	3,54
Zucker in der Rübe %	13,48	15,65	14,12	14,20	12,95	15,25	14,73
100 g Ammoniak.							
Blätter in g	6400	10100	7500	6500	6200	7850	6300
Rüben „ „	25200	31860	17470	21700	26860	19840	19570
Zucker %	14,11	16,25	14,66	14,26	14,68	15,80	14,97
Nichtzucker %	3,81	2,94	3,83	4,26	3,68	3,42	3,83
Zucker in der Rübe %	13,69	15,44	13,93	13,95	13,55	15,01	14,21
100 g Kali.							
Blätter in g	7800	9700	8000	8500	7060	7960	7900
Rüben „ „	25580	29860	14260	22960	16600	18705	20400
Zucker %	14,27	16,40	15,04	15,20	13,76	16,25	14,66
Nichtzucker %	4,02	2,73	3,36	3,87	4,47	3,14	3,93
Zucker in der Rübe %	13,56	15,58	14,38	14,20	13,07	15,44	13,92
100 g Phosphorsäure.							
Blätter in g	5000	7800	7500	5700	6200	7303	5700
Rüben „ „	23800	21500	18300	24510	22940	23775	19810
Zucker %	14,64	15,99	14,67	15,57	14,96	16,58	15,42
Nichtzucker %	3,80	2,67	3,62	3,50	3,55	3,01	3,62
Zucker in der Rübe %	13,90	15,18	13,93	14,79	14,10	15,49	14,65
50 g Phosphorsäure und 50 g Ammoniak.							
Blätter in g	5800	8000	8000	6200	7570	7704	7800
Rüben „ „	23770	28720	16470	29200	21120	24134	23920
Zucker %	15,03	16,16	14,99	15,94	14,88	16,31	15,17
Nichtzucker %	3,86	2,62	3,35	3,25	4,14	3,01	3,57
Zucker in der Rübe %	14,28	15,34	14,24	15,15	14,08	15,15	14,41

Es erhielt Münch[4]) den höchsten Zuckergehalt bei einem Düngerverhältniss von 1 Theil Stickstoff zu $2^1/_2$—3 Theilen Phosphorsäure, wobei der Chilisalpeter haltbare Rüben produzirte.

[4]) Nach Centralbl. f. Agr.-Chem. 1874, p. 174.

Bei reichlicher Phosphorsäurebeidüngung soll der Ertrag eher vermindert werden. Die Versuche Breyman's[5]) ergaben übrigens im Gegentheil, dass selbst sehr starke Düngungen auf einem Rübenboden weder Ertrag noch Quantität beeinträchtigen. Dasselbe zeigte sich, wie wir gesehen haben, bei den Versuchen von Märcker, Lawes und Gilbert, bei welchen der Stickstoff in Form von Salpetersäure quantitativ sich besser bewährte als schwefelsaures Ammoniak, aber dafür geringer haltbare Rüben erzeugte. Breymann schlägt als rathsamste Düngung schwefelsaures Ammoniak und Bakerguanosuperphosphat vor.

Die Düngungsversuche von Heiden sprechen für die Verwendung von Chilisalpeter. Ebenso empfiehlt Joulie[6]) die Verwendung von leicht assimilirbaren Stickstoffverbindungen, wobei die Stickstoffform der Salpetersäure sich besser bewährte als die des Ammoniaks. Corewinder und Woussen[7]) fanden in Betreff der beiden Stickstoffformen gleiche Wirkungen, und Bodenbender's[8]) Versuche auf sandigem Lehm mit Lehmuntergrund bestätigen die Resultate Lawes' und Gilbert's und Märckers, wonach grössere Stickstoffbeigaben, besonders durch Chilisalpeter, die Reife verzögern, aber quantitativ die grössten Ernten erzielen. Die Zuckerbildung wird durch Phosphorsäure bedingt, und wiederum durch Stickstoff, der die Salze in der Rübe vermehrt, aufgehoben. Der Widerspruch der günstigen Wirkung des Peruguano wird damit erklärt, dass die Zersetzung der Stickstoffverbindungen allmählich vor sich geht, und den Pflanzen zur Zeit nicht zu viel Stickstoff dargereicht wird.

Auch Deherain[9]) erhielt durch Chilisalpeter die höchsten Erträge. Die günstige Einwirkung von Phosphorsäurebeigabe wird selbst bei reichlicher Stickstoffdüngung immer kenntlich. Die Zahlen Heidens[10]) sprechen gleichfalls für die Anwendung von Chilisalpeter.

Dagegen findet Lagrange[11]), dass der Stickstoff die Zuckerabscheidung befördert, wobei die Ammoniaksalze mit Ausnahme des Chlorammoniums eine besonders steigernde Wirkung auf den Zuckergehalt ausüben sollen.

Lair[12]) meint, dass mit dem Vortheil der raschen Stickstoffzufuhr durch

---

[5]) Ebendas. 1875, p. 312.

[6]) Compt. rend. 1876, 82. Bd., No. 4, p. 290 u. Centralbl. f. Agr.-Chem. IV, p. 256.

[7]) Ann. agron. 1875, 1. H., p. 13 u. Centralbl. f. Agr.-Chem. 1876, p. 331.

[8]) Organ d. Centr.-Ver. f. Zuckerrüben-Indust. in Oestr.-Ungarn, 1878, p. 298.

[9]) Ann. agron. 1877, p. 75 u. Centralbl. f. Agr.-Chem. 1878, p. 191.

[10]) Centralbl. f. Agr.-Chem. 1877, p. 468.

[11]) Ebendas. 1876, p. 258.

[12]) Ebendas. 1874, p. 38.

den Natronsalpeter der Nachtheil verbunden ist, dass später das Salz direkt von der Rübe aufgenommen wird und den bekannten Missstand bei der Fabrikation herbeiführt. Er räth daher an, Dünger zu verwenden, in welchem ein Theil des Stickstoffs direkt assimilirbar und der andere Theil in Form von organischen Substanzen enthalten ist. Als erste Form wären Ammoniaksalze zu verwenden. (Vergleiche Lawes' und Gilbert's Versuch in Betreff des Chilisalpeters und Rapskuchen.)

Corewinder leugnet die Erhöhung der Aschenbestandtheile durch Natronsalpeter.

Kalisalze. In gleicher Weise, wie es vorhin bei der Erörterung der Düngungsversuche zu Kartoffeln geschah, soll auch hier das von Märcker zusammengetragene Material je nach dem konstatirten, qualitativ und quantitativ günstigen oder ungünstigen Einfluss der Düngung mit Kalisalze und mit Nennung des Versuchsanstellers und der Versuchsbodenart wiedergegeben werden.

1. Die Versuchansteller Grouven[13]), Stohmann[14]), Waldau[15]), Karmrodt[16]), Heidepriem[17]), Ebermann[18]), die Versuche der Zuckerfabrik Waldau bei Bernburg[19]), zu Altranft bei Freienwalde[20]), auf kalkreichem Lehmboden, torfigem Thonboden mit torfigem lettigen Untergrunde, humosem Klaiboden[21]), erhielten durch Kalidüngung sowohl in der Quantität als Qualität günstige Erfolge, wenigstens keine Verschlechterung der Qualität.

2. Wenn auch keinen höheren Ertrag, so erhielten folgende Versuchsansteller einen günstigen Einfluss auf den Zuckergehalt:

Heidepriem[22]), Cordel[23]), ersterer auf zwei verschiedenen Versuchsfeldern, einem guten doch zur Zeit durch Rübenbau erschöpften Rübenboden (Werdershausen) und einem weniger guten Rübenboden von sandiger etwas merglicher Lehmunterlage, dem Kies unterlagert ist (Dohndorf); letzterer auf einem geringeren Zuckerrübenboden.

3. Eine Ertragserhöhung aber mit gleichzeitiger Zuckerdepression erhielten:

---

[13]) Annalen d. Landw. 1862, p. 102.

[14]) Mitth. d. braunschw. Ver. f. Land- u. Forstwirthsch. 1862, p. 63.

[15]) Zeitschr. d. Ver. f. Rübenzucker-Industrie in Deutschl. Bd. XIV, p. 479.

[16]) Zeitschr. d. landw. Centr.-Ver. f. d. Prov. Sachsen 1866, p. 206.

[17]) Zeitschr. d. Ver. f. Rübenzucker-Industr. 1869, p. 65.

[18]) Wie Note 4, 1877, p. 69.

[19]) Annal. d. Landw. Bd. 52, p. 79.

[20]) Wie Note 7.

[21]) Die Bodenarten sind nicht in allen Versuchen genannt.

[22]) Zeitschr. d. Ver. f. Rübenzucker-Industr. 1867, p. 307.

[23]) Wie Note 10, p. 130 und Annalen d. Landw. Bd. 52, p. 77.

Deherain[24]), Eisbein-Hönningen[25]), Schlemmer-Coesitz[26]), Heidepriem[27]), Fittbogen[28]), Moser[29]), auf humosem Lehmboden mit Lehmunterlage, humosem frischen Sandboden mit einer geringen Lehmbeimischung und rothem Kies im Untergrund (Fittbogen), vollkräftigem Verwitterungsboden des Rothliegenden.

4. Keine Ertragserhöhung und zugleich eine Qualitätsschädigung erhielten:

Clasen[30]), Cordel[31]), Heidepriem[32]), Moser[33]) (Bodenarten theils wie früher, theils nicht angegeben).

5. Endlich, sowohl Quantitäts- wie Qualitätsschädigung wurde bemerkt in den Versuchen von:

Sieversleben[34]), Stohman[35]), Deherain[36]), Heidepriem[37]), Blomeyer[38]), Moser[39]).

Märcker resumirt auf Grund der eben erwähnten Versuche folgendermassen:

1. „Eine Ertragserhöhung durch die Anwendung der Kalisalze ist mehrfach eingetreten.

2. Die unreinen chlorhaltigen Kalisalze haben den Ertrag oft mehr erhöht als die reineren chlorfreien Salze.

3. Eine Erniedrigung des Zuckergehaltes ist durch die Anwendung der Kalisalze mehrfach eingetreten.

4. Der Zuckergehalt wurde ganz besonders erniedrigt
durch eine späte Darreichung der Kalisalze,
durch chlorhaltige Kalisalze (gegenüber den reinen Kalisalzen).

5. Nur unter besonderen Umständen wurde eine Verbesserung des

---

24) Compt. rend. 64. Bd. p. 136.
25) Zeitschr. d. landw. Centr.-Ver. f. d. Prov. Sachsen 1866, p. 206.
26) Wie Note 2, p. 36.
27) a. a. O. p. 319.
28) Landw. Jahrb. Bd. V, p. 803.
29) Centralbl. f. Agr.-Chem. 1879, p. 100 u. p. 103.
30) Zeitschr. d. Ver. f. Rübenzucker-Industr. 1867, p. 251.
31) Wie Note 7, p. 30.
32) Wie Note 2, p. 57.
33) Organ d. Ver. f. Rübenzucker-Industr. in d. Oestr.-Ungar. Monarchie, 1872, p. 37.
34) Wie Note 2, 1862, p. 30.
35) a. a. O. 1863, p. 63.
36) Wie Note 1, p. 971.
37) a. a. O. 1869, p. 65.
38) Landw. Jahrb. 1873, p. 166.
39) Centralbl. f. Agr.-Chem. 1879, p. 103.

Zuckergehaltes durch die Kalisalze beobachtet, und zwar dort, wo die Verhältnisse auf den ohne Kalisalze gedüngten Parzellen für die Erzeugung einer zuckerreichen Rübe ungünstig waren, woraus hervorgeht, das man in Zukunft sein Hauptaugenmerk auf solche Fälle zu richten hat, wo man ohne die Anwendung der Kalisalze nicht im Stande war, zuckerreiche Rüben zu erzeugen.

6. Durch die Kalisalze ist zweifellos eine bessere Haltbarkeit erreicht worden.

7. Durch die Kalisalze wird die Blattentwicklung der Zuckerrüben sehr stark angeregt (vergleiche auch O. Hanamann p. 249)."

Märcker begleitet dieses Resumé am Schlusse seiner Abhandlung mit folgenden Bemerkungen:

„Blicken wir auf die Resultate der Zuckerrüben-Düngungsversuche zurück, so sehen wir, dass sich die Anwendung der Kalisalze für bestimmte Fälle als sehr rathsam erwiesen hat, eine andere Frage ist es aber, ob man die Kalisalze unter normalen Verhältnissen als regelmässig verwendete Düngemittel für die Zuckerrüben einführen soll.

Bei den Gefahren, welche der Chlorgehalt der rohen Kalisalze im Gefolge hat, welche man allerdings zum Theil durch eine frühzeitige Anwendung vermeiden kann, möchte es hier fast für gerathen erscheinen, die Kalisalze nicht direkt zu den Zuckerrüben anzuwenden, sondern vielmehr eine stärkere Verwendung derselben zu den Vorfrüchten der Zuckerrübe eintreten zu lassen.

Wahrscheinlich würde man auf diese Weise die Vortheile der Kalisalze für die Zuckerrübe geniessen können, ohne die zweifellos existirenden Nachtheile in den Kauf nehmen zu müssen."

Autoren-Verzeichniss.

Sachregister.

D.

E.

F.

G.

Buchdruckerei von Gustav Schade (Otto Francke) in Berlin N.

GPSR Compliance

The European Union's (EU) General Product Safety Regulation (GPSR) is a set of rules that requires consumer products to be safe and our obligations to ensure this.

If you have any concerns about our products, you can contact us on ProductSafety@springernature.com

In case Publisher is established outside the EU, the EU authorized representative is:

Springer Nature Customer Service Center GmbH
Europaplatz 3
69115 Heidelberg, Germany

Batch number: 10682411

Printed by Printforce, the Netherlands